普通高等教育"十一五"国家级规划教材

U0670581

工程制图

（第5版）

主　编　宋春明　陈杰峰

重庆大学出版社

内容简介

本书是根据教育部高等学校工程图学课程教学指导分委员会 2019 年修订的《高等学校工程图学课程教学基本要求》，参考国内外同类教材，在总结和吸取多年教学改革经验的基础上编写的。全书共分 10 章，内容主要包括制图的基本知识、投影基础、立体的投影、轴测投影、组合体的视图、机件的常用表达方法、标准件和常用件、零件图、装配图和计算机绘图基础。与之配套使用的有宋春明、陈杰峰主编的《工程制图习题集》。

本书可作为高等工科院校非机械类和近机械类各专业工程制图课程教材，也可供相关专业工程技术人员参考。

图书在版编目(CIP)数据

工程制图 / 宋春明，陈杰峰主编. -- 5 版.

重庆：重庆大学出版社，2024. 6. -- (本科公共课系列教材). -- ISBN 978-7-5689-4558-5

Ⅰ. TB23

中国国家版本馆 CIP 数据核字第 2024Z98M29 号

工程制图
GONGCHENG ZHITU
（第 5 版）

主编 宋春明 陈杰峰

责任编辑:秦旖旎 版式设计:秦旖旎
责任校对:刘志刚 责任印制:张 策

*

重庆大学出版社出版发行

出版人:陈晓阳

社址:重庆市沙坪坝区大学城西路 21 号

邮编:401331

电话:(023) 88617190 88617185(中小学)

传真:(023) 88617186 88617166

网址:http://www.cqup.com.cn

邮箱:fxk@ cqup.com.cn(营销中心)

全国新华书店经销

重庆新荟雅科技有限公司印刷

*

开本:787mm×1092mm 1/16 印张:16.5 字数:415 千

2002 年 7 月第 1 版 2024 年 6 月第 5 版 2024 年 6 月第 11 次印刷

印数:22 351—24 350

ISBN 978-7-5689-4558-5 定价:49.80 元

第5版前言

本书是在 2015 年修订出版的《工程制图》(第 4 版)(陈杰峰、宋春明主编)基础上,根据教育部高等学校工程图学课程教学指导分委员会 2019 年修订的《高等学校工程图学课程教学基本要求》再次修订而成的,是陕西理工大学依托学银在线平台建设的"工程制图"在线课程(陕西省线上一流本科课程)的主讲教材。

工程制图作为工科类各专业开设的学科基础课,在培养学生的工程素质和创新设计能力方面发挥着重要作用。在本次修订过程中,通过对工程制图课程的本质和特征的深入研究,分析了机械基础课群的相关教学内容,结合新工科对图学课程的新要求,着眼于对学生工程素质和综合能力的培养,以"必须、够用"为度,合理地构建了教学内容和教学体系,从而使"工程制图"课程从以"知识、技能"为主的教育,向以提高"工程素质和综合能力"的教育转化。

根据近年来教材使用中发现的问题及同行建议,在保证图学知识体系完整性的基础上,本版教材主要做了以下修订:

(1)修订了第 4 版教材中文字和插图中存在的部分错误。

(2)对第 2 章、第 3 章、第 7 章和第 10 章内容进行了重新编写,删去了第 2 章中直角三角形法求一般位置直线实长、直角投影定理和空间几何元素相对位置等实用性较弱的内容,使教材内容体系更加精简、紧凑。

(3)对全书插图做了一致化处理,第 3 章、第 4 章和第 5 章所配的立体图全部采用线框图,第 6 章、第 7 章和第 8 章所配的立体图全部采用实体渲染图,使整本教材的插图更加清晰、美观。

(4)大部分典型例题(图)都配有教学视频,读者可通过扫描二维码进行学习。

1

本书可作为高等工科院校非机械类和近机械类各专业的工程图学课程(40~64学时)的主讲教材,也可供其他工程技术人员参考。

　　参与本书修订的有宋春明(绪论、第1章、第6章、第7章和第10章),张政武(第2章和第3章),陈鹏飞(第5章和第8章),杜海霞(第4章和第9章)。参与本书第4版编写的陈杰峰、郭莹、牟小云对本书的编写作出了重要的贡献和影响,在第5版即将出版之际,对他们付出的劳动表示衷心的感谢。

　　与本书配套使用的《工程制图习题集》也一并进行了修订。

　　由于编者水平有限,书中难免还存在缺点和不足,敬请读者批评指正。

编　者

2024年1月

目 录

绪 论

(1) **本课程的性质和主要内容**

图样是用来表达设计思想,进行技术交流的工具。在工程界,根据投影理论、制图标准和技术规定将产品的形状、大小、材料和制造(施工)要求绘制出的图,我们称之为工程图。它既是产品信息的载体,也是用来指导生产、施工和管理的重要技术文件,被喻为"工程界的语言"。因此,凡从事工程技术工作的人员,都必须熟练掌握这种"语言",具备绘制和阅读工程图的能力。

工程图的种类很多,如机械图、房屋建筑图、水利图、电气图等,不同行业或专业,对工程图有不同的要求。机械图用来表达零件、机器(或部件)的结构、大小、材料以及技术要求等内容,是加工、检验和装配零(部)件的依据。

本课程是研究绘制和阅读机械工程图的理论、方法和技能的一门技术基础课。

本课程的主要内容包括:

①应用投影法图示表达空间点、线、面、体和图解空间简单几何问题的原理及方法。

②绘制和阅读零件图与装配图的理论、方法和《机械制图》国家标准的有关规定。

③计算机辅助绘图基础。

(2) **本课程的主要任务**

①学习正投影法的基本原理和应用正投影法图示表达空间基本几何元素的方法。

②培养绘制和阅读工程图样的基本能力。

③培养空间想象能力、形体构思能力、图形表达能力、创新设计能力等。

④培养工程思维和贯彻执行国家标准的自觉意识。

⑤培养认真负责的工作态度和严谨细致的工作作风,进而树立精益求精的工匠精神和力争为国家科技发展、民族复兴作贡献的家国意识。

(3) **本课程的学习方法**

①本课程的核心内容是学习如何用二维平面图形来表达三维空间物体(画图),以及由二维平面图形想象三维空间物体的形状(读图)。因此,学习中要注重将投影理论与画图实践相结合,始终遵循"照物画图""依图想物"的原则,"多看""多画""多想",切忌死记硬背,通过

循序渐进的练习,不断提高空间想象能力和图形表达能力。

②注意掌握正确的画图、读图方法和步骤,养成正确使用绘图工具的习惯,画图和读图实践中注意积累经验,不断提高画图和读图能力。

③自觉适应大学学习方法,积极培养自学能力和解决问题的能力。

④在学习的过程中要有意识地培养认真负责、严谨细心的工作作风。如画图前要做好准备工作,画图时要认真细致、一丝不苟,越接近完成越要细心,画图完成后必须细心检查,自己要对自己画的图负责,努力做到经过我手的图纸是无错误的。

第**1**章
制图的基本知识

1.1 制图标准

工程图样是现代工业生产中重要的技术文件,在指导生产和进行技术交流活动中起到了"工程语言"的作用。因此,对于图样的画法、尺寸注法等都必须作统一的规定,这些规定就叫制图标准。国家标准《技术制图》和《机械制图》是工程界的基础技术标准,是正确绘制和阅读工程图样的准则和依据,必须严格遵守。

国家标准简称"国标",其代号为"GB"或"GB/T"("T"为推荐性标准),国标代号之后的两组数字,分别代表标准顺序号和标准批准的年份。本节就图纸幅面和格式、比例、字体、图线、尺寸注法等制图标准的有关规定作简要介绍,其他标准将在以后章节中叙述。

1.1.1 图纸幅面及格式

(1)图纸幅面尺寸

为了合理使用图纸和便于图样管理,图样均应画在具有一定幅面和格式的图纸上。绘制技术图样时,所采用的图纸幅面应符合国家标准《技术图纸 图纸幅面和格式》(GB/T 14689—2008)规定的图纸幅面,应优先采用表1.1所规定的5种基本幅面。当基本幅面不能满足视图的布置时,可按基本幅面短边的整数倍加长幅面。

表 1.1 图纸基本幅面尺寸

幅面代号	A0	A1	A2	A3	A4
$B×L$	841×1 189	594×841	420×594	297×420	210×297
a	25				
c	10			5	
e	20		10		

3

（2）图框格式

在图纸上必须用粗实线画出图框,其格式分为留有装订边（图 1.1）和不留装订边（图 1.2）两种,其周边尺寸按表 1.1 确定。使用时,图纸可以横放（X 型图纸）,也可以竖放（Y 型图纸）。

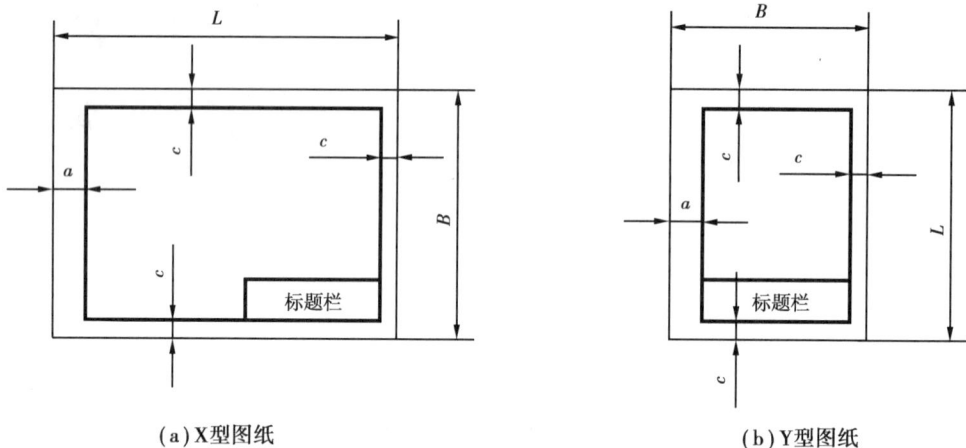

（a）X型图纸   （b）Y型图纸

图 1.1   留有装订边的图框格式

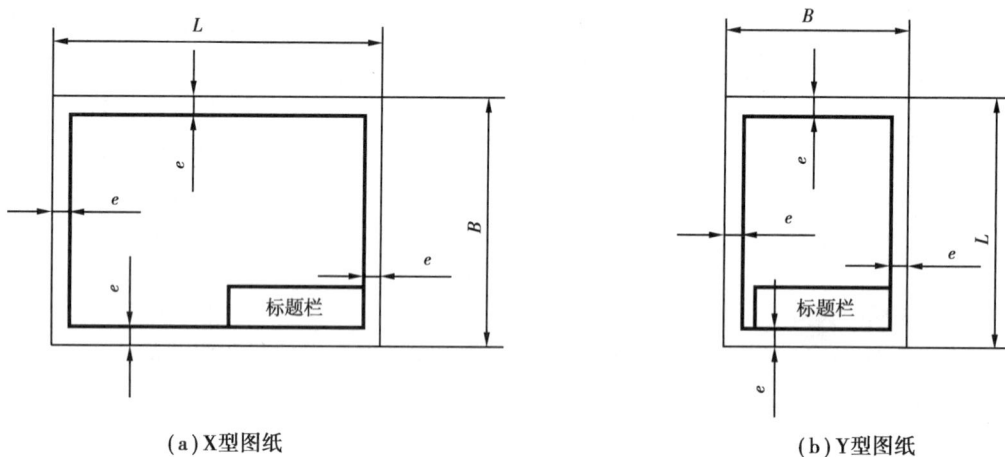

（a）X型图纸   （b）Y型图纸

图 1.2   不留装订边的图框格式

（3）标题栏

每一张图样都必须画出标题栏,以说明图样的名称、材料、图号、绘图人姓名、日期等,标题栏的位置应位于图纸的右下角。

标题栏中的文字方向为看图方向。标题栏的格式、内容和尺寸在《技术制图 标题栏》（GB/T 10609.1—2008）中已作了规定,其格式如图 1.3 所示。本课程教学及作业中建议采用如图 1.4 所示的简化标题栏。

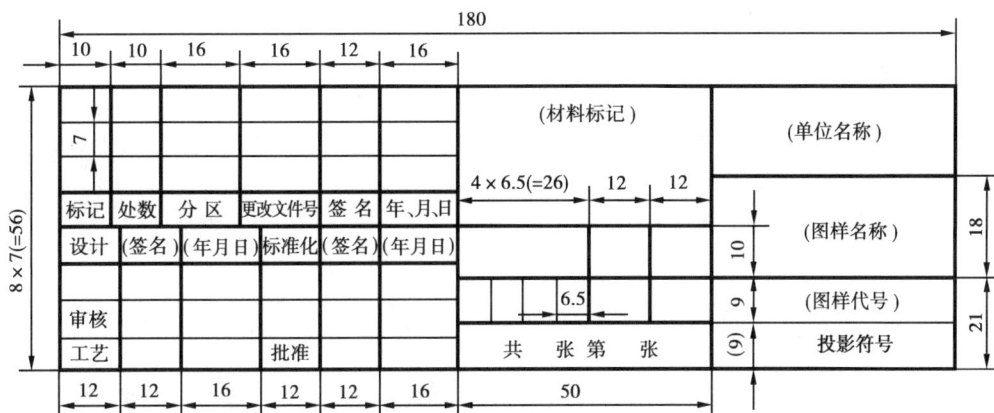

图 1.3　标题栏格式与尺寸

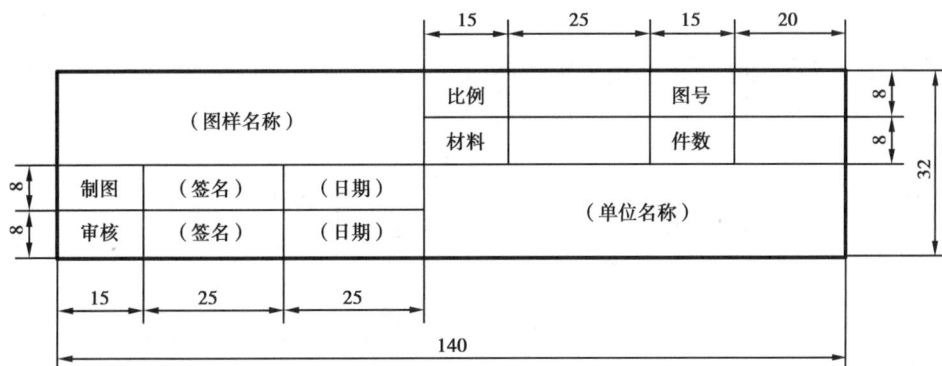

图 1.4　简化标题栏格式与尺寸

1.1.2　比例(GB/T 14690—1993)

比例是指图样中图形与其实物相应要素的线性尺寸之比。

绘制图样时,应尽量采用原值比例。若机件太大或太小需要按比例绘制图样时,应由表 1.2 规定的系列中选择适当的比例。必要时允许选取表 1.2 中带括号的比例。但应注意,无论采用何种绘图比例,标注尺寸时必须标注机件的实际尺寸。

绘制同一物体的各个视图应采用相同的比例,并在标题栏比例一栏中标明,但当某个视图采用不同的比例绘制时,必须另行标注。

表 1.2　比例示列

种　类	比　例				
原值比例	$1:1$				
放大比例	$5:1$	$2:1$	$5\times10^{n}:1$	$2\times10^{n}:1$	$1\times10^{n}:1$
	$(4:1)$	$(2.5:1)$	$(4\times10^{n}:1)$	$(2.5\times10^{n}:1)$	
缩小比例	$1:2$	$1:5$	$1:10$	$1:2\times10^{n}$	$1:5\times10^{n}$	$1:1\times10^{n}$
	$(1:1.5)$	$(1:2.5)$	$(1:3)$	$(1:4)$	$(1:6)$
	$(1:1.5\times10^{n})$	$(1:2.5\times10^{n})$	$(1:3\times10^{n})$	$(1:4\times10^{n})$	$(1:6\times10^{n})$

注: n 为正整数。

1.1.3 字体(GB/T 14691—1993)

在图样上除了表示机件形状的图形外,还要用文字和数字来说明机件的大小、技术要求和其他内容。

书写字体时必须做到字体工整、笔画清楚、间隔均匀、排列整齐。字体高度(用 h 表示,单位为 mm)的公称尺寸系列为:1.8、2.5、3.5、5、7、10、14、20。如需要书写更大的字,其字体高度应按 $\sqrt{2}$ 的比率递增。字体高度代表字体的号数。

(1)汉字

汉字应写成长仿宋体,并采用国家正式公布推行的简化字。汉字高度 h 应不小于3.5 mm,其字宽一般为字高的 2/3。长仿宋体汉字示例如图 1.5 所示。

10号字

字体工整笔画清楚间隔均匀排列整齐

7号字

横平竖直注意起落结构均匀填满方格

5号字

技术制图机械电子汽车航空船舶土木建筑矿山井坑港口纺织服装

图 1.5 长仿宋字体示例

(2)字母和数字

字母和数字分 A 型和 B 型。A 型字体的笔画宽度 d 为字高 h 的 1/14,B 型字体的笔画宽度 d 为字高 h 的 1/10。同一图样上,只允许选用一种类型的字体。字母和数字可写成斜体或直体。斜体字字头向右倾斜,与水平基准线成75°。图 1.6 为 A 型斜体拉丁字母和 A 型斜体数字示例。

ABCDEFGHIJKLMNO

PQRSTUVWXYZ

abcdefghijklmnopq

rstuvwxyz

(a)A 型斜体拉丁字母示例

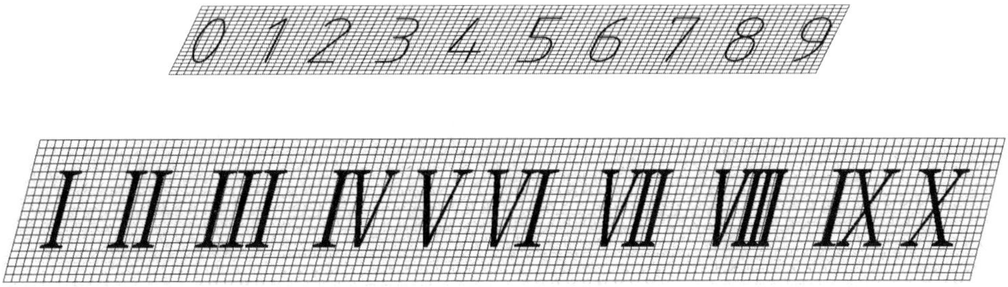

（b）A 型斜体数字示例

图 1.6　斜体拉丁字母和数字示例

1.1.4　图线

图样是用各种图线绘制出来的,我国现行的图线标准为《机械制图　图样画法　图线》（GB/T 4457.4—2002）和《技术制图　图线》（GB/T 17450—1998）。绘制机械图样时,在不违背 GB/T 17450 的前提下,继续贯彻 GB/T 4457.4 中的有关规定。

（1）图线的形式及应用

各种图线的名称、形式、代号及在图上的一般应用见表 1.3,应用示例如图 1.7 所示。

表 1.3　图线

线型名称	图线形式	图线宽度	一般应用
粗实线	————————	d	可见轮廓线、可见过渡线
细实线	 ————————	$d/2$	尺寸线、尺寸界线、剖面线、引出线、辅助线
波浪线	 ～～～～～	$d/2$	断裂处的边界线、视图与剖视图的分界线
双折线	 ——／\———	$d/2$	断裂处的边界线
虚线	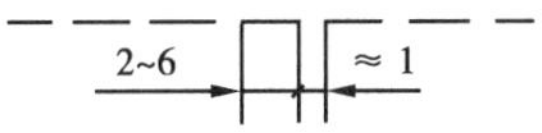 2~6 ≈1	$d/2$	不可见轮廓线、不可见过渡线
细点画线	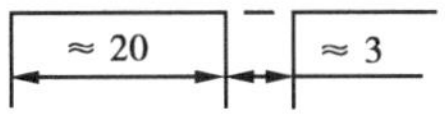 ≈20 ≈3	$d/2$	轴线、对称中心线、节圆及节线、轨迹线
粗点画线	 ≈20 ≈3	d	有特殊要求的线或表面的表示线
双点画线	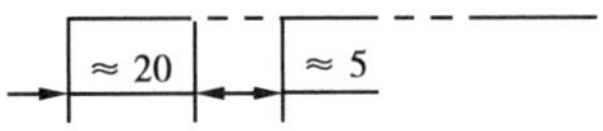 ≈20 ≈5	$d/2$	假想轮廓线、相邻辅助零件的轮廓线、中断线

（2）图线宽度

图线分为粗、细两种。粗线的宽度 d 应按图的大小和复杂程度,在 $0.5 \sim 2$ mm 中选择,一般常用 0.7 mm 或 0.5 mm 的宽度。细线宽度约为 $d/2$。图线宽度的推荐系列为:0.13、0.18、0.25、0.35、0.5、0.7、1、1.4、2 mm。

不可见轮廓线　极限位置的轮廓线　重合断面的轮廓线　对称中心线　　轨迹线　　视图与剖视的分界线
细虚线　　　细双点画线　　　　细实线　　　　　细点画线　　细点画线　　波浪线

可见轮廓线
粗实线

尺寸线
细实线

剖面线
细实线

135

轴线
细点画线

尺寸界线
细实线

断裂处的边界线
双折线

相邻辅助零件的轮廓线
细双点画线

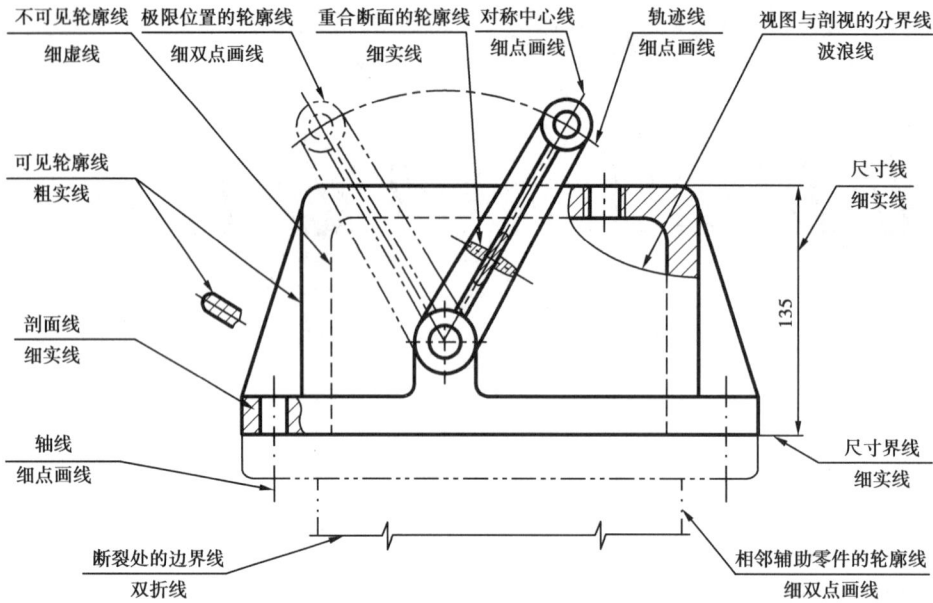

图 1.7　图线应用示例　　　　　　　　　　　　　　　图 1.7

（3）图线的画法

①同一图样中,同类图线的宽度应基本一致。虚线、点画线和双点画线的线段长度和间隔应各自大致相等,一般在图样中要显得匀称协调,建议采用表 1.3 的图线形式。

②两条平行线(包括剖面线)之间的距离应不小于粗实线的两倍宽度,其最小距离不得小于 0.7 mm。

③点画线和双点画线的首末两端应是线段而不是短画。

④绘制圆的对称中心线(简称"中心线")时,圆心应为线段的交点。

⑤在较小的图形上绘制点画线或双点画线有困难时,可用细实线代替。

⑥轴线、对称中心线和作为中断线的双点画线,应超出轮廓线 2 ~ 5 mm。

⑦点画线、虚线及其他图线之间,各自或互相相交时都应在线段处相交,不应有空隙。

⑧当虚线处于粗实线的延长线上时,粗实线应画到分界点,而虚线应留有空隙。当虚线圆弧和虚线直线相切时,虚线圆弧的线段应画到切点,而虚线直线留空隙。

图 1.8 为线段画法的正误对照。

1.1.5　尺寸注法

图形只能表达机件的形状,而机件的大小必须通过标注尺寸才能确定。国标中对尺寸标注的基本方法作了一系列规定,下面对《机械制图 尺寸注法》(GB/T 4458.4—2003)和《技术制图 简化表示法 第 2 部分:尺寸注法》(GB/T 16675.2—2012)中的一些基本内容加以介绍。

（1）基本规则

①机件的真实大小应以图样上所注的尺寸数值为依据,与图形的大小及绘图的准确度无关。

②图样中(包括技术要求和其他说明)的尺寸,以毫米(mm)为单位时,无须标注计量单位的代号或名称,如采用其他单位,则必须注明相应的计量单位的代号或名称。

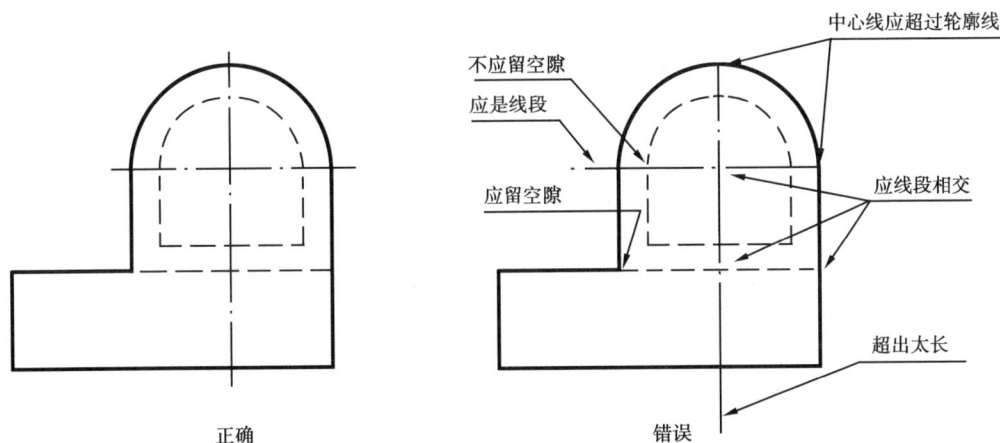

图1.8 图线画法正误对照

③图样中所注的尺寸,为该图样所示机件的最后完工尺寸,否则应另加说明。

④机件的每一尺寸,一般只标注一次,并应标注在反映该结构最清晰的图形上。

(2)尺寸组成

一个完整的尺寸由尺寸数字、尺寸线、尺寸界线及表示尺寸线终端的箭头或斜线四个要素组成,如图1.9所示。

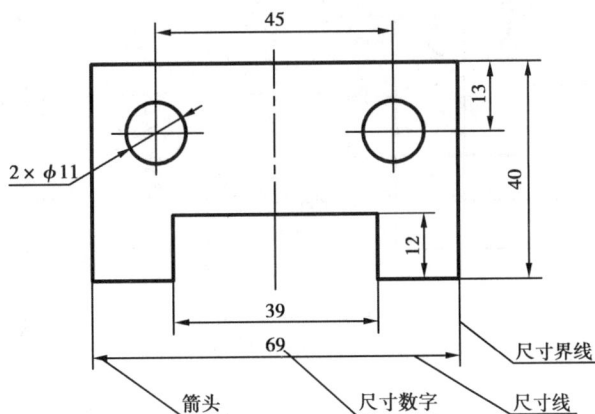

图1.9 尺寸的组成及标注示例

1)尺寸数字

尺寸数字按标准字体书写,且同一张图纸上的字号要一致。尺寸数字在遇到图线时,须将图线断开。如果图线断开影响图形表达时,须调整尺寸标注的位置。

2)尺寸线

尺寸线用细实线绘制。一般情况下,尺寸线不能用其他图线代替,也不能与其他图线重合或画在其他图线的延长线上,并应尽量避免尺寸线之间及尺寸线和尺寸界线之间相交。

3)尺寸界线

尺寸界线用细实线绘制,并应由图形的轮廓线、轴线或对称中心线处引出,也可利用轮廓线、轴线、对称中心线作尺寸界线。尺寸界线要超出尺寸线终端2～3 mm。

4)尺寸终端

尺寸线的终端有两种形式:箭头和斜线。箭头适用于各种类型的图样,斜线只适用于尺寸线与尺寸界线垂直的情况。当尺寸线与尺寸界线垂直时,同一张图中只能采用一种尺寸终端的形式。无论何种情况,圆的直径或圆弧的半径尺寸线终端应画成箭头,不能采用斜线形式。机械图多采用箭头形式。同一张图上箭头(或斜线)大小要一致。

图 1.10 为尺寸终端两种形式的画法,图中 d 为粗实线宽度,h 为字体高度。

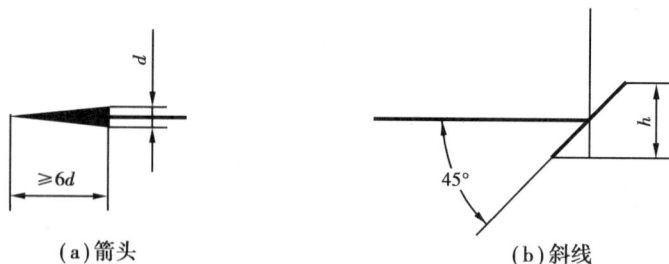

(a)箭头   (b)斜线

图 1.10　尺寸终端的两种形式

(3)各类尺寸的注法

常见的各类尺寸的注法见表 1.4。

表 1.4　各类尺寸的注法

线性尺寸的注法	 ①线性尺寸的数字一般应写在尺寸线的上方,也允许注写在尺寸线的中断处。数字应按上图所示方向注写,并尽可能避免在图示 30°范围内标注尺寸,当无法避免时,其数字可水平注写在尺寸线的中断处或引出标注 ②线性尺寸的尺寸线必须与所标注的线段平行 ③线性尺寸的尺寸界线一般应与尺寸线垂直,必要时才允许倾斜。在光滑过渡处标注尺寸时,必须用细实线将轮廓线延长,从它们的交点处引出尺寸界线
圆或圆弧尺寸的注法	 ①标注圆或大于半圆圆弧的直径时,应在尺寸数字前加注符号"ϕ";标注小于或等于半圆圆弧的半径时,应在尺寸数字前加注符号"R";标注球面的直径或半径时,应在尺寸数字前分别加注符号"$S\phi$"或"SR" ②当圆弧的半径过大或在图纸范围内无法标注其圆心位置时,可采用折线形式。若圆心位置不需注明,则尺寸线可只画靠近箭头的一段

续表

角度、弦长、弧长的注法				
	角度的数字一律写成水平方向注在尺寸线的中断处,必要时可写在尺寸线的上方或外边,也可引出标注	角度尺寸的尺寸线为同心弧,尺寸界线沿径向引出	弦长的注法按直线尺寸标注	弧长的尺寸线为同心弧,尺寸界线垂直于其弦

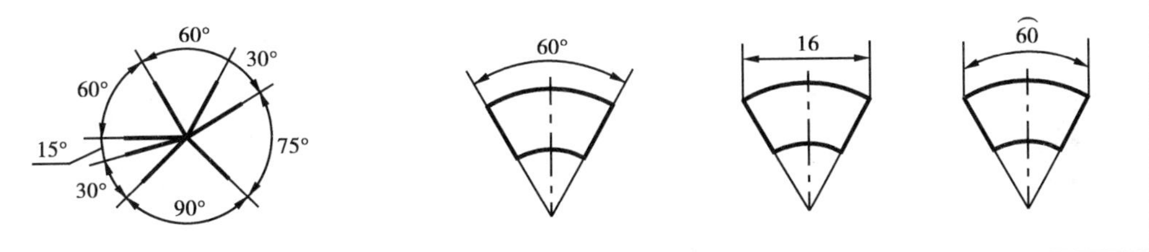

狭小部位尺寸的注法	
	①在没有足够的位置画箭头或标注数字时,可将箭头或数字布置在外面,也可将箭头和数字都布置在外面
	②几个小尺寸连续标注时,中间的箭头可用圆点或斜线代替

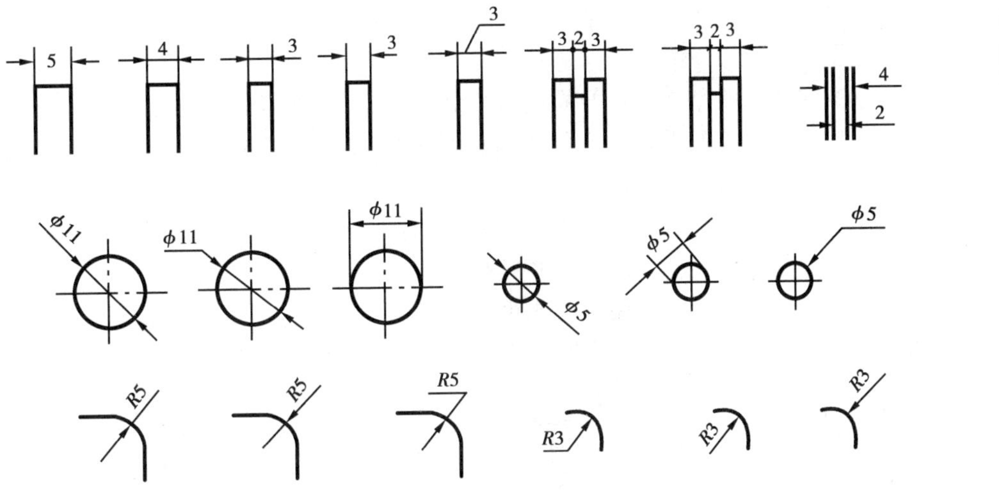

1.2 绘图工具及其使用

正确使用绘图工具和仪器是保证绘图质量和加快绘图速度的一个重要方面。因此,必须养成正确使用和维护绘图工具的良好习惯。

1.2.1 图板、丁字尺和三角板

图板是供铺放图纸用的,它的表面必须平坦光洁,左右两导边必须平直。图纸用胶带纸固定在图板上。

丁字尺与图板配合使用主要用来画水平线,使用时,左手拿住尺头,使尺头内侧边紧靠图板左导边,然后执笔沿尺身工作边画水平线,如图 1.11 所示。

一副三角板有两块:一块是两个 45°角三角板,另一块是 30°和 60°角三角板。利用一副三角板可画出已知直线的平行线和垂直线。三角板与丁字尺配合使用可作出铅垂线和 15°倍角的斜线,如图 1.12 所示。

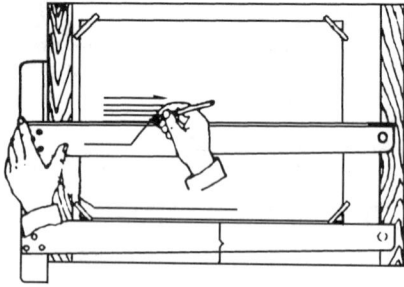

图 1.11　图板与丁字尺的用法

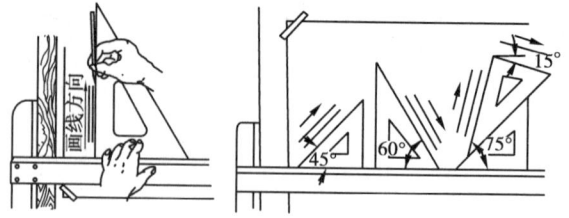

(a)　　　　　　　　　　(b)

图 1.12　三角板的用法

1.2.2　圆规和分规

圆规是画圆和圆弧的工具。它的固定脚上装有钢针,活动脚具有肘形关节,并可换装几种插脚和接长杆。圆规装上铅芯插脚可画圆和圆弧,装上钢针插脚可以当作分规使用,装上接长杆后可画直径较大的圆和圆弧。

圆规固定脚上的钢针可以取出调头,它的两端有不同的形状,画图时要用台肩支承面的一端,代替分规使用时则须换用锥形尖的一端。

使用圆规前,应先调整针脚,使钢针比铅芯稍长 0.5~1 mm。在使用圆规画图时,须使钢针和插脚尽可能垂直纸面,如图 1.13 所示。

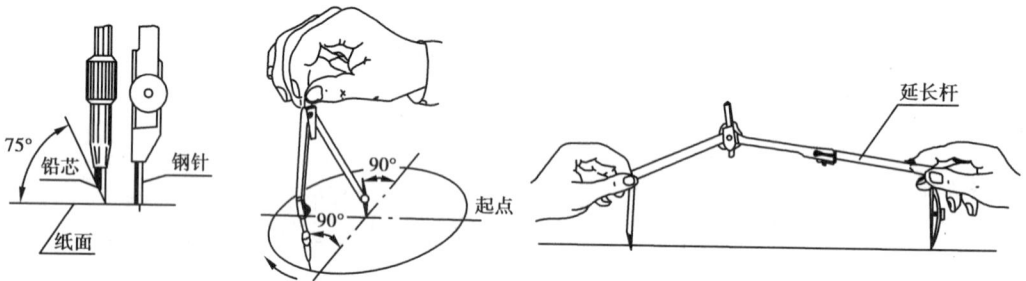

图 1.13　圆规的用法

分规只用于等分线段和量取尺寸。

1.2.3　绘图铅笔

绘图铅笔的铅芯软硬用字母 B 和 H 表示。绘图时根据不同的使用要求,应备有几种硬度不同的铅笔。画粗实线时用 B 或 2B;写字、画细线时用 H 或 HB;画底图时用 H 或 2H。画细线和写字时,铅芯应磨成锥状,而画粗实线时可以磨成楔形,如图 1.14 所示。

1.2.4　曲线板

曲线板是绘制非圆曲线的常用工具,其用法如图 1.15 所示。

值得注意的是,在分段连接的过程中,应使后段和前段有一小段(不少于 3 点)重合,力求曲线连接光滑。

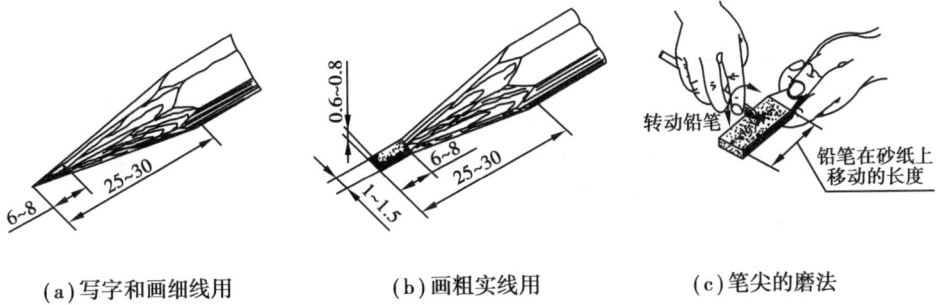

（a）写字和画细线用　　　　（b）画粗实线用　　　　（c）笔尖的磨法

转动铅笔

铅笔在砂纸上移动的长度

图 1.14　铅笔

（a）　　　　（b）　　　　（c）　　　　（d）

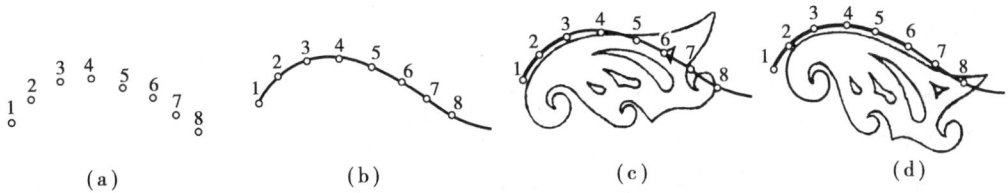

图 1.15　曲线板的用法

1.3　几何作图

机件的结构形状在图样上是用几何图形表示的,在绘制图样时,经常要运用一些最基本的几何作图方法,如正多边形、斜度、锥度、非圆曲线以及圆弧连接等。

1.3.1　正多边形

正五边形和正六边形的画法分别如图 1.16 和图 1.17 所示。

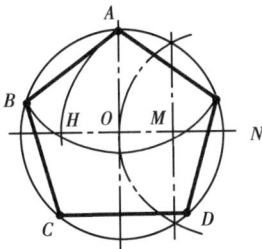

图 1.16　正五边形画法

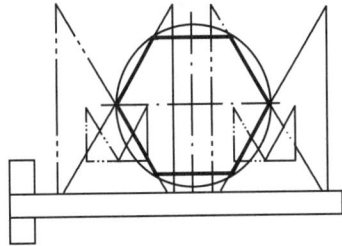

图 1.17　正六边形画法

1.3.2　斜度和锥度

（1）斜度

斜度是指一直线对另一直线或一平面对另一平面的倾斜程度。在图样中以 $1:n$ 的形式标注。图 1.18 为斜度 $1:5$ 的画法:由点 A 在水平线 AB 上取 5 个单位长度得点 D,过点 D 作 AB 的垂线 DE,取 DE 为一个单位长,连接 A 和 E,即得斜度为 $1:5$ 的直线。

13

（2）锥度

锥度是指正圆锥的底圆直径与其高度之比,在图样中以 $1:n$ 的形式标注。图 1.19 为斜度 $1:5$ 的画法:由点 S 在水平线上取五个单位长得点 O;由 O 作 SO 的垂线,分别向上和向下量取半个单位长度,得 A、B 两点;分别过点 A、B 与点 S 相连,即得锥度为 $1:5$ 的正圆锥。

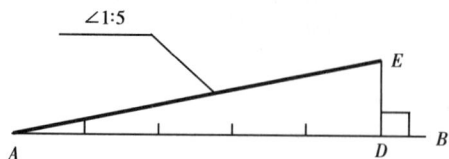

图 1.18　斜度的画法　　　　　　　　　　图 1.19　锥度的画法

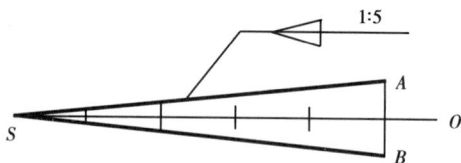

1.3.3　椭圆

椭圆是常遇到的非圆曲线,下面介绍两种椭圆画法。

（1）同心圆法

图 1.20 给出了由长、短轴画椭圆的方法:以 O 为圆心、长半轴 OA 和短半轴 OC 为半径分别作圆;过圆心 O 作若干射线与两圆相交,由各交点分别作与长轴、短轴平行的直线并相交,即可相应地得到椭圆上的各点;最后,把椭圆上的各个点用曲线板连接成椭圆。

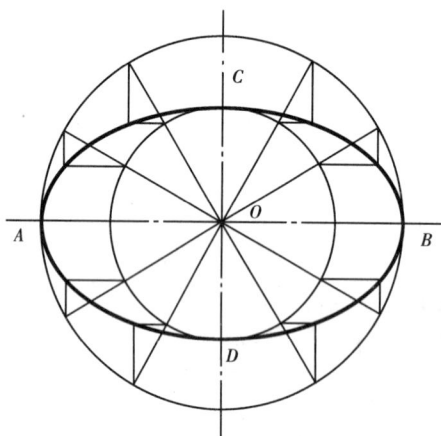

图 1.20　用同心圆法画椭圆　　　　　　图 1.21　用四心法近似画椭圆

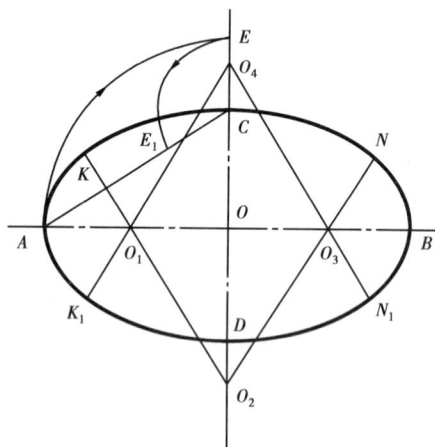

（2）四心法

图 1.21 中是利用长、短轴作椭圆的一种近似画法:连接长、短轴的端点 A、C,取 $CE_1 = CE = OA - OC$;作 AE_1 的中垂线与两轴分别交于点 O_1、O_2;分别取 O_1、O_2 对轴线的对称点 O_3、O_4;最后分别以点 O_1、O_2、O_3、O_4 为圆心,O_1A、O_2C、O_3B、O_4D 为半径作圆弧,这四段圆弧就近似地代替了椭圆,圆弧间的连接点为 K、N、N_1、K_1。

1.3.4　圆弧连接

用已知半径的圆弧,光滑地连接两条已知线段(圆弧或直线),称为圆弧连接,这种起连接作用的圆弧称为连接圆弧。作图时必须求出连接圆弧的圆心位置及连接点(即切点),才能保证圆弧的光滑连接。

（1）圆弧连接的基本作图

①与已知直线相切的圆弧（半径 R），其圆心轨迹是距离已知直线为 R 的两条平行直线。从选定的圆心向已知直线作垂线，垂足就是切点，如图 1.22（a）所示。

②与已知圆弧（圆心 O_1，半径 R_1）相切的圆弧（半径 R），其圆心轨迹为已知圆弧的同心圆。该圆半径 R_2 要根据相切情况而定：当两圆外切时，$R_2 = R_1 + R$，如图 1.22（b）所示；当两圆内切时，$R_2 = |R_1 - R|$，如图 1.22（c）所示。连心线 OO_1 与已知圆弧的交点即为切点。

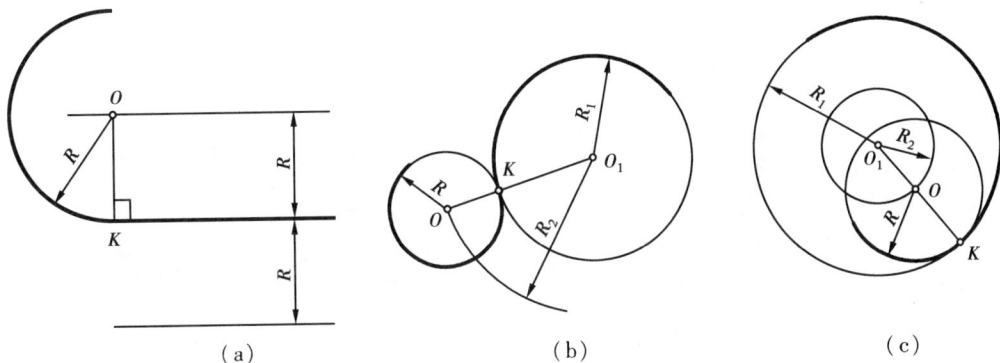

（a）　　　　　　　　　　（b）　　　　　　　　　　（c）

图 1.22　圆弧连接的基本作图

（2）圆弧连接作图举例

圆弧连接有三种情况：用已知半径为 R 的圆弧连接两条已知直线；用已知半径为 R 的圆弧连接两条已知圆弧，其中有外连接和内连接之分；用已知半径为 R 的圆弧连接一已知直线和一已知圆弧。下面就各种情况作简要介绍。

1）圆弧与两已知直线连接的画法

已知两直线以及连接圆弧的半径 R，求作两直线的连接弧。作图过程如图 1.23 所示。

①求连接弧 R 的圆心：作与已知两直线分别相距为 R 的平行线，交点 O 即为连接弧圆心；

②求连接点：从圆心 O，分别向两直线作垂线，垂足 M、N 即为连接点；

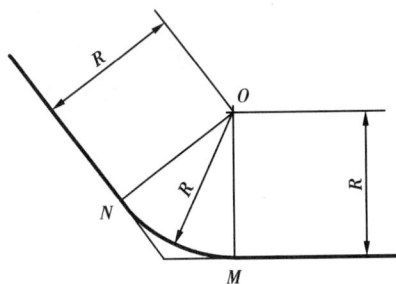

图 1.23　圆弧连接两直线的画法

③以 O 为圆心，R 为半径在两切点 M、N 之间作圆弧，即为所求连接弧。

2）圆弧与两圆弧外连接的画法

已知两圆的圆心 O_1、O_2，其半径分别为 R5、R10，用 R15 的圆弧外连接两圆，作图过程如图 1.24 所示。

①求连接弧 R15 的圆心：以 O_1 为圆心，$R_1 = 5 + 15 = 20$ 为半径画弧，以 O_2 为圆心，$R_2 = 10 + 15 = 25$ 为半径画弧，两圆弧的交点 O 即为连接弧的圆心；

②求连接点：连接 O、O_1 得点 N，连接 O、O_2 得点 M，点 M、N 为连接点；

③以 O 为圆心，R15 为半径画圆弧 MN，弧 MN 即为连接弧。

3）圆弧与两圆弧内连接的画法

已知两圆的圆心 O_1、O_2 及其半径 R5、R10，用半径为 R30 的圆弧内连接两圆，作图过程如

图 1.25 所示。

①求连接弧的圆心:以 O_1 为圆心,$R_1 = 30 - 5 = 25$ 为半径画弧,以 O_2 为圆心,$R_2 = 30 - 10 = 20$ 为半径画弧,两圆弧的交点 O 即为连接弧的圆心;

②求连接点:连接 O、O_1 得点 N,连接 O、O_2 得点 M,点 M、N 即为连接点;

③以 O 为圆心,$R30$ 为半径画圆弧 MN,弧 MN 即为连接弧。

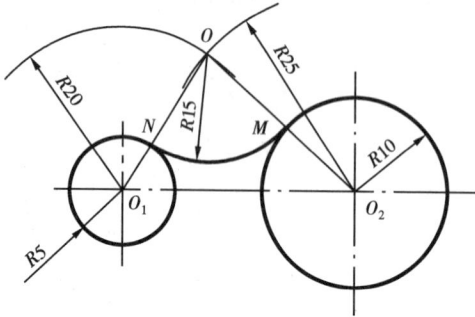

图 1.24　圆弧与两圆弧外连接的画法　　　　图 1.25　圆弧与两圆弧内连接的画法

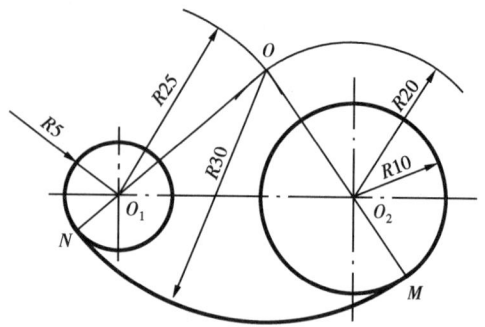

思考:圆弧与两圆弧内外连接的画法如何进行?

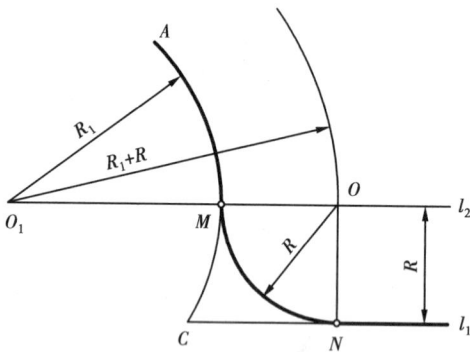

图 1.26　圆弧与圆弧、直线连接的画法

4)圆弧与圆弧、直线连接的画法

已知圆心 O_1、半径 R_1 的圆弧和直线 l_1,用半径为 R 的圆弧把圆心为 O_1,半径为 R_1 的圆弧和直线 l_1 连接起来,作图过程如图 1.26 所示。

①求连接弧 R 的圆心:作直线 l_1 的平行直线 l_2,两平行线间的距离为 R,以 O_1 为圆心,$(R + R_1)$ 为半径画弧,直线 l_2 与圆弧的交点 O 即为连接弧 R 的圆心;

②求连接圆弧的切点:从点 O 向直线 l_1 作垂直线得垂足 N,连接 OO_1 与已知弧相交得交点 M,点 M 和点 N 即为切点;

③以 O 为圆心,R 为半径作圆弧 MN,则弧 MN 即为所求的连接弧。

1.4　平面图形的尺寸分析及画法

平面图形常由一些线段连接而成。画平面图形时应该从哪里着手呢? 为此,必须对它的尺寸和线段进行分析,才能了解它的画法。

1.4.1　平面图形的尺寸分析

平面图形中的尺寸,按其所起的作用可分为定形尺寸和定位尺寸两类。

（1）定形尺寸

确定平面图形上几何元素形状大小的尺寸。例如，线段长度、圆及圆弧的直径或半径以及角度大小等。如图 1.27 所示的尺寸 $\phi 14$、$R5$、50、30 等。

（2）定位尺寸

确定平面图形上各几何元素位置的尺寸称为定位尺寸。如图 1.27 中确定圆 $\phi 6$ 与圆心位置的尺寸 30、20 等。

标注定位尺寸时，必须有个起点，这个起点称为基准。平面图形有长和高两个方向，每个方向至少应有一个基准。尺寸基准

图 1.27　平面图形尺寸标注示例

可以是直线，也可以是点。图 1.27 中尺寸 15 和 50 是由左边线作为基准。基准选择的不同，尺寸注法也不相同，但尺寸总数是一定的。

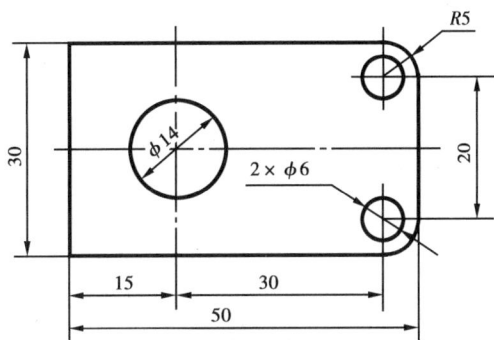

1.4.2　平面图线的线段分析

平面图形中的线段按所注尺寸情况，可分为三类。

（1）已知线段

凡定形尺寸和定位尺寸全部注出的线段称为已知线段。绘图时，已知线段可按尺寸直接画出，如图 1.28 中圆 $\phi 11$，圆弧 $R10$ 等。

（2）中间线段

只注出定形尺寸和一个定位尺寸的线段称为中间线段。绘制中间线段时，除根据图形中所注的尺寸外，还要依赖一个与相邻线段的连接关系而作出，如图 1.28 中的圆弧 $R11$、$R12$。

（3）连接线段

凡只注出定形尺寸而不必注出定位尺寸的线段称为连接线段。绘制连接线段时，要依赖它与两个

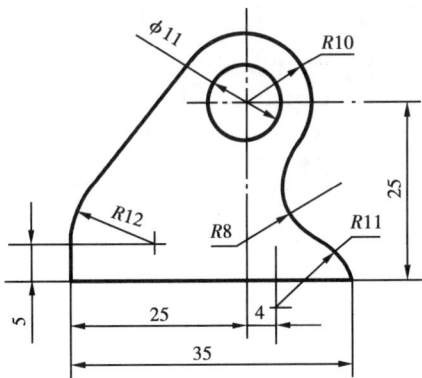

图 1.28　平面图形线段分析

相邻线段的连接关系才能画出，如图 1.28 中的圆弧 $R8$。

1.4.3　平面图形的画法

绘制平面图形时一般先画基准线，并由定位尺寸画出定位线，然后按照已知线段、中间线段、连接线段的顺序完成全图，图 1.29 表示了图 1.28 的画图步骤。

1.4.4　平面图形的尺寸注法

标注平面图形的尺寸要求是正确、完整、清晰。

正确是指平面图形的尺寸要按国标规定标注。完整是指平面图形的尺寸要齐全，不缺省、不重复、不矛盾。清晰是指尺寸的位置要安排合理，布局整齐，尺寸数字书写规范，清晰易辨。

（a）画出平面图形的基准线　　　　　　　　（b）画出已知线段

（c）画出中间线段　　　　　　　　　　（d）画出连接线段

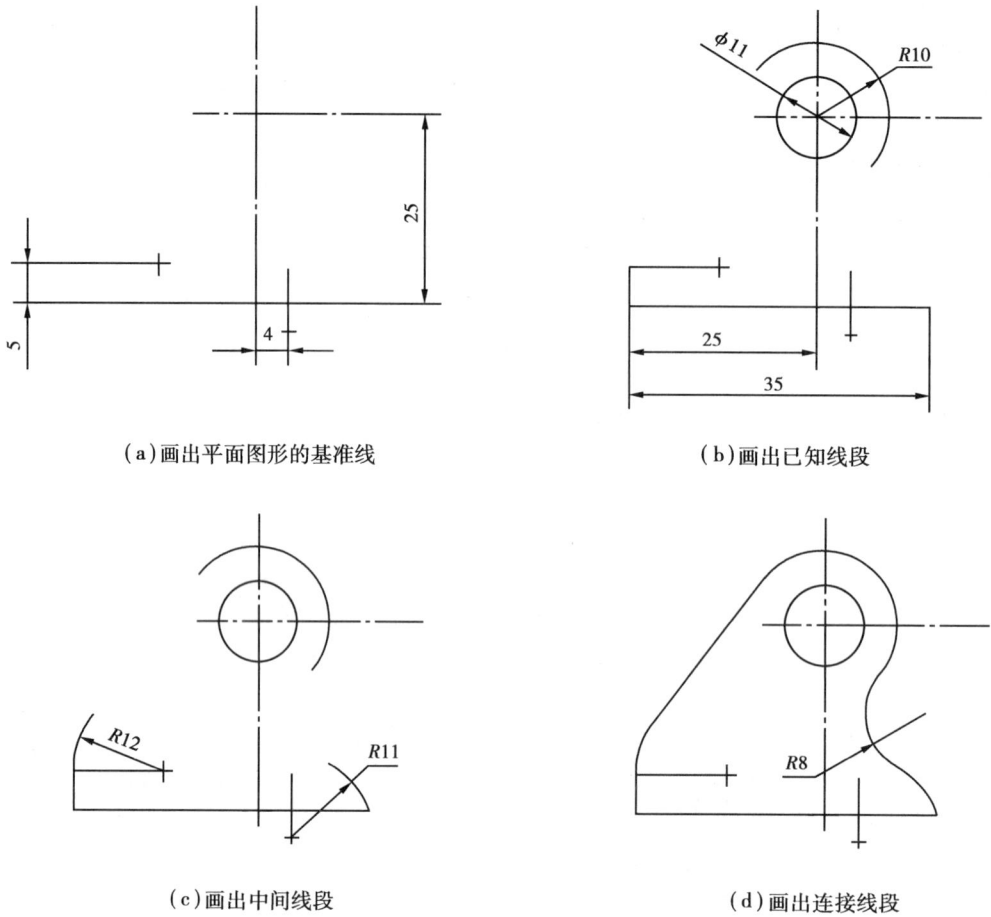

图 1.29　平面图形的画图步骤

标注平面图形尺寸时,应先分析平面图形的结构,选择合适的尺寸基准,并确定图形中各线段的性质,即哪些是已知线段,哪些是中间线段,哪些是连接线段,然后按已知线段、中间线段和连接线段的顺序逐个标注出尺寸,表 1.5 列举了一些常见图形的尺寸注法,供参考。

表 1.5　平面图形尺寸标注示例

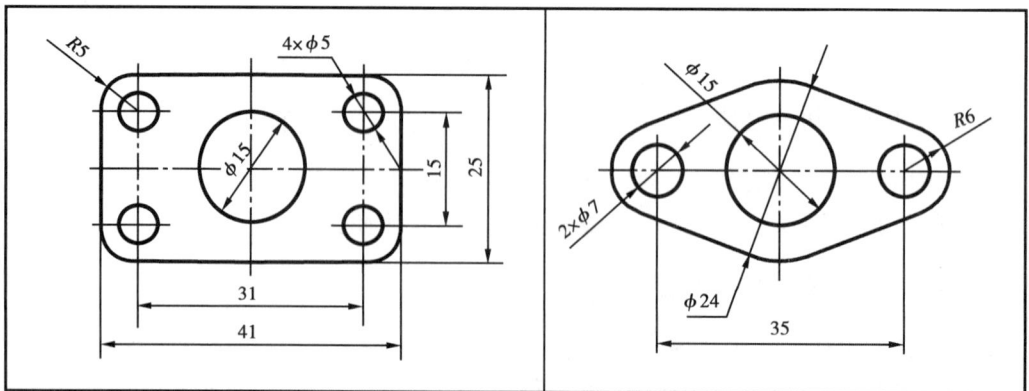

续表

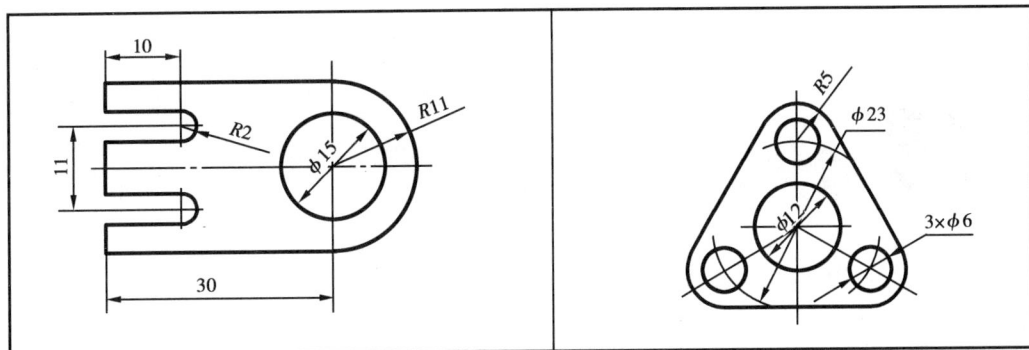

1.4.5　绘图的一般方法和步骤

绘制仪器图时,除应熟悉制图国家标准、掌握几何作图的方法以及正确使用绘图工具外,还应掌握正确的画图方法和步骤:

①绘图前准备工作:了解所画图样的内容和要求,准备必要的绘图工具和仪器,并应擦拭干净。

②选定图幅:根据图形大小、数量和复杂程度,先选定比例,后确定图纸幅面。

③固定图纸:图纸应固定在图板的左下方,下部空出的距离要能够放置丁字尺,图纸要用胶带纸固定,切忌用图钉固定。

④画图框和标题栏。

⑤布置图形:估算一下所绘图形的数量和各图形的长宽尺寸,使整个图形均匀布置在图幅内。估算时还应考虑标注尺寸和文字说明的位置,然后画出各图形的基准线。

⑥画底稿:根据定好的基准线,按尺寸先画主要轮廓线,然后画细节。底稿线要细而轻,且要准确、清晰。底稿线中的轴线、中心线、尺寸界线等细线可以一次画成,不再加深。

⑦检查加深:对底稿要认真检查,修正错误,待核实无误后再加深。加深时,通常按先曲线后直线,先上面后下面,先左面后右面,所有图形一同进行的原则进行。同一种线型应一次加深完后再加深另一种线型。

⑧标注尺寸,填写有关文字说明及标题栏。

⑨最后全面检查,修正漏误,清理图面,确保图样质量。

第**2**章
投 影 基 础

在工程实际中,各种工程图,如机械图、建筑图、轴测图、透视图等都是采用不同的投影方法绘制而成的。其中,正投影法是一种常用的投影方法。本章主要介绍正投影法的基本知识,以及空间基本几何元素——点、直线和平面的投影规律,为后续章节的学习奠定基础。

2.1　投影法的基本知识

2.1.1　投影法的概念

空间物体在光线照射下,在地面或墙面上出现物体的影子,这就是日常生活中的光照成影现象。将这种现象经过科学抽象、总结归纳,形成了投影法,并用它来绘制工程图样。

如图 2.1(a)所示,将光源 S 抽象为一点,称为投射中心,点 S 与物体上任意一点之间的连线(如 SA、SB、SC)称为投射线,平面 P 称为投影面。延长 SA、SB、SC 与投影面 P 相交,交点 a、b、c 称为点 A、B、C 在 P 面上的投影。$\triangle abc$ 就是 $\triangle ABC$ 在 P 面上的投影。这种用投射线射物体,在选定投影面上得到物体投影的方法,称为投影法。

2.1.2　投影法的分类

投影法有中心投影法和平行投影法两种。

(1)中心投影法

如图 2.1(a)所示,投射线汇交于一点的投影法称为中心投影法,用这种方法得到的投影称为中心投影。中心投影随投射中心 S 距离物体的远近(或者物体距离投影面 P 的远近)而变化,因此,中心投影不能反映原物体的真实大小,但却具有较强的立体感,工程上常用于绘制物体或建筑物的直观图(透视图)。

(2)平行投影法

假设投射中心位于无穷远处,所有投射线相互平行,这种投影法称为平行投影法,如图 2.1(b)、(c)所示。用平行投影法得到的投影称为平行投影。

根据投射方向与投影面所成角度不同,平行投影法又分为斜投影法和正投影法。

20

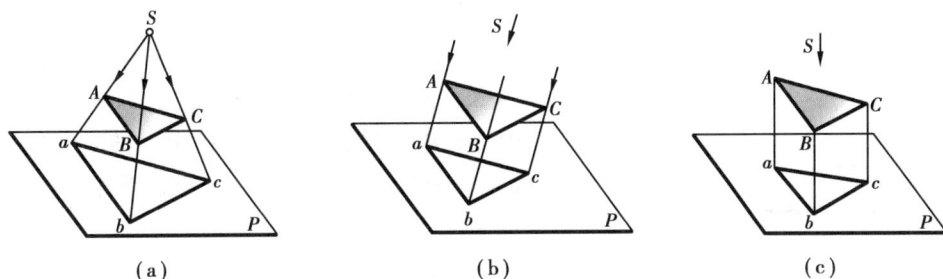

图 2.1 投影法及其分类

①斜投影法:投射线与投影面倾斜的平行投影法,如图 2.1(b)所示。工程上常用斜投影法来绘制物体的轴测图。

②正投影法:投射线与投影面垂直的平行投影法,如图 2.1(c)所示。根据正投影法绘制的投影,称为正投影图。

国家标准《技术制图 投影法》(GB/T 14692—2008)规定,工程技术图样应采用正投影法绘制,本书除特别说明外,一般所称的投影均指正投影。

2.1.3 正投影法的基本性质

(1)实形性

平行于投影面的直线或平面,直线段的投影反映实长,平面的投影反映实形,如图 2.2(a)所示。

(2)积聚性

垂直于投影面的直线或平面,直线的投影积聚为一点,平面的投影积聚为一条直线,如图 2.2(b)所示。

(3)类似性

如图 2.2(c)所示,倾斜于投影面的直线或平面,直线的投影仍为直线,但小于实长。平面图形的投影小于真实形状,但类似于空间平面图形,且图形的基本特征不变,如多边形的投影仍为多边形,其边数、平行关系、凹凸、曲直等保持不变。

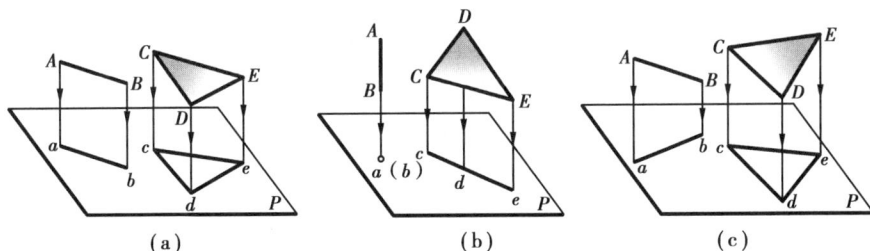

图 2.2 正投影法的基本性质

2.2 点的投影

任何立体都可以看作点的集合。点是构成立体最基本的几何元素,学习点的投影是学习

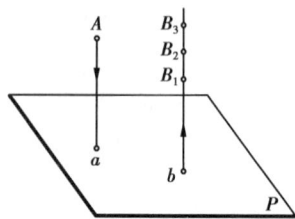

图 2.3　点的单面投影图

直线、平面和立体投影的基础。

如图 2.3 所示,空间点 A 向单一投影面 P 进行投影时,可得到唯一的投影 a,但是,若已知点 B 的投影 b,却无法确定点 B 的空间位置,也就是说,由点的单面投影不能唯一确定点的空间位置。因此,确定一个空间点需要两个以上的投影。在工程制图中通常取互相垂直的两个或多个投影面建立多投影面体系,然后将空间点向投影面做正投影,形成点的多面正投影。

2.2.1　点在两投影面体系中的投影

(1)两投影面体系的建立

如图 2.4(a)所示,设立两个互相垂直的投影面,处于正面直立位置的投影面称为正立投影面,用大写字母"V"表示,简称正面或 V 面;处于水平位置的投影面称为水平投影面,用大写字母"H"表示,简称水平面或 H 面。V 面和 H 面的交线称为投影轴,用"OX"表示。

(2)点的两面投影

如图 2.4(a)所示,设空间有一点 A,过点 A 分别向 V 面和 H 面作垂线,得垂足 a' 和 a,a' 称为空间点 A 的正面投影,a 称为空间点 A 的水平投影。同时,规定用大写字母(如 A)表示空间点,其水平投影用对应的小写字母(如 a)表示,正面投影用对应的小写字母加一撇(如 a')表示。

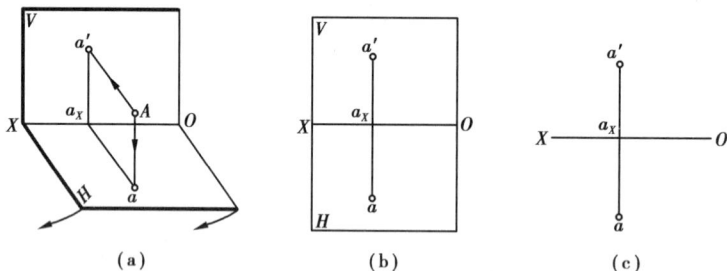

图 2.4　点在 V、H 两投影面体系中的投影

在实际作图时,为使点的两面投影画在同一平面(图纸)上,需将投影面展开。移去空间点 A,规定 V 面不动,将 H 面绕 OX 轴向下旋转 90°与 V 面重合,即得点 A 的两面投影,如图 2.4(b)所示。为作图简便,投影图中不画出投影面的边框,如图 2.4(c)所示。

如图 2.4 所示,投射线 Aa 和 Aa' 决定的平面必然与 H 面和 V 面垂直,并与 OX 轴交于一点 a_X,Aaa_Xa' 是一个矩形,OX 轴垂直于该矩形平面。因此,在展开后的投影图上,a、a_X、a' 三点必在同一条直线上,且 $a'a \perp OX$ 轴,$aa_X = Aa'$,$a'a_X = Aa$。由此可得出点在两投影面体系中的投影规律:

①点的正面投影和水平投影的投影连线垂直于 OX 轴,即 $a'a \perp OX$。

②点的正面投影到 OX 轴的距离反映空间点到 H 面的距离,点的水平投影到 OX 轴的距离反映空间点到 V 面的距离,即 $a'a_X = Aa$,$aa_X = Aa'$。

2.2.2　点在三投影面体系中的投影

虽然由点的两面投影已能确定该点的空间位置,但有时为了更清晰地图示某些几何形体,还需要画出点的三面投影图。

(1)三投影面体系的建立

如图 2.5(a)所示,在两投影面体系上再设立一个与 V 面、H 面都垂直的投影面,该投影面称为侧立投影面,用"W"表示,简称侧面或 W 面。这样,H、V、W 三个投影面两两垂直相交,得三条投影轴 OX、OY、OZ,三条投影轴垂直相交的交点 O 称为原点。

(2)点的三面投影

如图 2.5(a)所示,设空间有一点 A,分别向 H、V、W 面进行投影得 a、a'、a'',a'' 称为点 A 的侧面投影,用相应的小写字母加两撇来表示。

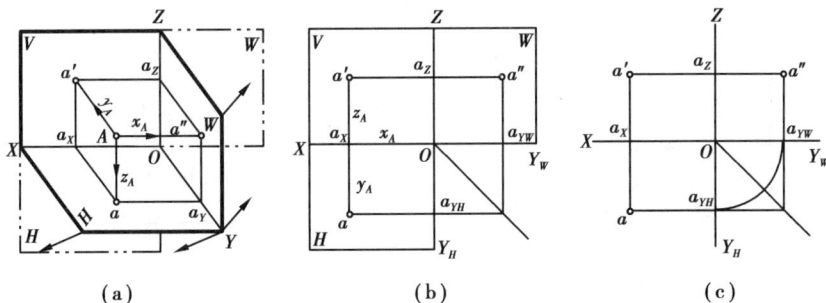

图 2.5　点在 V、H、W 三投影面体系中的投影

画投影图时,同样需要将三个投影面展开到同一个平面上。展开方法与前述相同:如图 2.5(a)所示,保持 V 面不动,将水平面 H 和侧面 W 分别绕 OX 轴和 OZ 轴向下和向右旋转 $90°$ 并与 V 面重合,这样就得到点 A 的三面投影图,如图 2.5(b)所示。其中,OY 轴随 H 面旋转后用"OY_H"表示,随 W 面旋转后用"OY_W"表示。去掉投影面边框,便成为如图 2.5(c)所示的形式。

点在三投影面体系中的投影,其正面投影与水平投影、正面投影与侧面投影之间的关系符合两投影面体系中的投影规律,即 $a'a⊥OX$,$a'a''⊥OZ$;点的水平投影与侧面投影均反映点到 V 面的距离。由此可以得出点在三投影面体系中的投影规律:

①点的水平投影与正面投影的连线垂直于 OX 轴,即 $a'a⊥OX$。

②点的正面投影与侧面投影的连线垂直于 OZ 轴,即 $a'a''⊥OZ$。

③点的水平投影到 OX 轴的距离等于点的侧面投影到 OZ 轴的距离,即 $aa_X=a''a_Z$。

根据上述投影规律,若已知点的任意两个投影,即可求出它的第三面投影。为作图方便,可过点 O 作 $∠Y_HOY_W$ 的角平分线(45°辅助线)或圆弧,以保证 $aa_X=a''a_Z$ 的对应关系。

2.2.3　点的投影与直角坐标的关系

在工程中,有时也用坐标来确定点的空间位置。如图 2.5(a)所示,可以将三投影面体系看成是一个空间直角坐标系,将投影面当作坐标面,将投影轴当作坐标轴,点 O 即为坐标原点。规定 OX 轴从点 O 向左为正,OY 轴从点 O 向前为正,OZ 轴从点 O 向上为正;反之为负。从图 2.5(a)可得出点 $A(x_A,y_A,z_A)$ 的投影与坐标有下述关系:

$x_A(Oa_X)=a_Za'=a_{YH}a=a''A$(点 A 到 W 面的距离)

$y_A(Oa_Y)=a_Xa=a_Za''=a'A$(点 A 到 V 面的距离)

$z_A(Oa_Z)=a_Xa'=a_{YW}a''=aA$(点 A 到 H 面的距离)

23

由图 2.5(b)可知,坐标 x 和 z 决定点的正面投影 a',坐标 x 和 y 决定点的水平投影 a,坐标 y 和 z 决定点的侧面投影 a''。因此,若已知一个点的坐标 (x,y,z) 就可以画出该点的投影图;反之,若已知一个点的三面投影,就可以量出该点的三个坐标。

2.2.4　投影面和投影轴上点的投影

若点有一个坐标为零,则该点位于投影面上;有两个坐标为零,则该点位于投影轴上。图 2.6 是分别位于 V 面、H 面和 OX 轴上点的立体图和投影图。

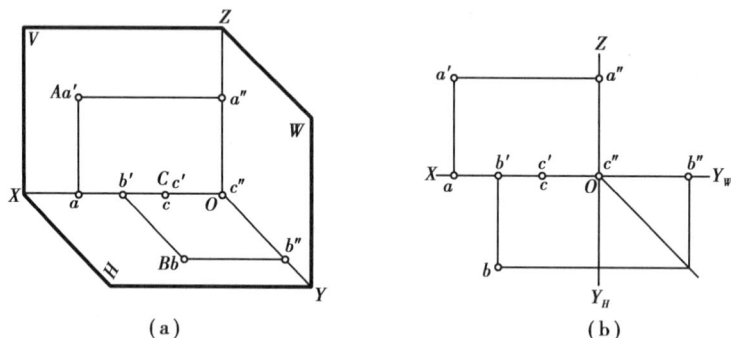

图 2.6　投影面和投影轴上点的投影

①投影面上点的投影:在该投影面上的投影与该点重合,在其他投影面上的投影分别在相应的投影轴上。

②投影轴上点的投影:在包含该轴的两个投影面上的投影均与该点重合,另一投影在原点上。

【例 2.1】　如图 2.7(a)所示,已知点 A 的正面投影 a' 和侧面投影 a'',求其水平投影 a。

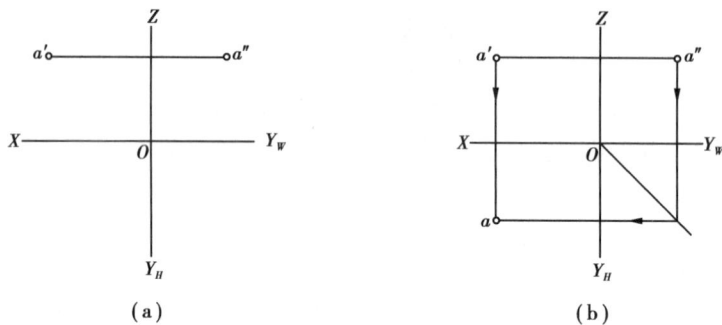

图 2.7　求作点的第三面投影

分析:按照点在三投影面体系中的投影规律,完成作图。

作图:作图过程如图 2.7(b)所示。

①过 O 作 $\angle Y_H OY_W$ 的角平分线(45°辅助线)。

②过 a'' 作 OY_W 轴垂线与 45°辅助线相交,过交点作 OY_H 轴垂线,与过 a' 所作的 OX 轴垂线相交,交点即为点 A 的水平投影 a。

【例 2.2】　已知点 A 的坐标 $(20,15,10)$,作出其三面投影。

分析:由于点的坐标 x 和 z 决定点的正面投影 a',坐标 x 和 y 决定点的水平投影 a,坐标 y 和 z 决定点的侧面投影。因此,已知点的坐标 (x,y,z) 便可求作点的三面投影。

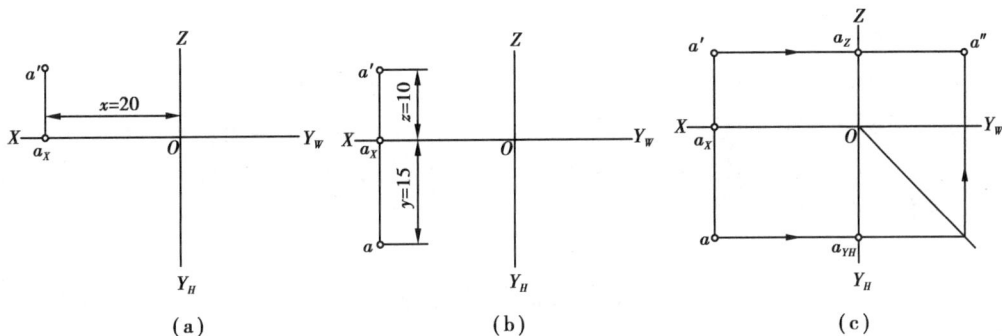

图 2.8 求作点的第三面投影

作图:作图过程如图 2.8 所示。

①画出投影轴并标记,在 OX 轴上取 $x=20$,得 a_X。

②过 a_X 作 OX 轴垂线,并在其上取 $y=15$,得 a;取 $z=10$,得 a'。

③由 a、a' 作出其侧面投影 a'',则 a、a'、a'' 即为所求。

2.2.5 空间两点的相对位置

空间两点的投影沿上下、前后、左右三个方向所反映的坐标差,即两点对 H、V、W 面的距离差能确定两点的相对位置;反之,若已知两点的相对位置以及其中一个点的投影,也能确定另一个点的投影。

两点左右位置关系由两点的 x 坐标差确定,x 坐标大者为左,反之为右;前后位置关系由两点的 y 坐标差确定,y 坐标大者为前,反之为后;上下位置关系由两点的 z 坐标差确定,z 坐标大者为上,反之为下。

如图 2.9 所示,空间两点 A、B 的相对位置如下所述:

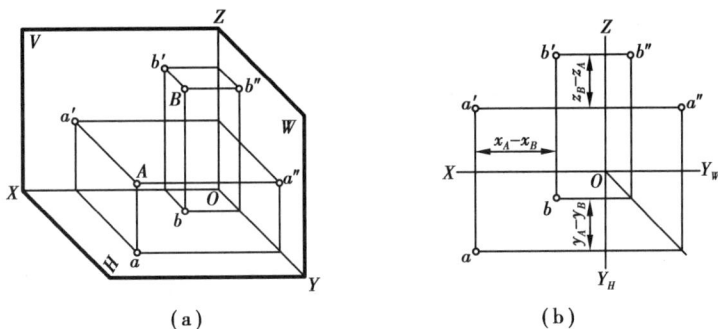

图 2.9 两点的相对位置

由于 $x_A>x_B$,表示点 A 在点 B 的左方,两点的左右距离由 x 的坐标差 $|x_A-x_B|$ 确定;由于 $y_A>y_B$,表示点 A 在点 B 的前方,两点的前后距离由 y 的坐标差 $|y_A-y_B|$ 确定;由于 $z_B>z_A$,表示点 B 在点 A 的上方,两点的上下距离由 z 的坐标差 $|z_B-z_A|$ 确定。因此,点 A 在点 B 的左、前、下方,而点 B 在点 A 的右、后、上方。

2.2.6 重影点

当空间两点有一个投影重合时,称这两个点是对某投影面的重合点,简称重影点,其重合的投影称为重影。此时,两点的某两个坐标相同,处于同一条投射线上。对 V 面的一对重影点是正前、正后方的关系,对 H 面的一对重影点是正上、正下方的关系,对 W 面的一对重影点是正左、正右方的关系。

有重影,就需要判断可见性,即判断两个点中哪个可见,哪个不可见。可见性依据 x、y、z 坐标来判断,坐标大者可见,小者不可见,即前遮后、上遮下、左遮右。对不可见点的投影字母加括号表示。

从图 2.10 可知,点 B 在点 A 正后方,这两点的正面投影重合,点 A 和点 B 称为对正面投影的重影点。由于两点的 x、z 坐标相同,而 $y_A > y_B$,因此,点 B 的正面投影不可见,投影字母加括号表示,如 (b')。

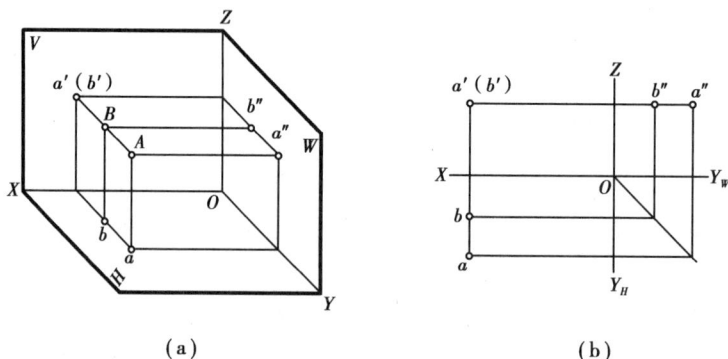

图 2.10　重影点

【例 2.3】 如图 2.11(a)所示,已知点 A 的三面投影 a、a'、a'',点 B 在点 A 的正下方 10 mm 处,试作出点 B 的三面投影。

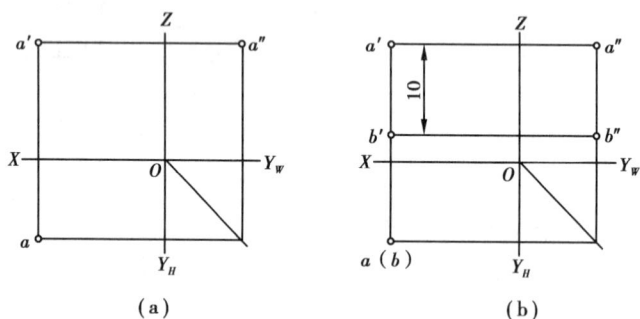

图 2.11　求作点的三面投影

分析:由于点 B 在点 A 的正下方 10 mm 处,即 $x_A = x_B$,$y_A = y_B$,而 $z_A - z_B = 10$。所以,A、B 两点水平投影 a、b 重合;又由于 $z_A > z_B$,故 b 为不可见。

作图:作图过程如图 2.11(b)所示。

①由于 a、b 重合,而 b 不可见,故标记为 (b)。

②在 a' 正下方下量取 10 mm,得 b'。

③由点 B 的水平投影 b 和正面投影 b'，求得 b''。

2.3　直线的投影

空间一条直线的投影可由直线上两点（通常取直线段两个端点）的同面投影来确定。如图 2.12 所示，求作直线的三面投影时，分别作出两个端点 A、B 的投影（a、a'、a''）和（b、b'、b''），然后将其同面投影连接起来（用粗实线绘制）即得直线 AB 的三面投影（ab、$a'b'$、$a''b''$）。

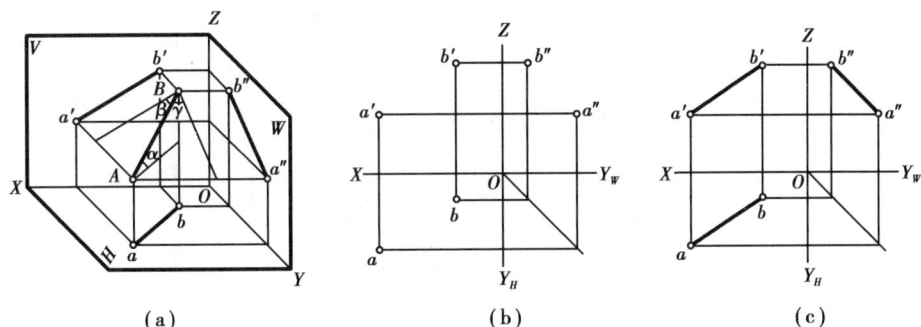

图 2.12　直线的投影

2.3.1　各种位置直线的投影及其特性

直线按照相对于投影面的位置分为投影面平行线、投影面垂直线和一般位置直线三类，前两类又称为特殊位置直线。

直线与水平投影面、正面投影面、侧面投影面的夹角，称为该直线对投影面的倾角，分别用"α""β"和"γ"表示，如图 2.12（a）所示。

（1）投影面平行线

平行于一个投影面，而与另外两个投影面倾斜的直线，称为投影面的平行线。根据所平行的投影面不同，平行线分为正平线、水平线和侧平线。

①正平线：平行于 V 面，倾斜于 H、W 面的直线。

②水平线：平行于 H 面，倾斜于 V、W 面的直线。

③侧平线：平行于 W 面，倾斜于 V、H 面的直线。

表 2.1 列出了正平线、水平线、侧平线的投影及其投影特性。

表 2.1　投影面平行线的投影特性

名　称	正平线（平行于 V 面）	水平线（平行于 H 面）	侧平线（平行于 W 面）
实例			

续表

名　称	正平线(平行于 V 面)	水平线(平行于 H 面)	侧平线(平行于 W 面)
立体图	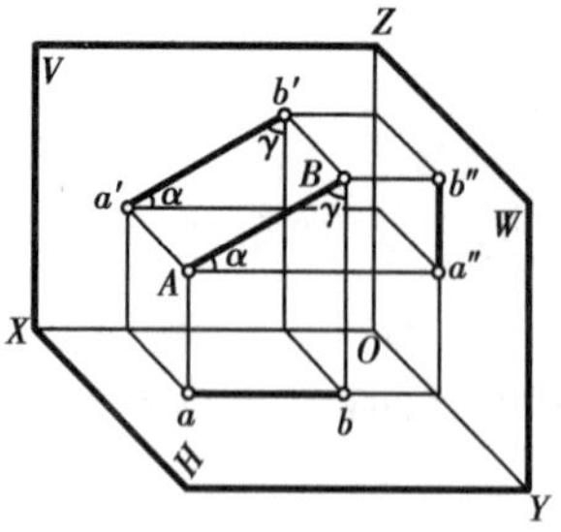	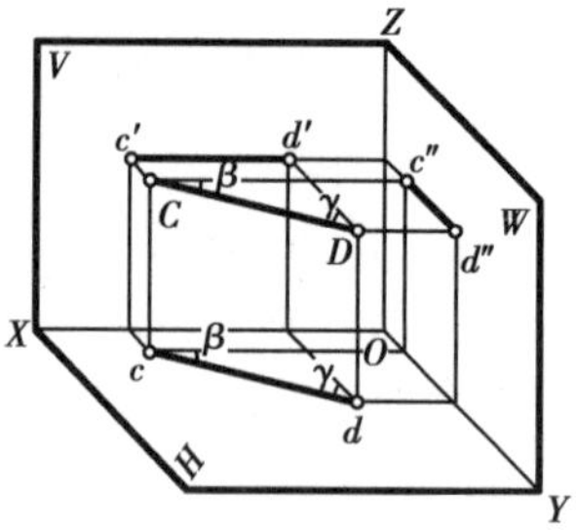	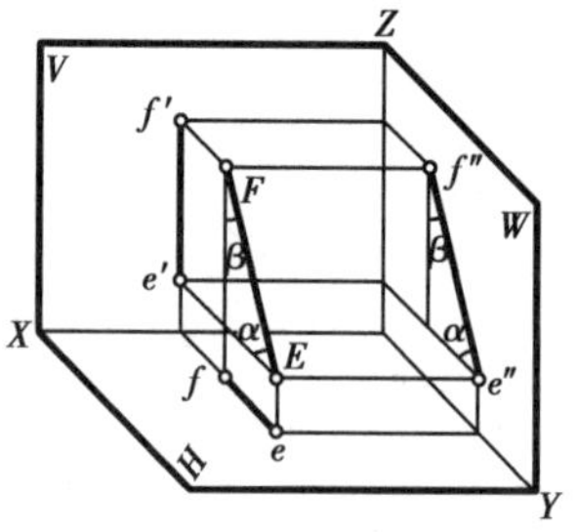
投影图	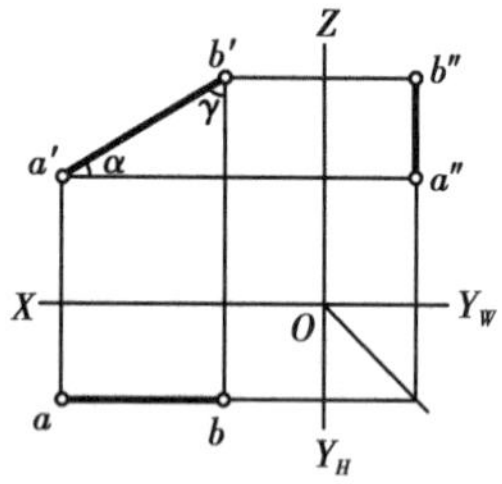	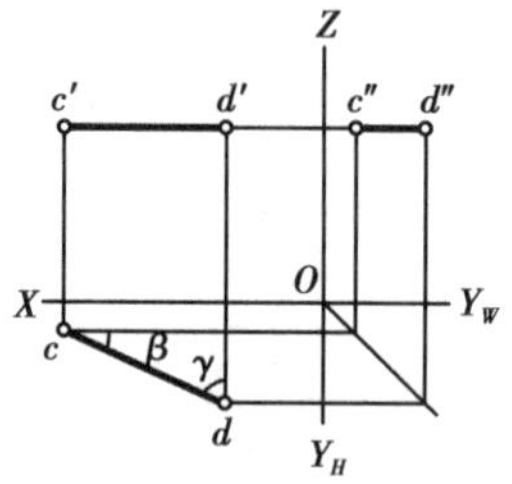	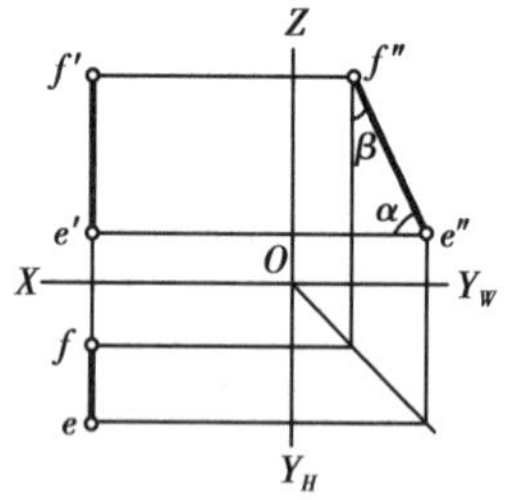
投影特性	①正面投影 $a'b'$ 反映实长，$a'b'$ 与 OX 轴和 OZ 轴的夹角分别反映 α 和 γ。 ②水平投影 $ab \ /\!/ \ OX$ 轴，侧面投影 $a''b'' /\!/ OZ$ 轴。	①水平投影 cd 反映实长，cd 与 OX 轴和 OY_H 轴的夹角分别反映 β 和 γ。 ②正面投影 $c'd' \ /\!/ \ OX$ 轴，侧面投影 $c''d'' /\!/ OY_W$ 轴。	①侧面投影 $e''f''$ 反映实长，$e''f''$ 与 OY_W 轴和 OZ 轴的夹角分别反映 α 和 β。 ②正面投影 $e'f' \ /\!/ \ OZ$ 轴，水平投影 $ef /\!/ OY_H$ 轴。

从表 2.1 中可概括出投影面平行线的投影特性：

①在平行于该投影面上的投影反映实长，它与投影轴的夹角，分别反映直线对另外两个投影面的倾角。

②在另外两个投影面上的投影，分别平行于相应的投影轴。

(2)投影面垂直线

垂直于一个投影面，与另外两个投影面平行的直线，称为投影面的垂直线。根据所垂直的投影面不同，垂直线分为正垂线、铅垂线和侧垂线。

①正垂线：垂直于 V 面，平行于 H、W 面的直线。

②铅垂线：垂直于 H 面，平行于 V、W 面的直线。

③侧垂线：垂直于 W 面，平行于 V、H 面的直线。

表 2.2 列出了正垂线、铅垂线、侧垂线的投影及其投影特性。

表 2.2　投影面垂直线的投影特性

名　称	正垂线(垂直于 V 面)	铅垂线(垂直于 H 面)	侧垂线(垂直于 W 面)
实例	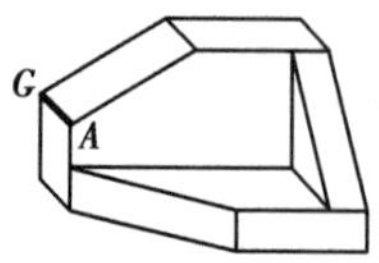	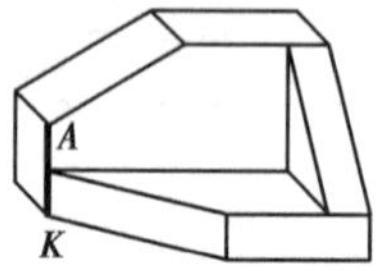	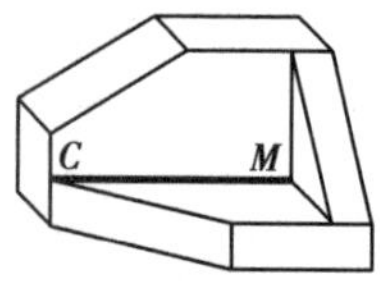

续表

名　　称	正垂线(垂直于 V 面)	铅垂线(垂直于 H 面)	侧垂线(垂直于 W 面)
立体图			
投影图			
投影特性	① 正面投影 $a'g'$ 积聚为一点。 ② 水平投影 $ag // OY_H$ 轴, 侧面投影 $a''g'' // OY_W$ 轴, 均反映实长。	① 水平投影 ak 聚为一点。 ② 正面投影 $a'k' // OZ$ 轴, 侧面投影 $a''k'' // OZ$ 轴, 均反映实长。	① 侧面投影 $c''m''$ 积聚为一点。 ② 正面投影 $c'm' // OX$ 轴, 水平投影 $cm // OX$ 轴, 均反映实长。

从表 2.2 中可概括出投影面垂直线的投影特性:

① 与直线垂直的投影面上的投影积聚为一点。

② 在另两个投影面上的投影,平行于同一投影轴,并且反映实长。

(3) 一般位置直线

与三个投影面都倾斜的直线称为一般位置直线。如图 2.12 所示,直线的实长、投影长度和倾角之间的关系为:

$$ab = AB \cos \alpha; \quad a'b' = AB \cos \beta; \quad a''b'' = AB \cos \gamma$$

一般位置直线的投影特性为:

① 三个投影都与投影轴倾斜,其投影长度均小于实长。

② 三个投影与投影轴的夹角都不反映直线对投影面的倾角。

【例 2.4】 如图 2.13(a)所示,过已知点 A 作线段 AB = 20 mm,使其平行于 W 面,且与 H 面的倾角 $\alpha = 45°$。

分析:过点 A 作平行于 W 面的直线 AB 为侧平线。根据侧平线的投影特性,直线 AB 的侧面投影 $a''b''$ 反映实长,且 $a''b''$ 与 OY_W 轴的夹角等于其与 H 面的倾角 α。

作图:作图过程如图 2.13(b)所示。

① 作直线 AB 的侧面投影。作点 A 的侧面投影 a'',再过 a'' 作一条与 OY_W 轴成 45° 的直线,并在直线上截取 $a''b'' = 20$ mm, $a''b''$ 即为直线 AB 的侧面投影。

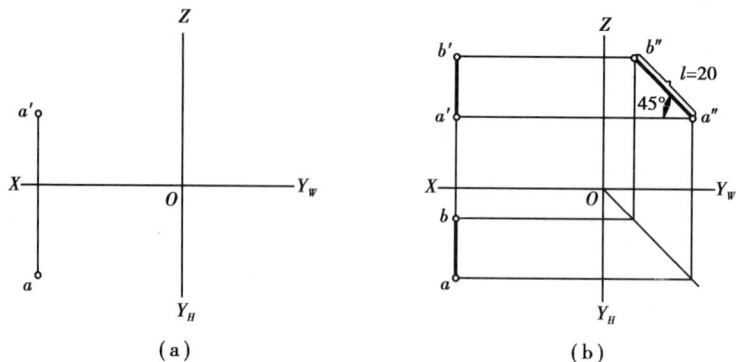

图 2.13　过点 A 作侧平线

②作直线 AB 其余两面投影。分别过 a、a′作 ab∥OY_H 轴、a′b′∥OZ 轴,利用直线的侧面投影,结合投影规律即可求得直线 AB 的水平投影 ab 和正面投影 a′b′(此题解不唯一,其他情况请读者自行分析)。

2.3.2　直线上的点及其投影特性

点在直线上,则点的各个投影必定在该直线的同面投影上,且点分直线段长度之比等于其投影分直线段投影长度之比。反之,点的各个投影在直线的同面投影上,则该点一定在直线上。

如图 2.14 所示,直线 AB 上有一点 K,则点 K 的三面投影 k、k′、k″必定在直线 AB 的同面投影 ab、a′b′、a″b″上,且有 $AK:KB=ak:kb=a'k':k'b'=a''k'':k''b''$。

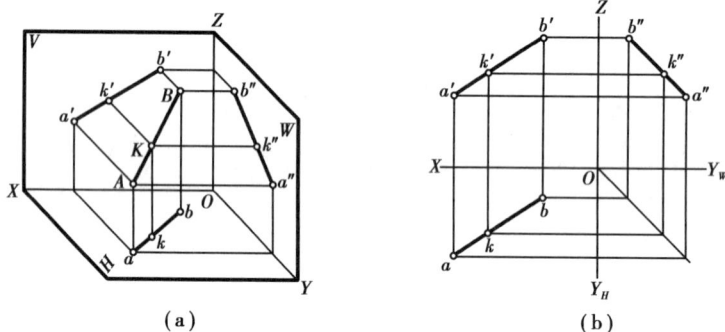

图 2.14　直线的投影

【例 2.5】　如图 2.15(a)所示,已知直线 AB 和点 K 的正面投影和水平投影,判断点 K 是否在直线 AB 上。

分析:因为直线 AB 是侧平线,因此需要画出侧面投影,或用定比方法进行判断。

作图:作图过程如图 2.15(b)、(c)所示。

方法 1:先作出直线 AB 的侧面投影 a″b″和点 K 的侧面投影 k″,然后判断 k″是否在 a″b″上。从图 2.15(b)可知,k″不在 a″b″上,因此,点 K 不在直线 AB 上。

方法 2:用平行线分割线段成定比的方法,将直线 AB 的水平投影 ab 分成两段,使其比值等于 a′b′上线段 l_1 与 l_2 之比,得点 k_1,从图 2.15(c)看出 k_1 与 k 不重合,故点 K 不在直线 AB 上。

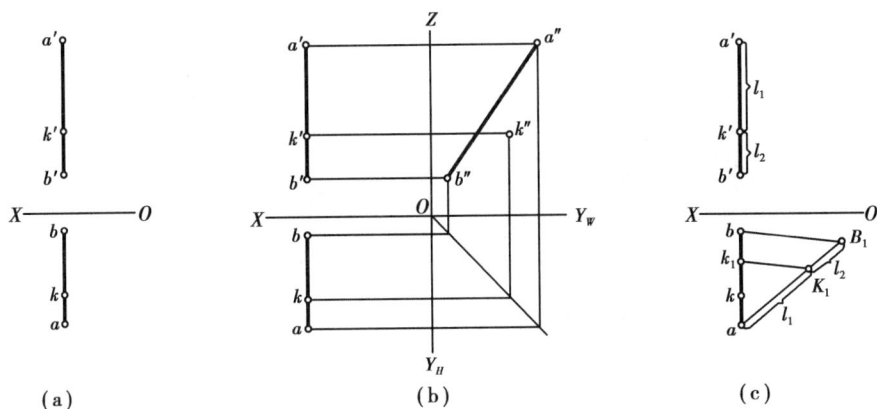

(a)　　　　　　　　　(b)　　　　　　　(c)

图 2.15　判断点是否在直线上

2.3.3　两直线的相对位置及其投影特性

空间两直线的相对位置关系有三种:平行、相交和交叉。

(1)两直线平行

空间两条直线平行,则它们的同面投影必定相互平行,如图 2.16(a)、(b)所示。反之,如果两条直线的各同面投影相互平行,则两条直线空间也一定平行。

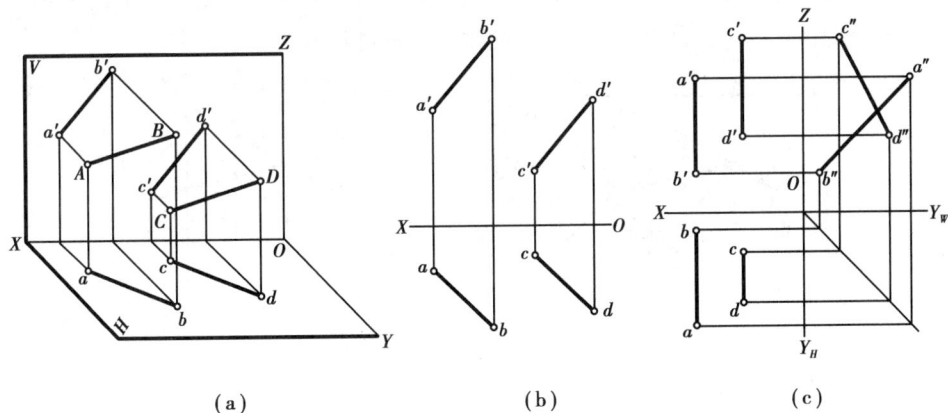

(a)　　　　　　　　　(b)　　　　　　　　(c)

图 2.16　两直线平行

要从投影图上判断两条一般位置直线是否平行,只需判断它们的两个同面投影是否平行即可。若两条直线均为投影面的平行线,则要根据直线所平行的投影面上的投影是否平行来判断它们空间是否平行,如图 2.16(c)所示。

(2)两直线相交

当两直线相交时,它们在各投影面上的同面投影必然相交,并且交点符合点的投影规律。反之亦然。

如图 2.17 所示,直线 AB 与 CD 相交于点 K,则 $a'b'$ 与 $c'd'$、ab 与 cd 也必然相交,并且交点 k 与 k' 的投影连线必然垂直于 OX 轴。一般情况下,如果两条直线的两面投影都相交,且投影的交点符合空间一点的投影规律,则空间两条直线相交。但若两条直线中有一条直线为投影面的平行线时,则两组同面投影中必须包含直线所平行的投影面上的投影。

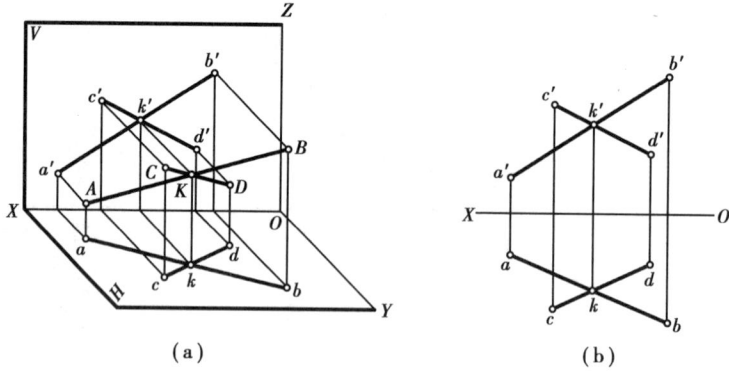

图 2.17　两直线相交

(3)两直线交叉

当空间两条直线既不平行又不相交时,则称两条直线交叉。两条交叉直线的同面投影也可能相交,但各投影的交点不符合投影规律。

如图 2.18 所示,两条交叉直线同面投影的交点,实际上是两条直线上两点的重影点,其可见性可从另一投影中用前遮后、上遮下、左遮右的原则来判断。在图 2.18 中,点 Ⅰ 和点 Ⅱ 是对 H 面的一对重影点,点 Ⅰ 在直线 AB 上,点 Ⅱ 在直线 CD 上,由于 $z_1 > z_2$,因此,从上向下投射时点 Ⅰ 可见,点 Ⅱ 不可见;同理,点 Ⅲ 和点 Ⅳ 是对 V 面的一对重影点,点 Ⅲ 在直线 CD 上,点 Ⅳ 在直线 AB 上,由于 $y_3 > y_4$,因此,从前向后投射时点 Ⅲ 可见,点 Ⅳ 不可见。

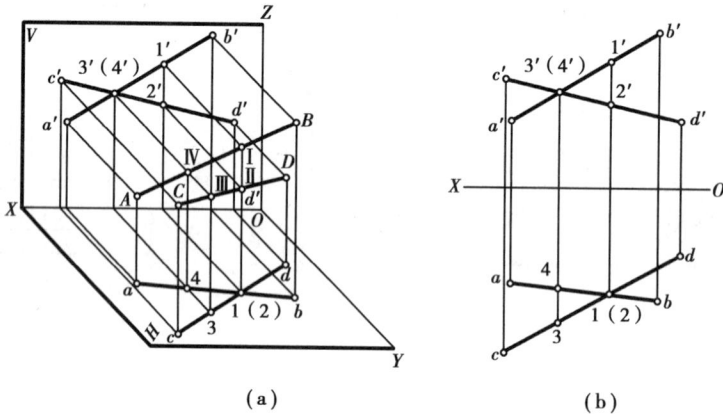

图 2.18　两直线交叉

【**例** 2.6】　如图 2.19(a)所示,点 K 是两条直线 AB 和 CD 的交点,根据题目中给的条件求作直线 AB 的正面投影。

分析:交点为两条直线的共有点,且符合点的投影规律,由此可求得交点的正面投影 k';由于点 B、K、A 位于同一条直线上,可求得点 B 的正面投影 b'。

作图:作图过程如图 2.19(b)所示。

①过 k 作 OX 轴的垂线,与直线 CD 的正面投影 $c'd'$ 相交,交点即为 k'。

②连接 $a'k'$ 并延长,与过点 b 作 OX 轴的垂线相交,交点即为 b',连接 $a'b'$,完成作图。

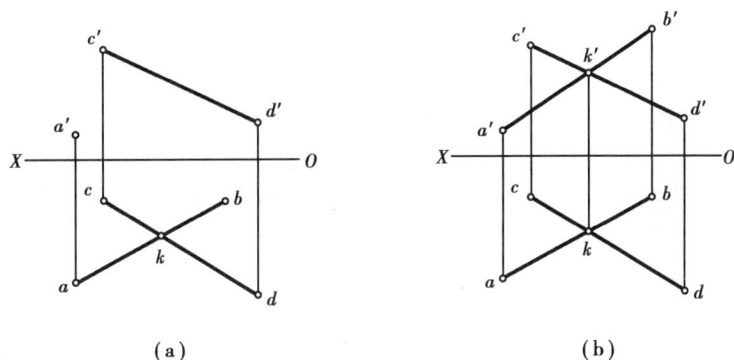

图 2.19　求作直线的投影

【**例 2.7**】　如图 2.20(a)所示,已知直线 AB 和 CD 的两面投影,以及点 E 的水平投影 e,求作直线 EF 与 CD 平行,并与 AB 相交于点 F。

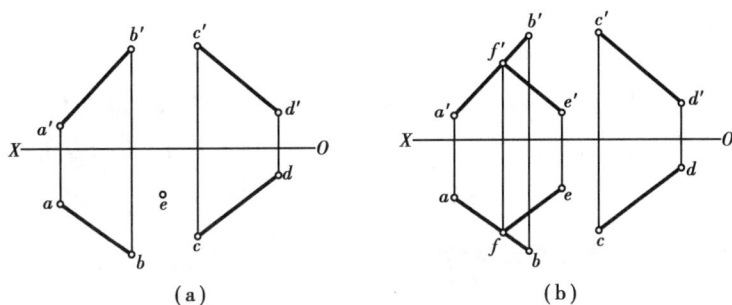

图 2.20　求作直线与一直线平行且与另一直线相交

分析:两条直线平行则它们的同面投影必定相互平行,两直线相交则它们的同面投影必然相交,并且交点符合点的投影规律。由于已知点的水平投影 e,因此,在水平投影面上过点 e 作 cd 的平行线,与另一条直线的水平投影 ab 相交,交点即为所求点 F 的水平投影 f。

由于交点 F 还位于直线 AB 的正面投影上,按照点的投影规律,即可求出交点 F 的正面投影 f'。同理,求出 e',分别连接 $e'f'$ 和 ef,即可完成作图。

作图:作图过程如图 2.20(b)所示。

①在水平投影面上过点 e 作直线 CD 水平投影 cd 的平行线,与直线 AB 的水平投影 ab 相交,交点即为 f。

②过点 f 作 OX 轴的垂线,与直线 AB 的正面投影 $a'b'$ 相交,交点即为 f'。

③过 f' 作直线 CD 正面投影 $c'd'$ 的平行线,与过点 E 的水平投影 e 作 OX 轴的垂线相交,交点即为点 E 的正面投影 e',分别连接 $e'f'$ 和 ef,完成作图。

2.4　平面的投影

平面的投影一般仍为平面,特殊情况下积聚为直线。不在同一条直线上的三点或多点可确定一个平面,所以在作平面的投影时,只需作出平面上各点的投影,然后连接其同面投影即可。

2.4.1 平面的表示方法

通常用一组几何元素的投影表示空间一平面。几何元素的形式如图 2.21 所示,分别为不在同一直线上的三点、直线及直线外一点、两相交直线、两平行直线、平面图形。

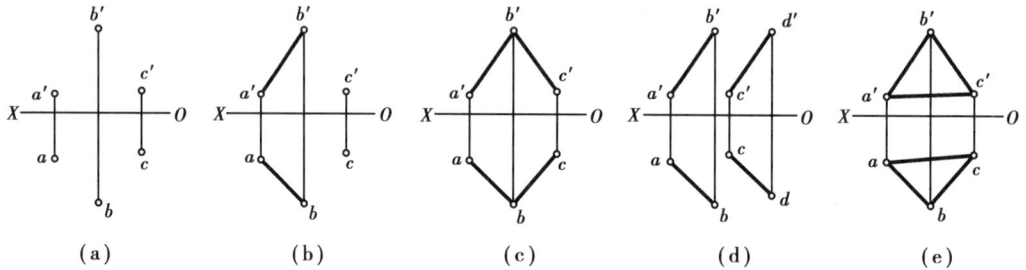

图 2.21 平面的几何元素表示

上述用各组几何元素表示的同一平面,其各组几何元素之间可以互相转化。其中,不在一条直线上的三点是决定平面位置最基本的几何元素,但在实际中,则以平面图形表示平面最为常见。

2.4.2 各种位置平面的投影及其特性

平面按照相对于投影面的位置分为投影面垂直面、投影面平行面和一般位置平面三类,前两类又称为特殊位置平面。

平面与水平投影面、正面投影面、侧面投影面的倾角分别用"α""β"和"γ"表示。

(1)投影面垂直面

垂直于一个投影面,而与另外两个投影面倾斜的平面,称为投影面的垂直面。根据所垂直的投影面不同,垂直面分为正垂面、铅垂面和侧垂面。

①正垂面:垂直于 V 面,倾斜于 H、W 面的平面。

②铅垂面:垂直于 H 面,倾斜于 V、W 面的平面。

③侧垂面:垂直于 W 面,倾斜于 V、H 面的平面。

表 2.3 列出了正垂面、铅垂面、侧垂面的投影及其投影特性。

表 2.3 投影面垂直面的投影特性

名　称	正垂面(垂直于 V 面)	铅垂面(垂直于 H 面)	侧垂面(垂直于 W 面)
实例			

续表

名　称	正垂面(垂直于 V 面)	铅垂面(垂直于 H 面)	侧垂面(垂直于 W 面)
立体图	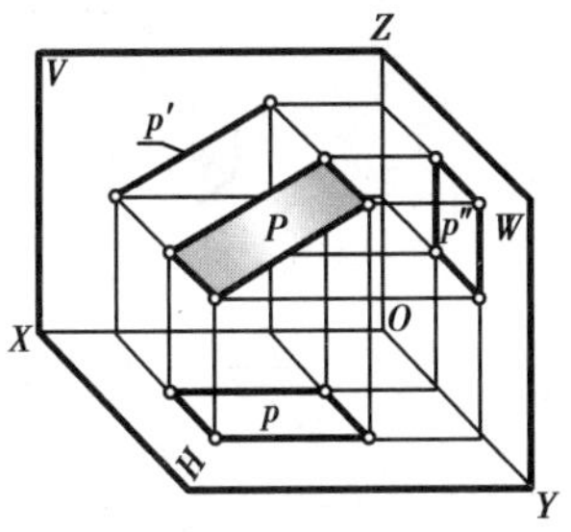	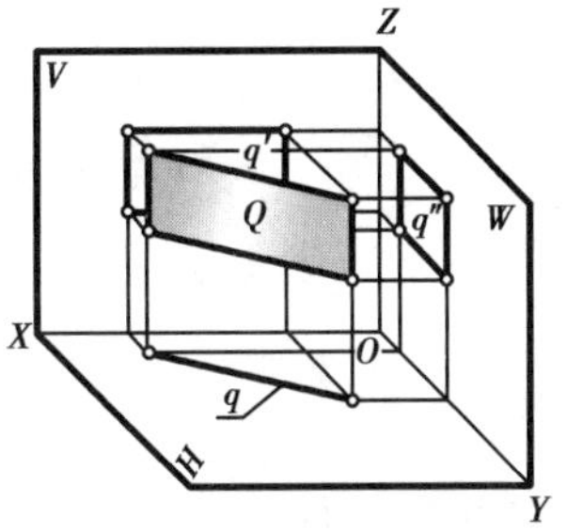	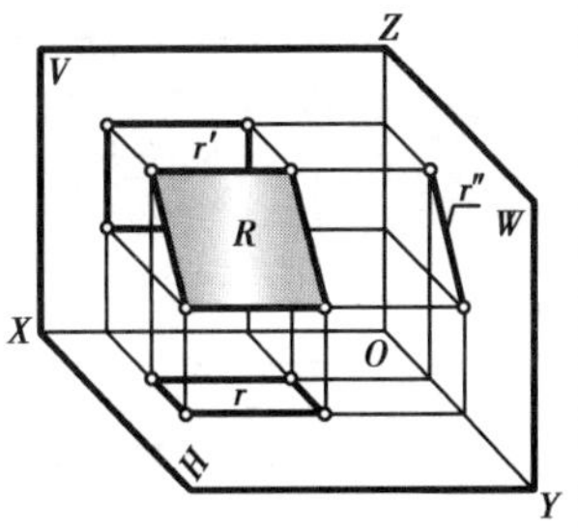
投影图	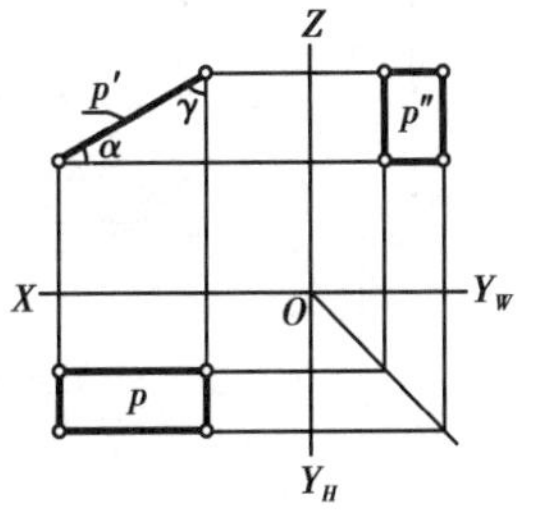	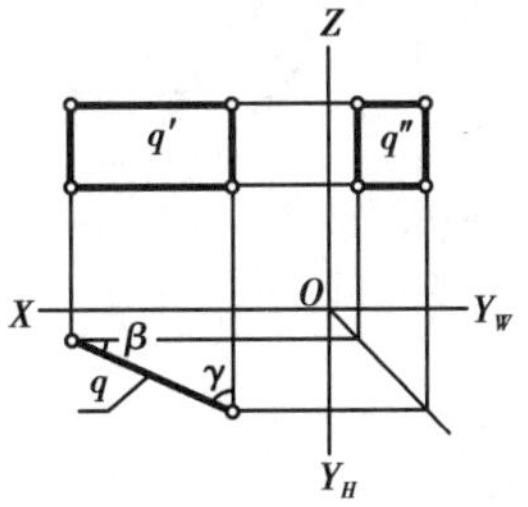	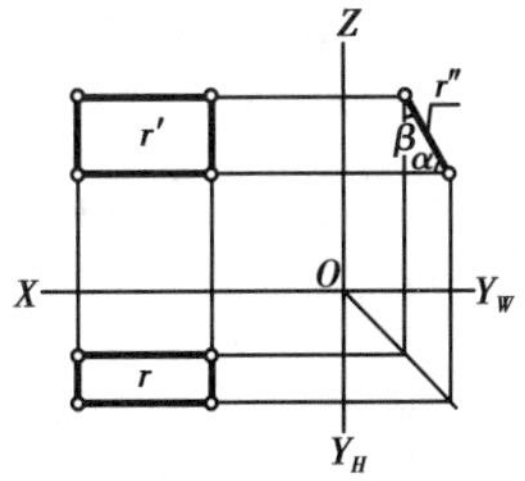
投影特性	①正面投影积聚为一条直线,它与 OX 轴和 OZ 轴的夹角分别反映平面与 H 面和 W 面的倾角 α 和 γ。 ②水平投影和侧面投影均为类似形。	①水平投影积聚为一条直线,它与 OX 轴和 OY_H 轴的夹角分别反映平面与 V 面和 W 面的倾角 β 和 γ。 ②正面投影和侧面投影均为类似形。	①侧面投影积聚为一条直线,它与 OY_W 轴和 OZ 轴的夹角分别反映平面与 H 面和 V 面的倾角 α 和 β。 ②正面投影和水平投影均为类似形。

从表 2.3 中可概括出投影面垂直面的投影特性:

①在所垂直的投影面上的投影积聚成一条倾斜直线,该直线与两投影轴的夹角反映空间平面与另外两个投影面的倾角。

②在另外两个投影面上的投影是与空间平面相类似的平面图形。

(2)投影面平行面

平行于一个投影面而与另外两个投影面均处于垂直位置的平面,称为投影面的平行面。根据所平行的投影面不同,平行面分为正平面、水平面和侧平面。

①正平面:平行于 V 面,与 H、W 面垂直的平面。

②水平面:平行于 H 面,与 V、W 面垂直的平面。

③侧平面:平行于 W 面,与 V、H 面垂直的平面。

表 2.4 列出了正平面、水平面、侧平面的投影及其投影特性。

表2.4　投影面平行面的投影特性

名　称	正平面(平行于 V 面)	水平面(平行于 H 面)	侧平面(平行于 W 面)
实例	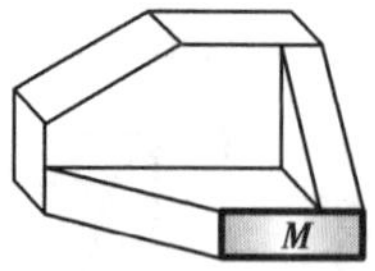	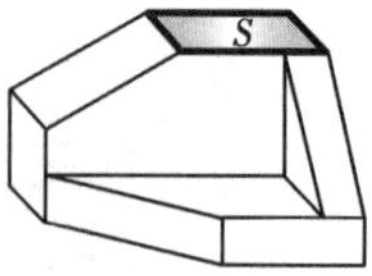	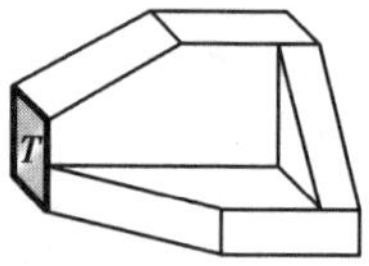
立体图	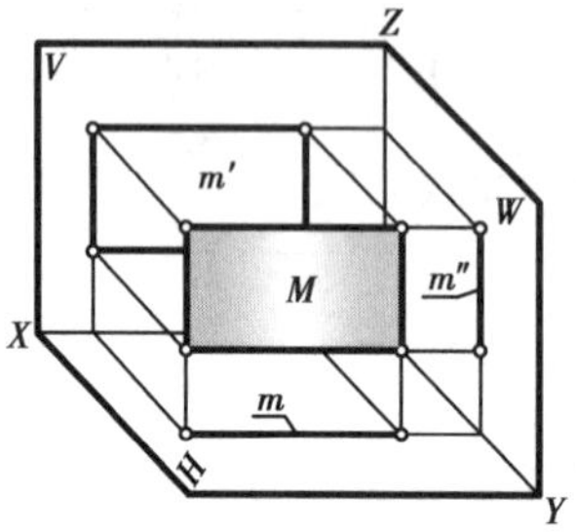	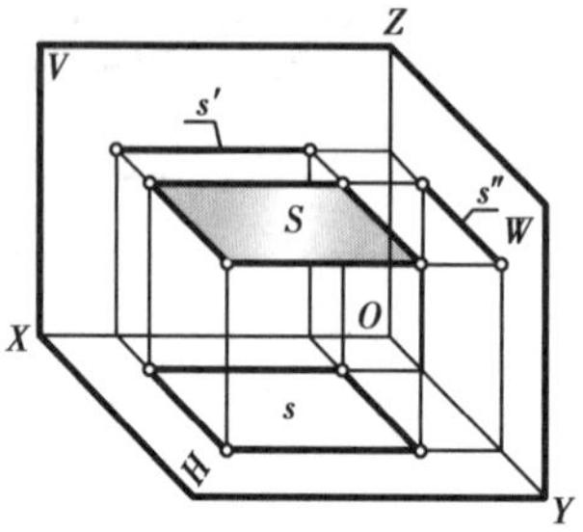	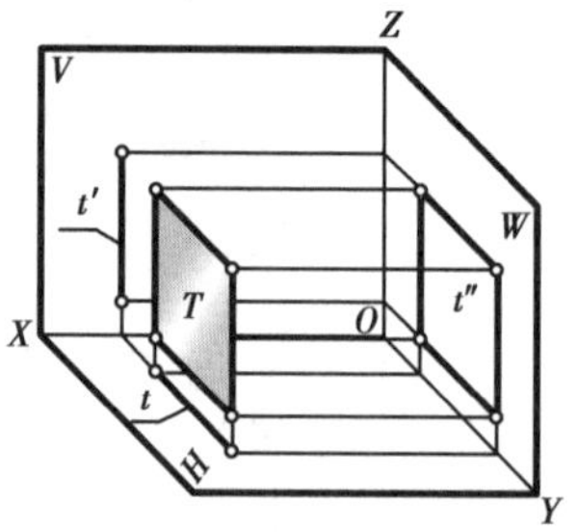
投影图	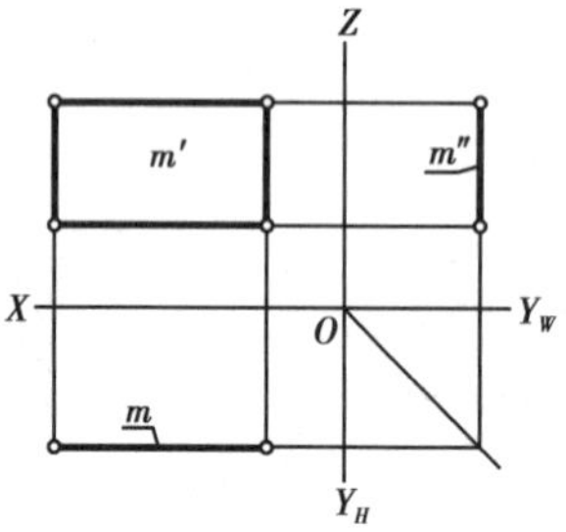	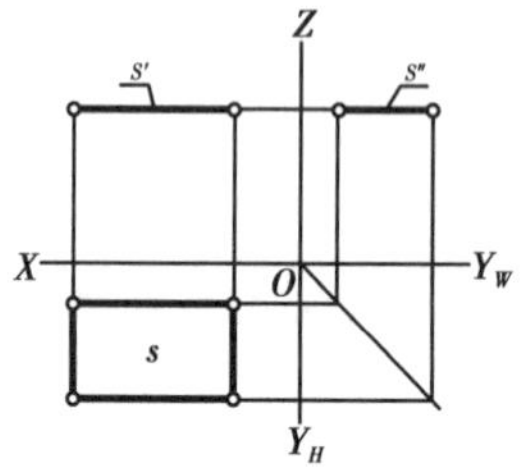	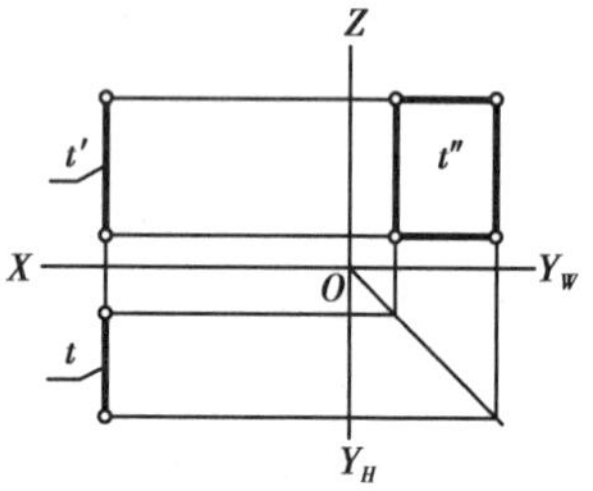
投影特性	①正面投影反映实形。②水平投影和侧面投影分别积聚为平行于 OX 轴和 OZ 轴的直线。	①水平投影反映实形。②正面投影和侧面投影分别积聚为平行于 OX 轴和 OY_W 轴的直线。	①侧面投影反映实形。②正面投影和水平投影分别积聚为平行于 OZ 轴和 OY_H 轴的直线。

从表2.4中可概括出投影面平行面的投影特性：

①在所平行的投影面上的投影反映空间平面图形的实形。

②在另外两个投影面上的投影积聚为直线,并且平行于相应的投影轴。

(3)一般位置平面

与三个投影面均处于倾斜位置的平面称为一般位置平面。

如图2.22所示,一般位置平面的三个投影均不反映空间平面图形的实形,均为小于实形的类似形。

2.4.3　平面上的直线和点

(1)平面上的直线

①一条直线若通过平面上的两点,则此直线必在该平面上。如图2.23所示,点 D、E 分别在直线 AB 和 BC 上,所以 D、E 在由直线 AB 和 AC 所确定的平面 P 上,故连接 D、E 所得的直线必在平面 P 上。

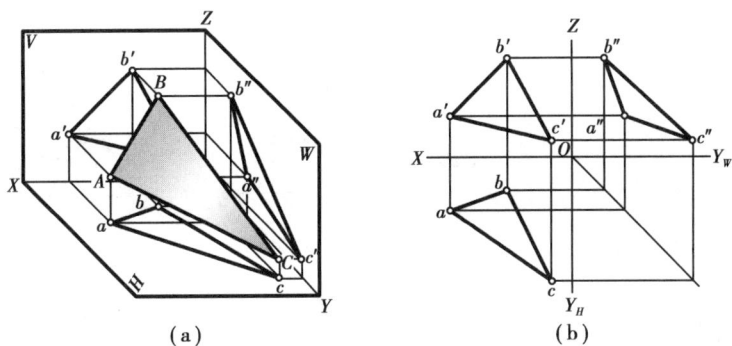

图 2.22　一般位置平面的投影特性

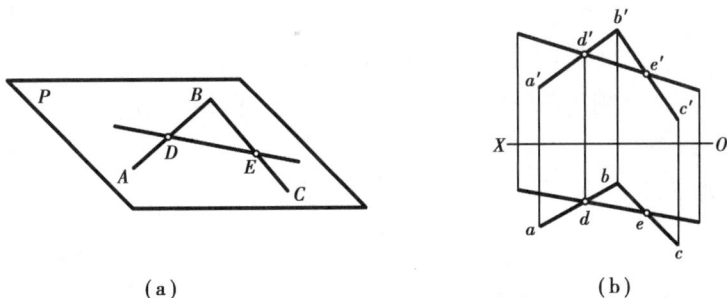

图 2.23　平面上的直线

②一条直线若通过平面上的一点,且平行于该平面上的一条直线,则此直线必在该平面上。如图 2.24 所示,平面 P 由直线 AB 和点 C 确定,过点 C 作直线 CD 平行于直线 AB,则直线 CD 必在平面 P 上

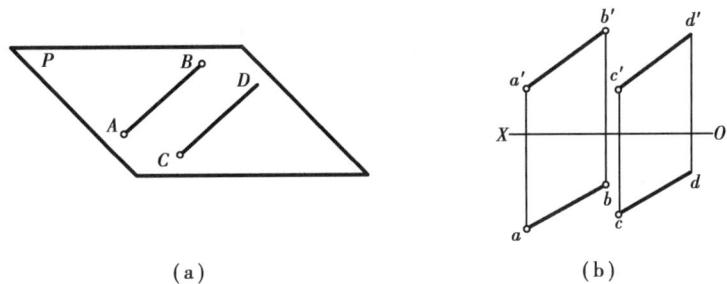

图 2.24　平面上的直线

(2)平面上的点

如果点位于平面内的任意一条直线上,则此点位于该平面上。因此,若在平面内取点,必须先在平面内取一条直线,然后再在该直线上取点。

【例 2.8】　如图 2.25(a)所示,判断点 M 是否在平面 $\triangle ABC$ 上,并作出平面 $\triangle ABC$ 上点 N 的正面投影。

分析:判断点是否在平面上和求平面上点的投影,可利用若点在平面上,那么点一定在平面内的一条直线上这一投影特性。

作图:作图过程如图 2.25(b)、(c)所示。

①连接 $a'm'$ 并延长交 $b'c'$ 于 $1'$,作出其水平投影 1,连接 $a1$,由于 m 不在 $a1$ 上,因此点 M 就不在平面 $\triangle ABC$ 上。

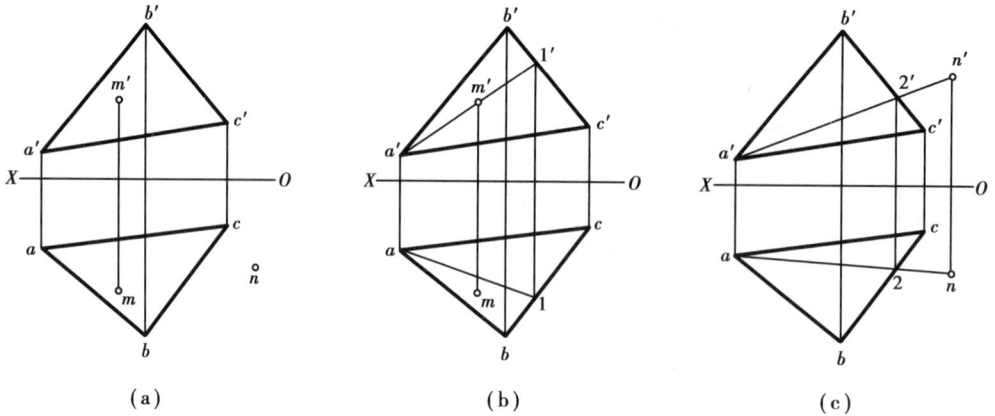

图 2.25　平面上的点

②连接 *an* 交 *bc* 于 2,作出其正面投影 2′,连接 *a′*2′并延长,与过点 *n* 作 *OX* 轴的垂线相交,交点即为 *n′*。

【例2.9】　如图 2.26(a)所示,完成平面图形 *ABCDE* 的正面投影。

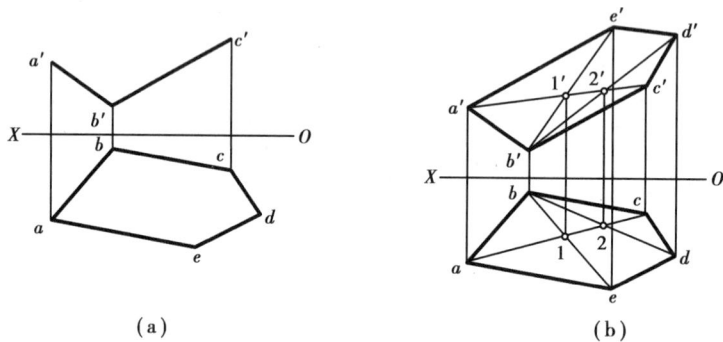

图 2.26　完成平面图形的投影

分析:已知 *A*、*B*、*C* 三点的正面投影和水平投影,平面的空间位置已经确定,*D*、*E* 两点应在平面△*ABC* 上,因此,利用点在平面上的原理作出点的投影即可。

作图:作图过程如图 2.26(b)所示。

①连接 *a′c′*和 *ac*,求出△*ABC* 的两面投影。

②连接 *be* 交 *ac* 于 1,求出其正面投影 1′,连接 *b′*1′并延长,与过 *e* 的投影连线交于 *e′*。

③同理,求出△*ABC* 上另一点 *D* 的正面投影 *d′*,依次连接 *c′*、*d′*、*e′*、*a′*得平面图形 *ABCDE* 的正面投影。

第**3**章

立体的投影

单一几何体称为基本立体。按照围成立体的表面性质,分为平面立体和曲面立体。表面均为平面的立体称为平面立体,表面均为曲面或曲面与平面结合的立体称为曲面立体。

3.1　平面立体

常见的平面立体主要有棱柱、棱锥等。棱柱和棱锥由底面和棱面围成,相邻棱面的交线称为棱线,底面和棱面的交线称为底边。画平面立体的投影,就是绘制棱面、棱线及顶点的投影,然后判断其可见性,可见的棱线投影画成粗实线,不可见的棱线投影画成虚线。

3.1.1　棱柱

根据底面形状不同,棱柱分为三棱柱、四棱柱、五棱柱和六棱柱等。棱柱的棱线相互平行,棱线与底面垂直的棱柱称为直棱柱,底面是正多边形的直棱柱称为正棱柱。为便于绘图,一般将正棱柱底面平行于某一投影面放置。

(1)棱柱的投影

图3.1(a)为一个正五棱柱的投影情况。它的顶面和底面是水平面,它们的水平投影反映实形,正面投影和侧面投影积聚为直线段。五个棱面中,后棱面为正平面,它的正面投影反映实形,水平投影和侧面投影积聚成直线段;其他四个棱面均为铅垂面,水平投影积聚成直线段,其他两个投影均为类似形。

图3.1(b)为正五棱柱的投影图。作图时,先画反映棱柱顶面和底面实形的水平投影,再根据投影规律作出其余两面投影。特别要注意水平投影和侧面投影之间的宽相等和前后对应关系。

(2)棱柱表面取点

棱柱表面取点是已知棱柱表面上点的一个投影,求其他两面投影的问题。其原理和方法与平面上取点相同。即先要确定点所在的平面并分析平面的投影特性,然后利用平面上取点的方法进行作图,最后根据平面的可见性判别点的投影的可见性。

【例3.1】　如图3.2(a)所示,已知五棱柱表面上点 M 的正面投影和点 N 的水平投影,求作其他两面投影。

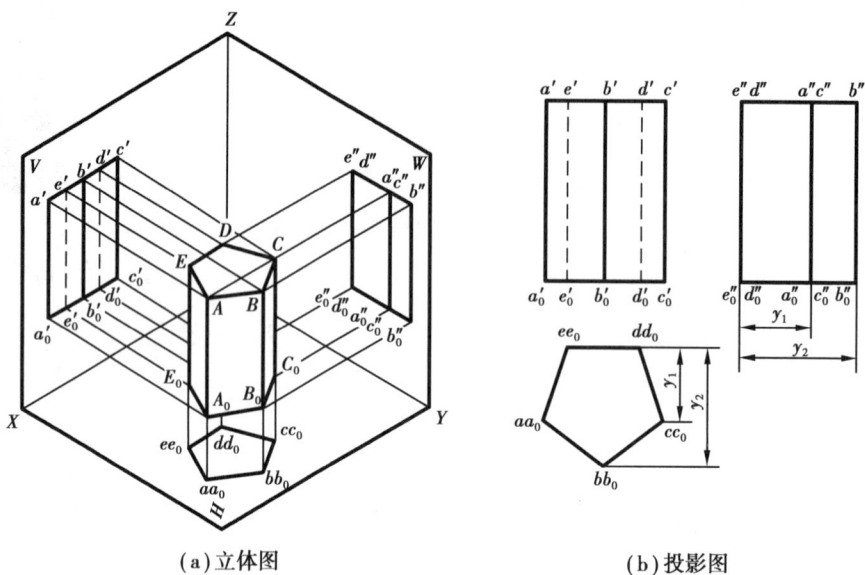

（a）立体图 　　　　　　　（b）投影图

图 3.1　正五棱柱的投影

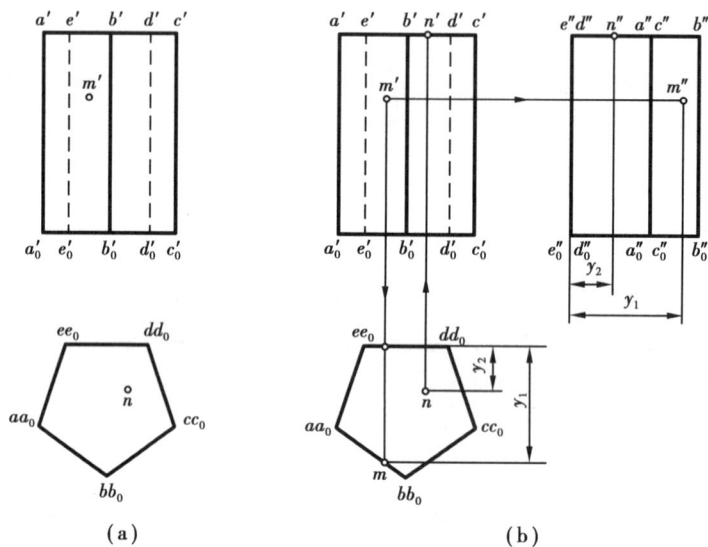

（a）　　　　　　　　　（b）

图 3.2　五棱柱表面取点

　　分析：由点 M 的正面投影和点 N 的水平投影的位置及可见性，可判断出点 M 在左前棱面上，点 N 在顶面上；左前棱面的水平投影具有积聚性，而顶面的正面投影和侧面投影均具有积聚性，再结合点的投影规律便可求出其余两面投影。

　　作图：作图过程如图 3.2（b）所示。

　　①由 m' 作出 m 和 m''，由 n 作出 n' 和 n''。

　　②判断可见性。

3.1.2　棱锥

棱锥各棱面的交线(侧棱)交于一点,即锥顶。根据底面形状不同,棱锥分为三棱锥、四棱锥、五棱锥等。底面是正多边形,侧面均为全等的等腰三角形的棱锥称为正棱锥。为便于绘图,一般将正棱锥的底面平行于某一投影面放置。

(1)棱锥的投影

图 3.3(a)为一个正三棱锥的投影情况。它的底面 ABC 是水平面,左前侧棱面 SAB、右前侧棱面 SBC 均为一般位置平面,后侧棱面 SAC 为侧垂面。因此,底面 ABC 的水平投影反映实形,正面投影和侧面投影积聚为直线;左前侧棱面 SAB、右前侧棱面 SBC 的三面投影均为类似形;后侧棱面 SAC 的水平投影和正面投影为类似形,而侧面投影积聚为直线。

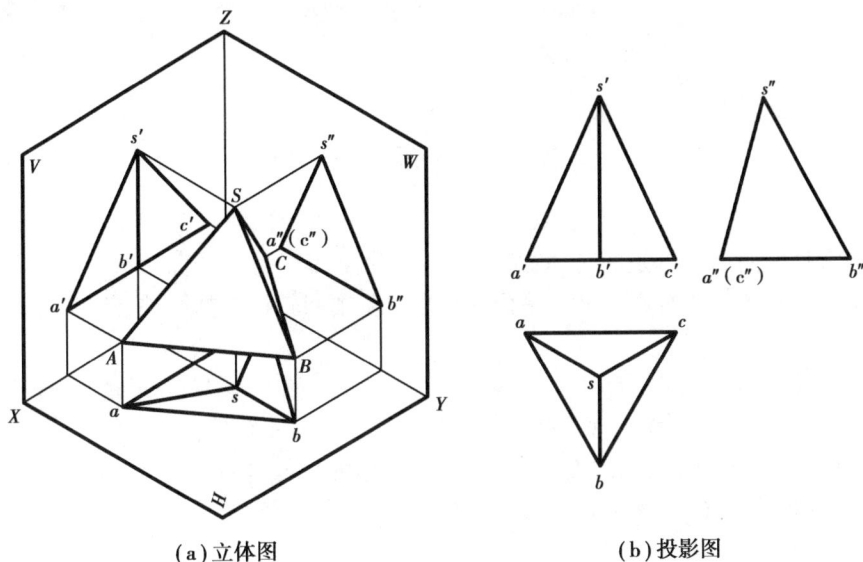

(a)立体图　　　　　　　　　　　(b)投影图

图 3.3　正三棱锥的投影图

图 3.3(b)为正三棱锥的投影图。作图时,先画底面的投影,再画锥顶的投影,最后将锥顶同底面各点的同面投影连接即可。

(2)棱锥表面取点

棱锥表面取点的原理和方法与平面上取点相同。即棱锥表面取点,先过该点在棱锥表面取一条直线,作出该直线的三面投影,再求点的投影。

【例 3.2】　如图 3.4 所示,已知三棱锥表面上 K 点的正面投影,求它的其余两面投影。

分析:根据 K 点的正面投影可见,可判断出 K 点位于左前棱面 SAB 上。因为 SAB 为一般位置平面,则利用在平面内过该点取直线的方法,求出它的其余两投影。

作图:作图过程如图 3.4(a)所示。

①连接 $s'k'$,并延长交 $a'b'$ 于 $1'$。

②作出 $s1$,并由 k' 作投影连线,在 $s1$ 上交于 k。

③由 k'、k 作出 k'',并判断可见性。

作图时,也可过 k' 在侧棱面 SAB 上作 $a'b'$ 的平行线 $2'3'$,求出 k 和 k'',如图 3.4(b)所示,具体作图请读者自行分析。

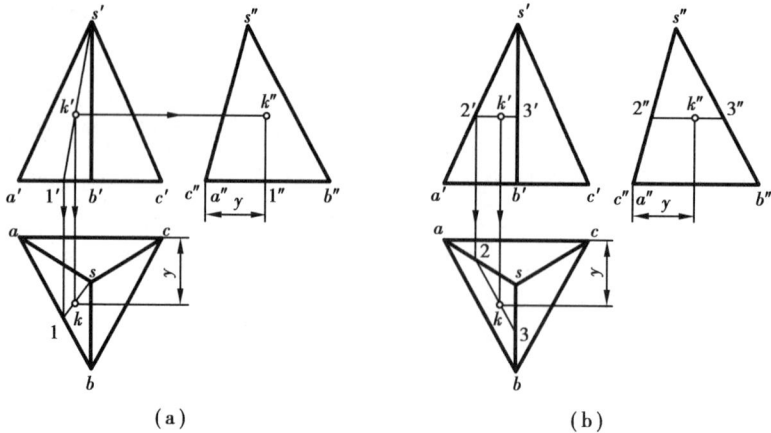

图 3.4　棱锥面上点的投影

图 3.4

3.2　曲面立体

工程中常见的曲面立体是回转体,组成回转体的曲面称为回转面。绘制回转体的投影,就是绘制组成回转体的所有回转面和平面的投影。基本回转体包括圆柱、圆锥、圆球等。

3.2.1　圆柱

圆柱是由圆柱面和两个圆平面围成。如图 3.5 所示,圆柱面是由直线 AA_0 绕与它平行的直线 OO_0 旋转而成,AA_0 称为母线,OO_0 称为轴线,圆柱面上任意一条平行于轴线 OO_0 的直线称为素线,如 BB_0。

(1)圆柱的投影

图 3.6(a)为圆柱轴线是铅垂线时的投影图,其水平投影为圆,正面投影和侧面投影均为矩形。

当圆柱的轴线为铅垂线时,圆柱面的水平投影积聚为一个圆,上、下底面是水平面,它们的水平投影重合,均反映实形圆,上底面的水平投影可见,下底面的水平投影不可见。

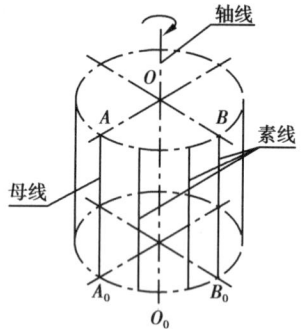

图 3.5　圆柱面的形成

正面投影矩形的上下两条边 $a'c'$ 和 $a_0'c_0'$ 分别是圆柱上、下圆平面在正面投影上积聚的两条直线;左右两条边 $a'a_0'$ 和 $c'c_0'$ 分别是圆柱面正面投影的转向轮廓线 AA_0 和 CC_0 的正面投影,AA_0 和 CC_0 也是圆柱表面最左、最右素线,它们将圆柱面分成前后两半部分,前半部分的正面投影可见,后半部分的正面投影不可见,水平投影分别积聚为圆的左右两点 $a(a_0)$ 和 $c(c_0)$,侧面投影与圆柱轴线的侧面投影重合。

同理,侧面投影矩形的上下两条边 $b''d''$ 和 $b_0''d_0''$ 分别是圆柱上、下圆平面在侧面投影上积聚的两条直线;前后两条边 $b''b_0''$ 和 $d''d_0''$ 分别是圆柱面侧面投影的转向轮廓线 BB_0 和 DD_0 的侧面投影,BB_0 和 DD_0 也是圆柱表面最前、最后素线,它们将圆柱面分成左右两半部分,左半部分的侧面投影可见,右半部分的侧面投影不可见,水平投影分别积聚为圆的前后两点 $b(b_0)$ 和 $d(d_0)$,正面投影与圆柱轴线的正面投影重合。

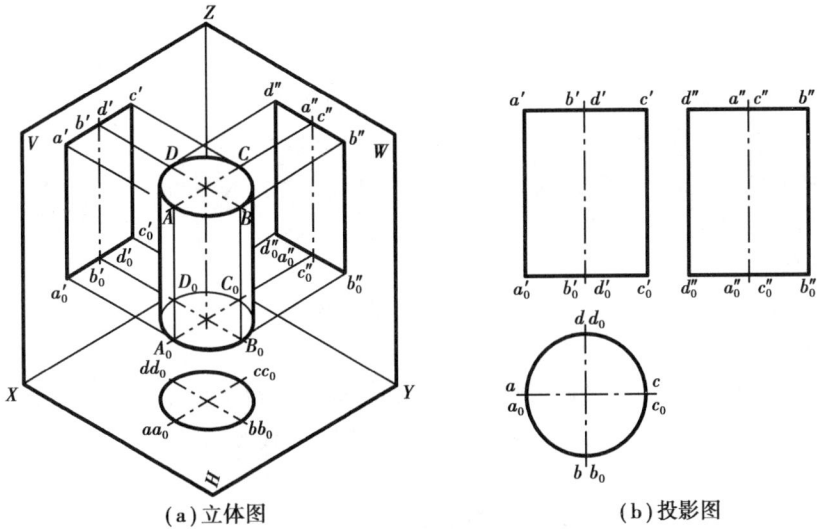

（a）立体图　　　　　　　　　　　　　　（b）投影图

图 3.6　圆柱的投影

画圆柱投影时,应先画轴线及中心线,再画反映底圆实形的投影,最后画其他两面投影,如图 3.6（b）所示。

（2）圆柱面上取点

轴线垂直于投影面的圆柱,圆柱面的投影具有积聚性。在圆柱表面取点,可利用积聚性直接求解。

【例 3.3】　如图 3.7（a）所示,已知圆柱面上点 M、N 的正面投影,求作它们的水平投影和侧面投影。

分析:由于圆柱轴线为铅垂线,圆柱面水平投影具有积聚性,点的水平投影可以直接求出。由点 M 和 N 正面投影的位置及可见性可知,点 M 位于左前柱面上,点 N 位于侧面投影转向轮廓（最后素线）上。

作图:作图过程如图 3.7（b）所示。

①由 m' 作水平面的投影连线,求出 m。

②由 m' 作侧面的投影连线,根据投影规律,求出 m''。

③在最后素线上直接求出 n 和 n''。

④判断可见性。

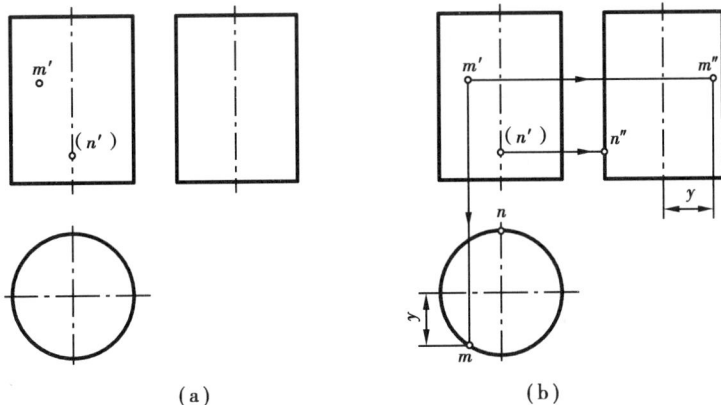

（a）　　　　　　　　　　　　　　　　（b）

图 3.7　圆柱面取点

3.2.2 圆锥

圆锥由圆锥面和底圆平面围成。如图 3.8 所示,圆锥面可看成由直母线 SA 绕与它相交的轴线 OO_1 旋转而成。因此,圆锥面上的素线是通过锥顶的直线,母线上任意一点 M 的运动轨迹是一个与轴线垂直的圆,该圆称为纬圆。

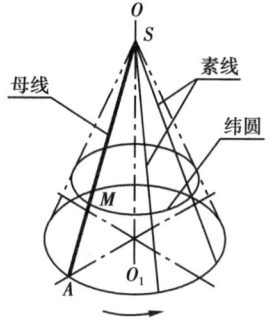

(1)圆锥的投影

图 3.9(a)为圆锥轴线是铅垂线时的投影图,其水平投影为圆,正面投影和侧面投影均为等腰三角形。

图 3.8　圆锥面的形成

当圆锥的轴线为铅垂线时,底面圆是水平面,它的水平投影反映为实形圆;圆锥面的水平投影是该圆内区域,无积聚性;圆锥面的水平投影可见,底面圆的水平投影不可见。

正面投影等腰三角形的底边 a'b' 是底面圆在正面投影上的积聚性直线;左右两条边 s'a' 和 s'b' 分别是圆锥面正面投影的转向轮廓线 SA 和 SB 的正面投影,SA 和 SB 也是圆锥面最左、最右素线,它们将圆锥面分成前后两半部分,前半部分的正面投影可见,后半部分的正面投影不可见,其余两投影与轴线或中心线重合。

同理,侧面投影等腰三角形的底边 c"d" 是圆锥底面圆在侧面投影上的积聚性直线;前后两条边 s"c" 和 s"d" 分别是圆锥面侧面投影的转向轮廓线 SC 和 SD 的侧面投影,SC 和 SD 也是圆锥面最前、最后素线,它们将圆锥面分成左右两半部分,左半部分的侧面投影可见,右半部分的侧面投影不可见,其余两投影与轴线或中心线重合。

在水平投影中,圆的两条中心线交点是轴线的水平投影,也是顶点 S 的水平投影。圆锥面的三面投影均无积聚性。

画圆锥投影时,应先画轴线及中心线,再画底面圆的水平投影(圆),最后画其他两面投影,如图 3.9(b)所示。

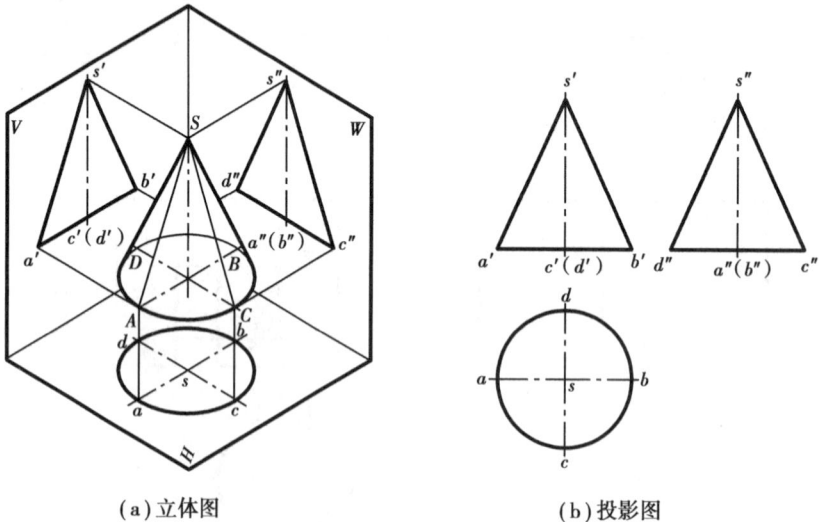

(a)立体图　　　　　　　　(b)投影图

图 3.9　圆锥的投影

（2）圆锥面上取点

圆锥面的三面投影均无积聚性，在圆锥面上取点时，要借助辅助线作图。通常是取过锥顶的素线或作垂直于轴线的纬圆，即素线法和纬圆法。

【例 3.4】 如图 3.10 所示，已知圆锥面上点 A 的正面投影，求作它的水平投影和侧面投影。

分析：由点 A 的正面投影 a' 的位置及可见性可知，点 A 位于圆锥的左前圆锥面上。要求该点的其余两面投影，必须过该点先取线。一种方法是素线法，即过锥顶 S 和点 A 在圆锥面上作一条素线 SA，以 SA 为辅助线求点 A 的水平投影和侧面投影。另一种方法是纬圆法，即过点 A 在圆锥表面作一垂直于轴线的纬圆，该圆的水平投影是底面投影的同心圆，正面投影和侧面投影积聚为一条直线。

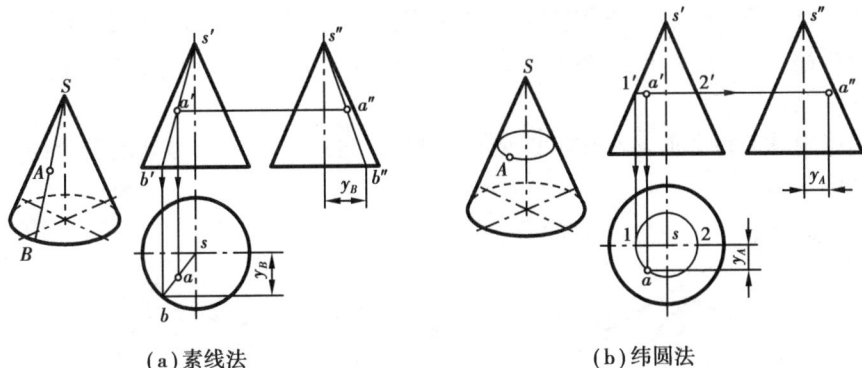

（a）素线法　　　　　（b）纬圆法

图 3.10　圆锥面取点

图 3.10(a)

图图 3.10(b)

作图：用素线法和纬圆法作图，过程如图 3.10 所示。

方法 1：素线法，如图 3.10(a) 所示。

①连接 s' 和 a'，并延长 $s'a'$ 交底圆的正面投影于 b'，由 b' 作铅垂投影连线，在前半底圆的水平投影上交于 b。

②根据点的投影特性，作出点 B 的侧面投影 b''，分别连接 s 和 b、s'' 和 b''，即得过点 A 的素线 SB 的水平投影 sb 和侧面投影 $s''b''$。

③由 a' 分别作铅垂和水平投影连线，在 sb 上作出 a，在 $s''b''$ 上作出 a''。

④判断可见性。

方法 2：纬圆法，如图 3.10(b) 所示。

①过 a' 作直线 $1'2'$ 平行于底圆的投影，$1'2'$ 即为纬圆的正面投影。

②在水平投影上作直径为 12，并与底圆同心的圆，得纬圆的水平投影。

③由点 a' 作铅垂线，求出 a。

④利用点的投影规律作出侧面投影 a''。

⑤判断可见性。

3.2.3　圆球

圆球由球面围成。如图 3.11 所示，球面可看成圆绕其任意直径

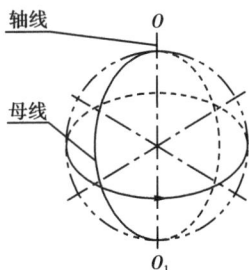

图 3.11　球面的形成

回转而形成。

（1）圆球的投影

如图 3.12（a）所示，圆球的三面投影均为直径相等的圆，三个圆是圆球面三个方向最大轮廓圆的投影。

正面投影是圆球面上平行于 V 面的最大轮廓圆 A 的投影，它将圆球面分为前、后两半，前半球面的正面投影可见，后半球面的正面投影不可见。正面投影反映实形，另外两个投影与相应投影的中心线重合。

水平投影是圆球面上平行于 H 面的最大轮廓圆 B 的投影，它将圆球面分为上、下两半，上半球的水平投影可见，下半球的水平投影不可见，水平投影反映实形，另外两个投影与相应投影的中心线重合。

同理，侧面投影是圆球面上平行于 W 面的最大轮廓圆 C 的投影，它将圆球面分为左、右两半，左半球的侧面投影可见，右半球的侧面投影不可见，侧面投影反映实形，另外两个投影与相应投影的中心线重合。

作图时，先画出确定球心位置的对称中心线的三面投影，再以球心为圆心画出三个与圆球直径相等的圆，如图 3.12（b）所示。

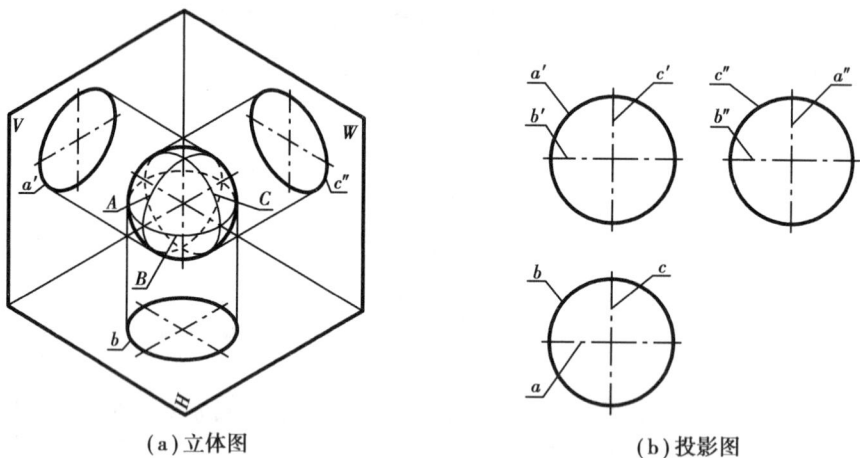

（a）立体图　　　　　　　　　　（b）投影图

图 3.12　圆球的投影

（2）圆球面上取点

圆球的三面投影均无积聚性，在圆球表面取点利用辅助圆，辅助圆可选用正平圆、水平圆或侧平圆。

【例 3.5】　如图 3.13（a）所示，已知球面上点 M 的正面投影，求作水平投影和侧面投影。

分析：由点 M 的正面投影 m′ 的位置及可见性可知，点 M 位于右、前、上圆球表面上，在圆球表面过点 M 作正平圆、水平圆或侧平圆。由于所作的圆与投影面平行，便可在作出圆三面投影基础上，根据投影规律求出点 M 的其余两面投影。

作图：本题以正平圆为例，作图过程如图 3.13（b）所示。

①过 m′ 作球面上正平圆的正面投影，根据正面投影圆的直径，作出圆的水平投影。

②由 m′ 引铅垂投影连线，交辅助圆的水平投影于 m，因点 M 在上半圆球上，所以 m 可见。

③按点的投影规律求出侧面投影 m″，因点 M 在球面的右半部分，侧面投影不可见。

过点 M 在圆球表面上作辅助水平圆和侧平圆的具体画法，请读者自行分析。

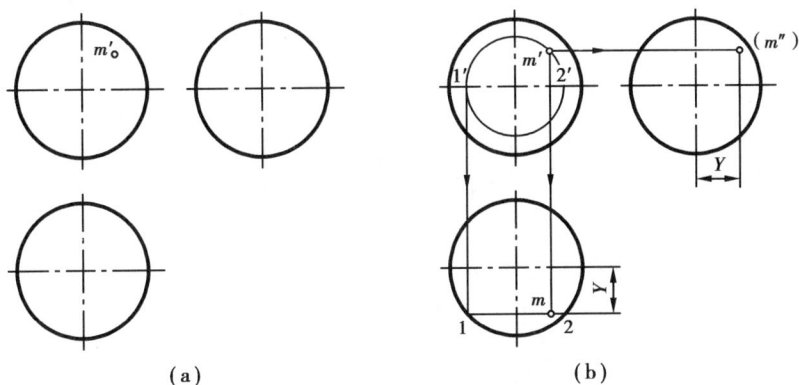

（a）　　　　　　　　　　　　　　（b）

图 3.13　球面上的点的投影

3.3　平面与立体相交

平面与立体表面的交线，称为截交线，该平面称为截平面。由截交线围成的平面图形称为截断面。研究平面与立体相交，主要内容就是求截交线的投影。

如图 3.14 所示，截交线是截平面与立体表面的共有线，截交线上的点是截平面与立体表面的共有点。当立体为平面立体时，截交线是一个平面多边形；当立体表面为回转面时，截交线的形状取决于回转面的形状和截平面与回转面轴线的相对位置。

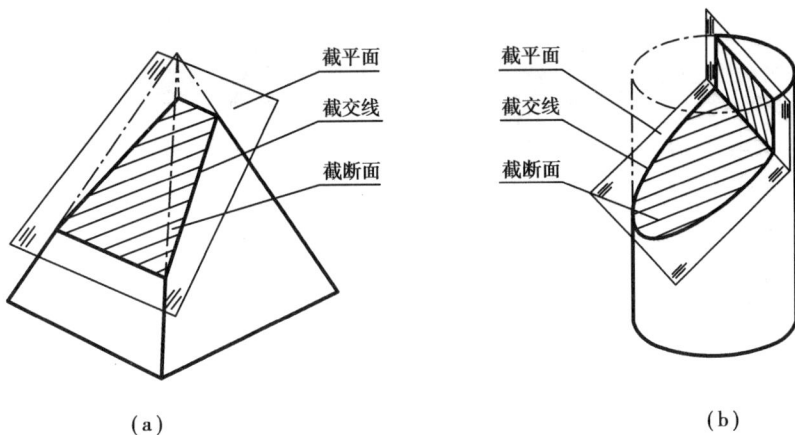

（a）　　　　　　　　　　　　　　　（b）

图 3.14　截平面与截交线

3.3.1　平面与平面立体相交

平面与平面立体相交的截交线是由直线段组成的封闭多边形，多边形的顶点是截平面与立体棱线（或底边）的交点，多边形的各边是截平面与立体棱面或底面的交线。因此，求平面立体的截交线可以归结为求两平面的交线和求棱线与截平面的交点的问题。

下面主要以特殊位置截平面为例来说明平面立体截交线的求解方法和步骤。

【例3.6】 如图3.15(a)所示,补全三棱锥被平面 P 截切后的投影。

分析:由图3.15(a)知,正垂面 P 与三棱锥的侧面 SAB、SBC 和 SAC 分别相交于直线段 Ⅰ Ⅲ、Ⅱ Ⅲ、和 Ⅰ Ⅲ。另外,Ⅰ、Ⅱ、Ⅲ点分别位于棱线 SA、SB 和 SC 上,可根据直线上点的投影特性求出其三面投影。

作图:具体画法如图3.15(b)所示。

①直接求出平面 P 与三棱锥棱线交点的正面投影 $1'$、$2'$、$3'$。

②根据直线上点的投影规律,分别求出各点的水平投影 1、2、3 和侧面投影 $1''$、$2''$、$3''$。

③顺次连接各点的同面投影,判断可见性,即得截交线的投影。

④整理棱线,完成作图,如图3.15(c)所示。

(a)

(b)　　　　　　　　　　　(c)

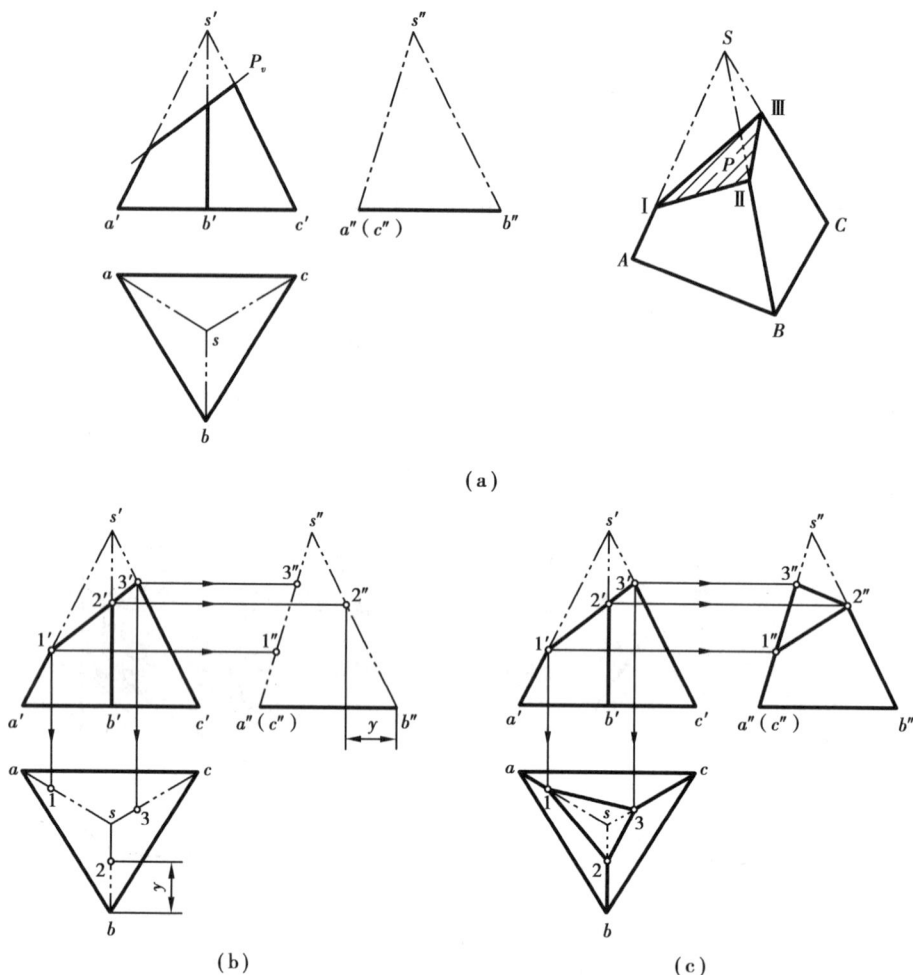

图3.15　求棱锥的截交线

【例3.7】 如图3.16(a)所示,五棱柱被一正垂面 P 切割,求截交线及五棱柱被切割后的三面投影。

分析:由图3.16(a)可知,截平面 P 与五棱柱的四个棱面和上底面相交,截交线为五边形。五边形的顶点 A、B、C、D、E 分别是两条底边、三条棱线与截平面 P 的交点。由于截平面 P 是正垂面,它的正面投影积聚为一条直线,截交线的正面投影积聚为直线段,可直接求出;

48

然后根据 A、B、C、D、E 属于五棱柱的底边和棱线,求出侧面投影和水平投影;最后顺次连接各点,即可求得截交线。

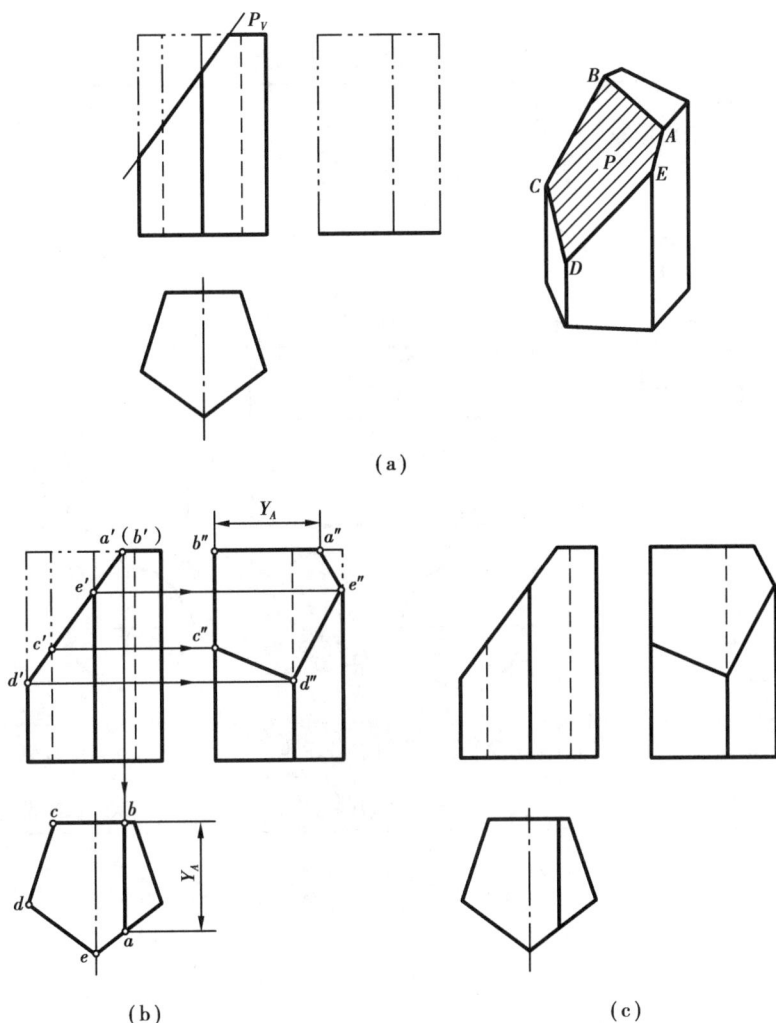

(a)

(b)　　　　　　　　　　　　　　　(c)

图 3.16　求棱柱的截交线

作图:具体画法如图 3.16(b)所示。

①直接作出正面投影 a'、b'、c'、d'、e' 和水平投影 a、b、c、d、e。

②根据直线上点的投影规律,求出各点的侧面投影 a''、b''、c''、d''、e''。

③依次连接五个交点的同面投影,并判断可见性。

④整理棱线,完成作图,如图 3.16(c)所示。

3.3.2　平面与回转体相交

平面与回转体表面相交,截交线是由曲线,或曲线与直线段,或直线段所组成的封闭平面图形。求平面与回转体截交线的基本方法是求出截平面与回转体表面上若干个共有点,如确定截交线形状和范围的特殊点(最大范围点、可见与不可见的分界点等),以及间距较大特殊点的中间点,然后依次连接各点,并判断可见性,最后整理轮廓线。

（1）平面与圆柱相交

根据截平面与圆柱轴线相对位置不同，平面截切圆柱后截交线有矩形、圆、椭圆三种情况，见表 3.1。

表 3.1 平面与圆柱面相交

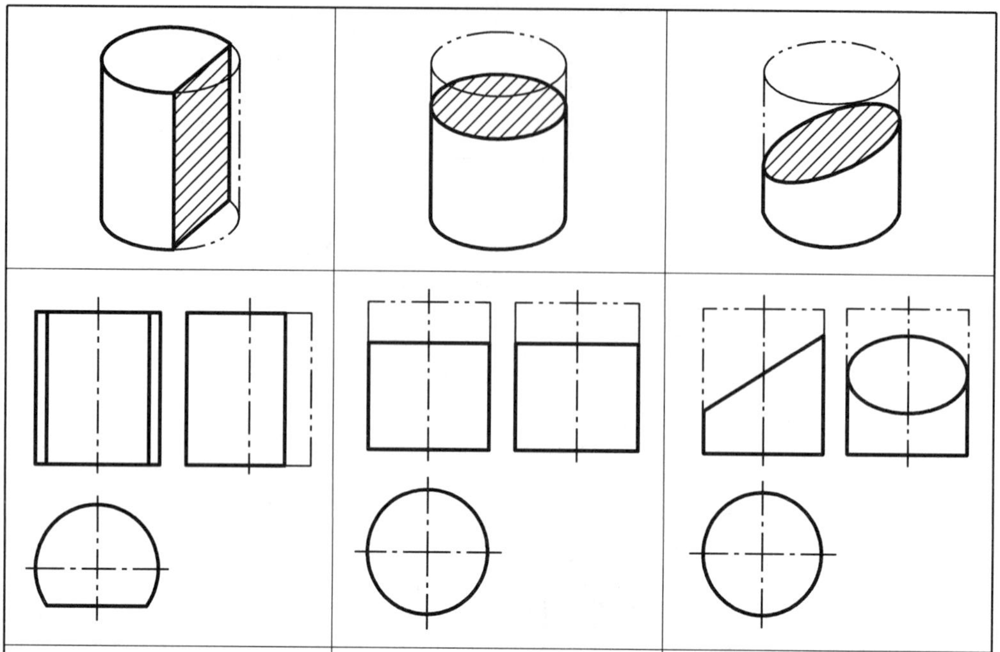

截平面与圆柱轴线平行	截平面与圆柱轴线垂直	截平面与圆柱轴线倾斜
截交线为矩形	截交线为圆	截交线为椭圆

【例 3.8】 如图 3.17（a）所示，求圆柱被正垂面 P 截切后的水平投影。

分析：截平面 P 倾斜于圆柱轴线，截交线为椭圆。由于截平面 P 为正垂面，圆柱的轴线为侧垂线，因此，截交线的正面投影积聚为直线段，侧面投影积聚为圆，而水平投影为椭圆。

作图：

①作特殊点。A、B 和 C、D 是截交线上的最低、最高点和最前、最后点，也是截交线水平投影椭圆的长轴、短轴端点。它们的正面投影 a'、b'、c'、d' 和侧面投影 a''、b''、c''、d'' 可直接作出，再根据投影规律作出水平投影 a、b、c、d，如图 3.17（b）所示。

②作中间点。为准确作图，在特殊点之间作出适当数量的中间点 Ⅰ、Ⅱ、Ⅲ、Ⅳ 的投影，如图 3.17（c）所示。

③连线并判断可见性，整理轮廓线，完成作图。

【例 3.9】 求作图 3.18（a）所示带切口圆柱的侧面投影。

分析：圆柱切口由两个侧平面和一个水平面截切圆柱中间部分而成。其中两个侧平面截切圆柱后截交线的侧面投影为矩形，水平投影是两条平行直线；水平面截切圆柱后截交线的水平投影为圆弧，侧面投影是直线段。

（a）

（b）　　　　　　　　　　（c）

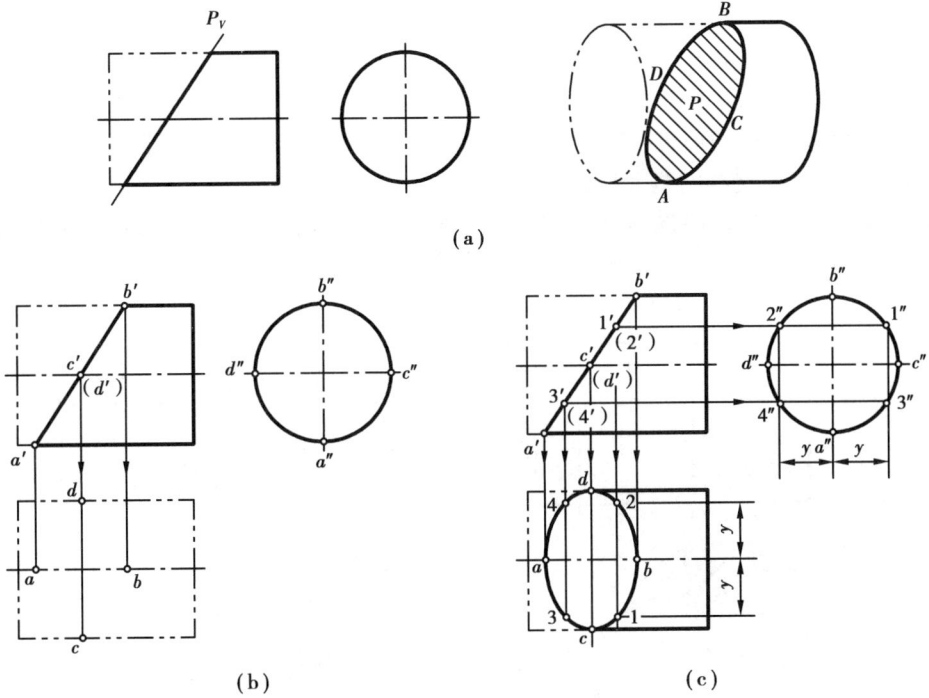

图 3.17　求圆柱的截交线

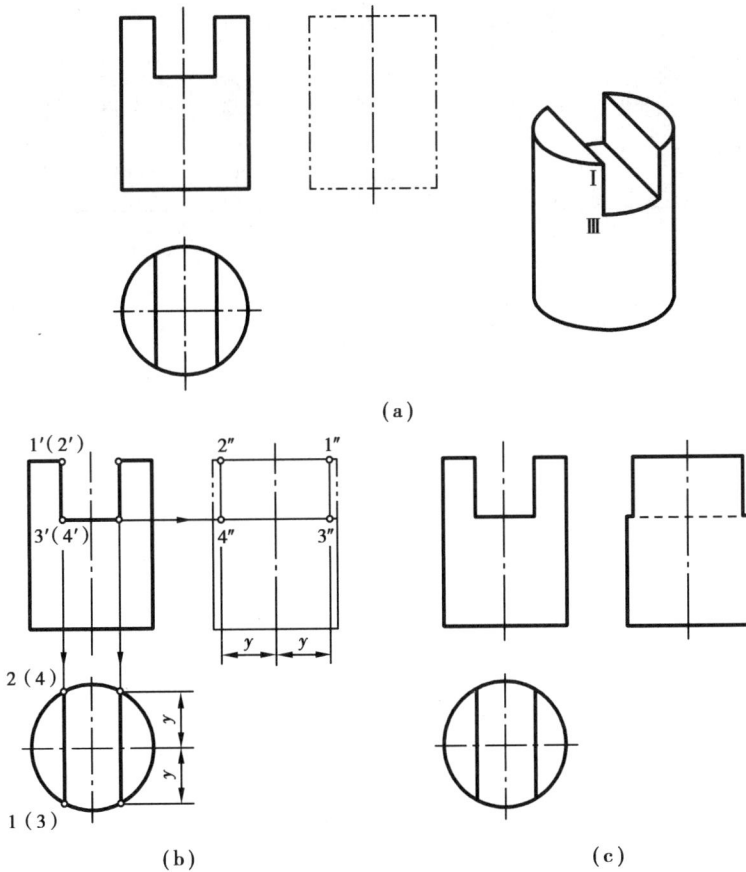

（a）

（b）　　　　　　　　　　（c）

图 3.18　求带切口圆柱的侧面投影

作图：

①圆柱切口的两个侧平面对称于圆柱的轴线,故两截交线的侧面投影重合。由它们的正面投影 1′、2′、3′、4′和水平投影 1、2、3、4 求得侧面投影 1″、2″、3″、4″,如图 3.18(b)所示。

②水平面截切圆柱的前、后两条圆弧的侧面投影分别积聚为 3″之前和 4″之后的两条直线段,3″4″为两截切平面交线的侧面投影。

③整理轮廓线。从正面投影可知,圆柱最前素线和最后素线被切掉,所以在侧面投影中,圆柱体的转向轮廓线由截交线 1″3″、2″4″代替,如图 3.18(c)所示。

图 3.19 为空心圆柱被截切的情况,截平面与圆柱内外表面都有交线,作图时注意判断。

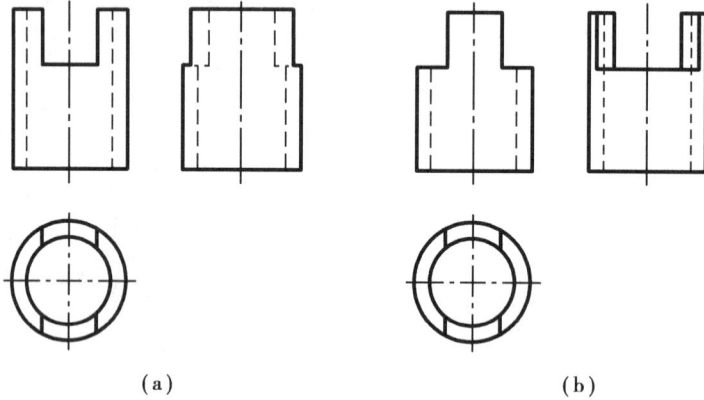

(a)　　　　　　　　　　　　　　(b)

图 3.19　空心圆柱被截切

(2)平面与圆锥相交

根据截平面与圆锥轴线相对位置不同,平面截切圆锥后截交线有圆、椭圆、抛物线、双曲线、三角形五种情况,见表 3.2。

表 3.2　平面与圆锥面的交线

续表

$\theta=90°$	$\theta>\alpha$	$\theta=\alpha$	$\theta=0°,\theta<\alpha$	P 面过锥顶
截交线为圆	截交线为椭圆	截交线为抛物线	截交线为双曲线	截交线为三角形

【例 3.10】　如图 3.20(a)所示,求圆锥被正垂面截切后的投影。

分析:截平面与圆锥轴线的倾角大于母线与轴线的倾角,截交线为椭圆。截交线的正面投影为直线,水平投影和侧面投影的特殊点根据点、线的从属关系直接求出,其余各点用辅助圆法求出。

作图:

①求特殊点。椭圆长轴端点 A、B 是截交线上的最低、最高点,正面投影 a'、b' 可直接确定,水平投影 a、b 和侧面投影 a''、b'' 根据圆锥最左、最右轮廓线的投影来确定。椭圆短轴端点 C、D 是截交线上的最前、最后点,正面投影 c'、d' 重影在 $a'b'$ 的中点,利用纬圆法可求出水平投影 c、d 和侧面投影 c''、d''。截交线上位于圆锥面最前、最后轮廓素线的点 E、F 也必须求出,正面投影 e'、f' 重影为一点,侧面投影 e''、f'' 位于圆锥面最前、最后轮廓线侧面投影上,水平投影 e、f 根据点的投影规律求出,如图 3.20(b)所示。

②求中间点。用纬圆法作若干中间点,如 G、H,作图过程如图 3.20(c)所示。

③依次连接各点的同面投影,并判断可见性,整理轮廓线,完成作图,如图 3.20(d)所示。

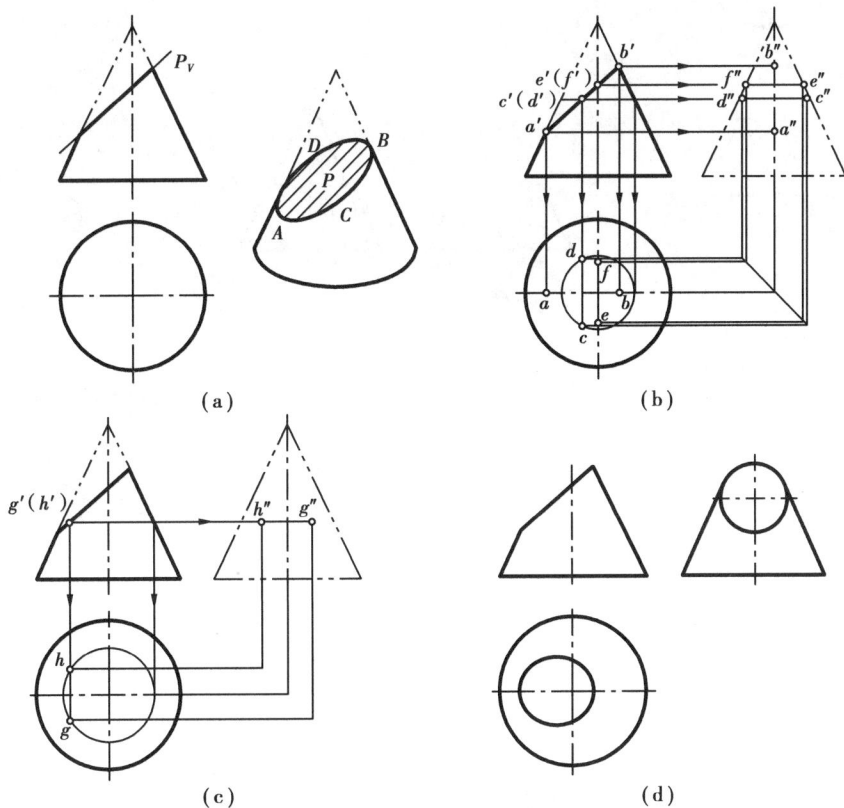

(a)　　　　　　　　　　　　(b)

(c)　　　　　　　　　　　　(d)

图 3.20　圆锥被正垂面截切

图 3.20

【例 3.11】　补全图 3.21(a)所示的圆锥被截切后的水平投影,并画出它的侧面投影。

分析:圆锥被正垂面 Q 和水平面 P 截切,截平面 Q 通过锥顶,截交线为三角形;截平面 P

垂直于圆锥轴线,截交线是圆弧;截平面 Q 和 P 的交线是一条正垂线。

作图:

①作平面 Q 的截交线。过 A、B 作垂直于圆锥轴线的纬圆,作出它的水平投影圆;由 a'、b' 作铅垂投影连线,与该圆分别交前后两点 a、b,再根据正面投影 a'、b' 和水平投影 a、b 求得侧面投影 a''、b'';将锥顶 S 的水平投影、侧面投影分别与 A、B 的同面投影相连,如图 3.21(b)所示。

②作平面 P 的截交线。平面 P 的截交线位于过 A、B 作垂直于圆锥轴线的纬圆上,水平投影是该圆上 a、b 两点间左部分圆弧,侧面投影积聚为直线段。

③补画两截平面交线的投影,并判断可见性,整理轮廓线,完成作图,如图 3.21(c)所示。

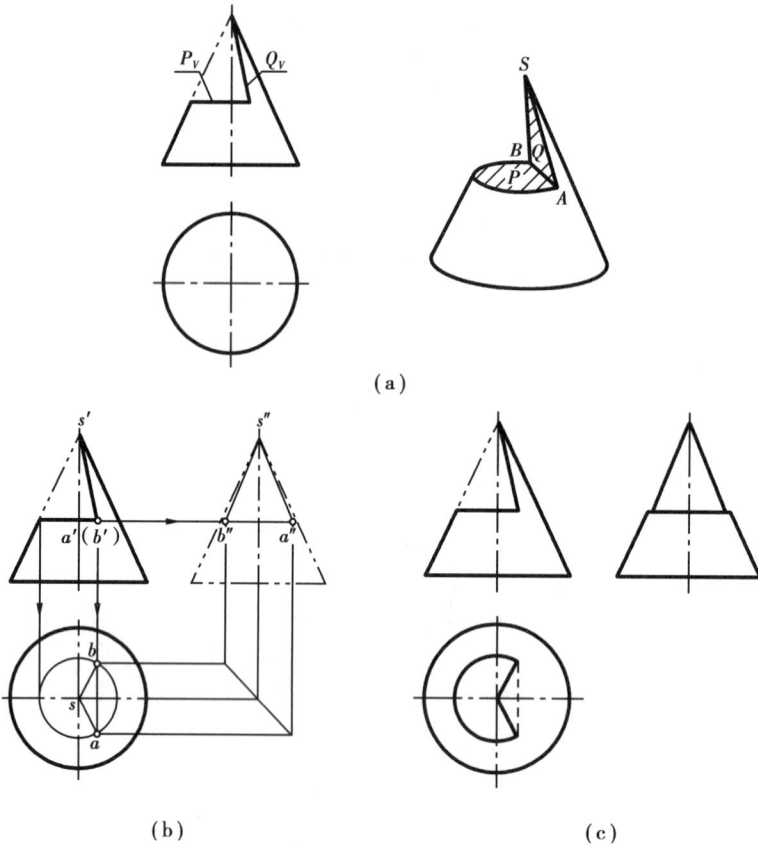

（a）

（b）　　　　　　　　　（c）

图 3.21　补全圆锥被平面截切后的投影

图 3.21

（3）平面与圆球相交

平面与圆球相交,截交线是圆。当截平面平行于投影面时,截交线在该投影面上的投影反映实形;当截平面垂直于投影面时,截交线在该投影面上的投影积聚为直线,直线的长度等于截交线圆的直径;当截平面倾斜于投影面时,截交线在该投影面上的投影为椭圆,见表 3.3。

表 3.3　平面与圆球面的交线

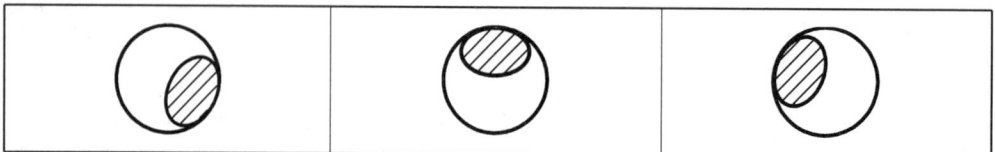

续表

截平面为正平面	截平面为水平面	截平面为正垂面
正面投影为截交线圆的实形	水平投影为截交线圆的实形	截交线圆的水平投影为椭圆

【例 3.12】　如图 3.22(a)所示,求圆球被正垂面截切后的投影。

分析:圆球被正垂面截去左上角,截交线是一个正垂圆,正面投影积聚为直线段,水平投影和侧面投影为椭圆。

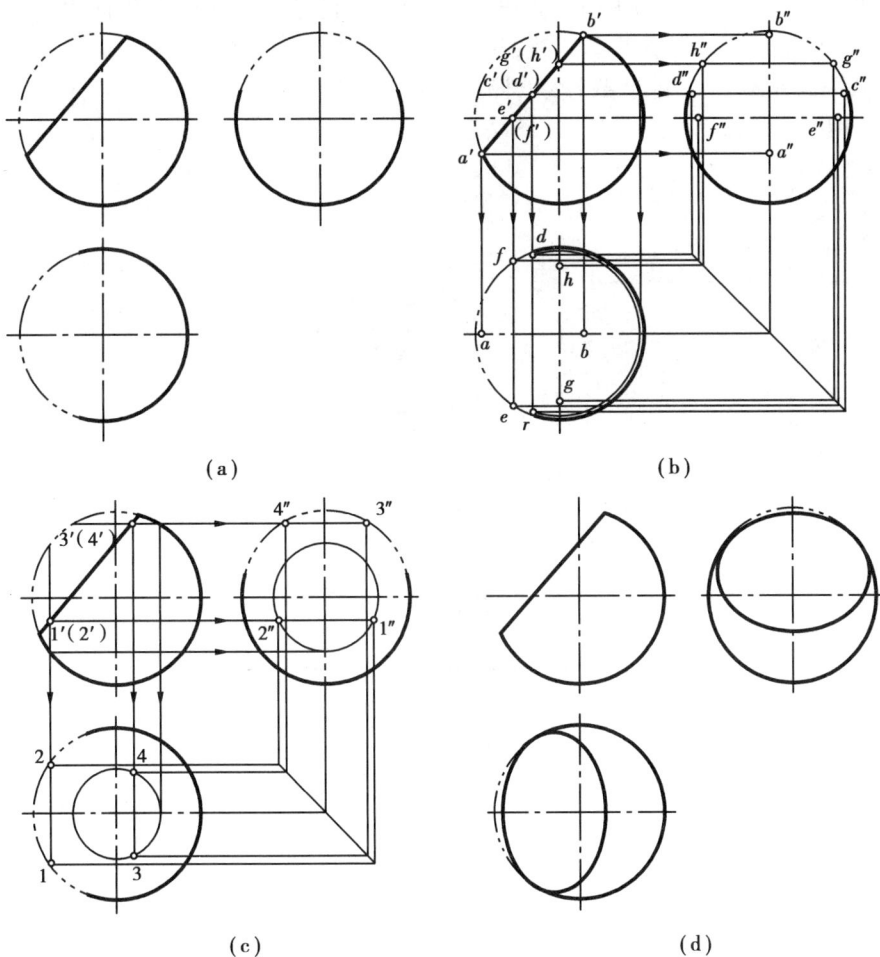

(a)

(b)

(c)

(d)

图 3.22　圆球被正垂面截切

图 3.22

作图:

①作特殊点。如图 3.22(b)所示,A、B 和 C、D 是截交线上的最左(低)、最右(高)点和最前、最后点,也是截交线水平投影和侧面投影椭圆的长轴、短轴端点。点 A、B 的三面投影可直接求出,点 C、D 的水平投影和侧面投影用纬圆法求得;此外 E、F、G、H 是圆球最大水平圆和最大侧平圆上的点,三面投影根据投影关系直接求出。

②作中间点。用纬圆法在以上特殊点之间求作若干中间点,如点 Ⅰ、Ⅱ、Ⅲ、Ⅳ,作图过程如图 3.22(c)所示。

③依次连接各点的水平投影和侧面投影,并判断可见性、整理轮廓线,完成作图,作图结果如图 3.22(d)所示。

【例 3.13】 求图 3.23(a)所示的半圆球被切槽后的投影。

分析:该立体是在半球上部被两个侧平面 R、Q 和一个水平面 P 截切。平面 R、Q 对称分布于半圆球左右两侧,截交线的侧面投影重合为一反映实形的圆弧,水平投影积聚为两条平行直线;平面 P 截切后的截交线为一水平圆弧,水平投影反映实形,侧面投影积聚为直线。

作图:

①延长 P_V 交半圆球最大正平圆的正面投影于 $1'$,求出水平投影 1,过 1 作截平面 P 与半圆球截交线的水平投影圆,过 $b'(c')$ 作投影连线,交圆于 b、c,如图 3.23(b)所示。

②求出 a'',作截平面 R、Q 与半圆球截交线的侧面投影 $b''a''c''$ 圆弧。

③判断可见性并整理轮廓线,完成作图,作图结果如图 3.23(c)所示。

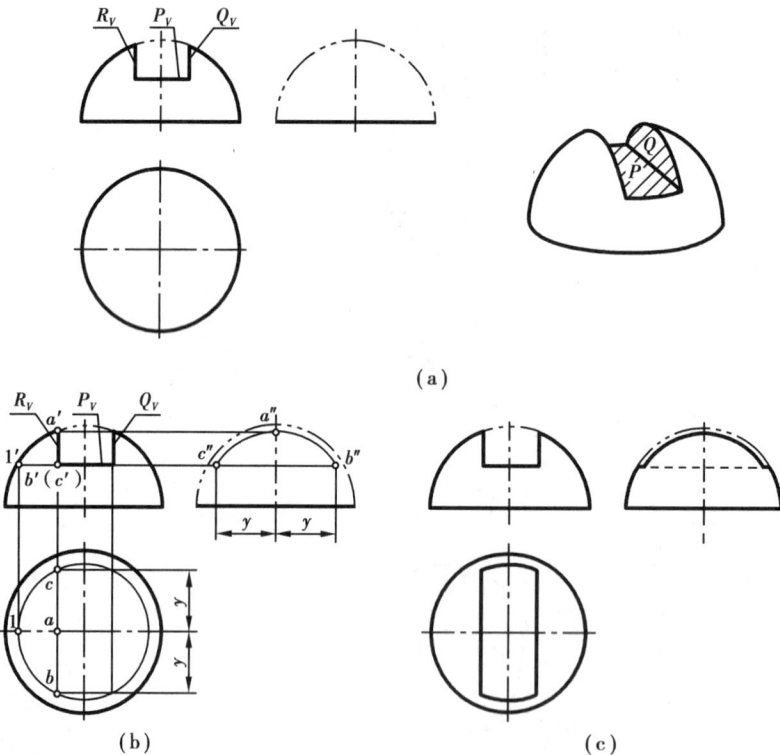

(a)

(b)　　　　　　　　　　(c)

图 3.23　半球被平面截切

图 3.23

3.4　两回转体表面相交

两立体相交称为相贯,相贯时表面形成的交线称为相贯线,如图 3.24 所示。

相贯线的形状和数量与相贯两立体的形状、大小和相对位置有关。一般情况下,两回转体的相贯线是闭合的空间曲线,特殊情况下,可能不闭合,也可能是平面曲线或直线。

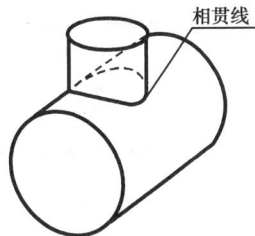

图 3.24　相贯线

两回转体的相贯线是两立体表面的共有线,相贯线上的点是两立体表面的共有点。所以,求相贯线的实质是求两立体表面的一系列共有点,判断可见性后依次光滑连接。

在求相贯线上的点时应在可能和方便的情况下,先作出相贯线上的一些特殊点,即能够确定相贯线的形状和范围的点,如立体投影的转向轮廓线上的点、对称的相贯线在其对称平面上的点,以及最高、最低、最左、最右、最前、最后点等,然后按需要再求相贯线上的一些一般点,从而较准确地画出相贯线的投影,并判断可见性。在判断相贯线的可见性时,只有一段相贯线同时位于两个立体的可见表面上时,这段相贯线的投影才可见,否则不可见。

求共有点的常用方法有表面取点法和辅助平面法。

3.4.1　表面取点法

两回转体相交,如果有一个圆柱的轴线垂直于投影面,则相贯线在该投影面上的投影就积聚在圆柱面有积聚性的投影上。于是,求该圆柱和另一回转体相贯线的投影,可以看作是已知另一回转体表面上线的一个投影而求作其他投影的问题。这样,就可以在相贯线上取一些点,按已知曲面立体表面上点的一个投影求其他投影的方法,得到所取点的其他投影,并相连即得相贯线的投影,这种方法称为表面取点法。

【例 3.14】　如图 3.25(a)所示,已知两圆柱的三面投影,求作它们的相贯线。

分析:从已知条件可知,两圆柱的轴线垂直相交,有共同的前后对称面和左右对称面,小圆柱全部贯穿大圆柱,因此,相贯线是一条封闭的空间曲线,并且前后、左右对称。

由于小圆柱面的水平投影积聚为圆,相贯线的水平投影便重合在该圆上;同理,大圆柱面的侧面投影积聚为圆,相贯线的侧面投影也是重合在该圆上,并且在小圆柱穿进处的一段圆弧上,且左半和右半相贯线的侧面投影互相重合。于是,问题就可归结为已知相贯线的水平投影和侧面投影,求作它的正面投影。

作图:

①求特殊点。先在相贯线的水平投影上定出最左、最右、最前、最后点 A、B、C、D 的投影 a、b、c、d,再在相贯线的侧面投影上作出 a''、b''、c''、d'',由点的投影规律即可作出正面投影 a'、b'、c'、d',如图 3.25(b)所示。

②求一般点。在相贯线水平投影的适当位置定出左右、前后对称的四个点 E、F、G、H 的投影 e、f、g、h,根据"宽相等"作出其侧面投影 e''、f''、g''、h'',再作出它们的正面投影 e'、f'、g'、h',如图 3.25(c)所示。

③连线并判断可见性,整理轮廓线。

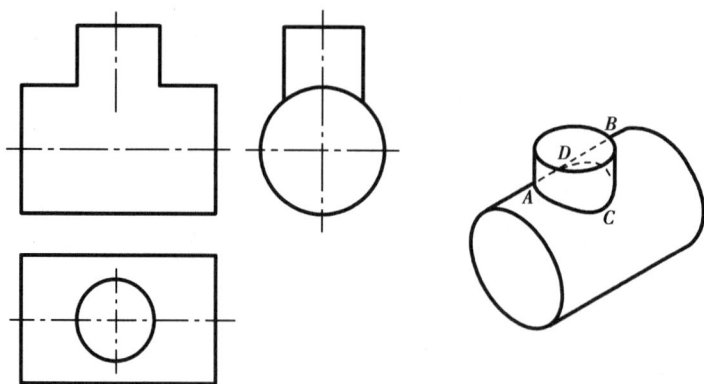

（a）

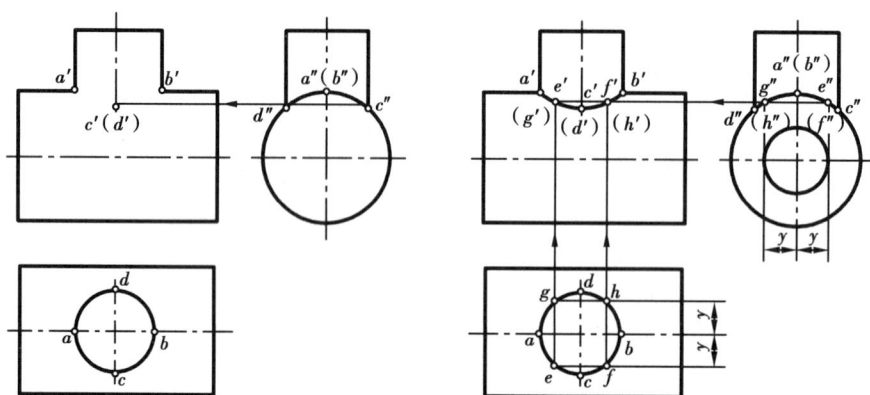

（b）　　　　　　　　　　　　　　　　　（c）

图 3.25　补全两圆柱相贯线的投影

图 3.25

（1）两圆柱相交的三种形式

相贯的立体可能是外表面，也可能是内表面。如图 3.26 所示为轴线垂直相交的内、外圆柱相贯的三种形式，即两外表面相交、外表面与内表面相交和两内表面相交。

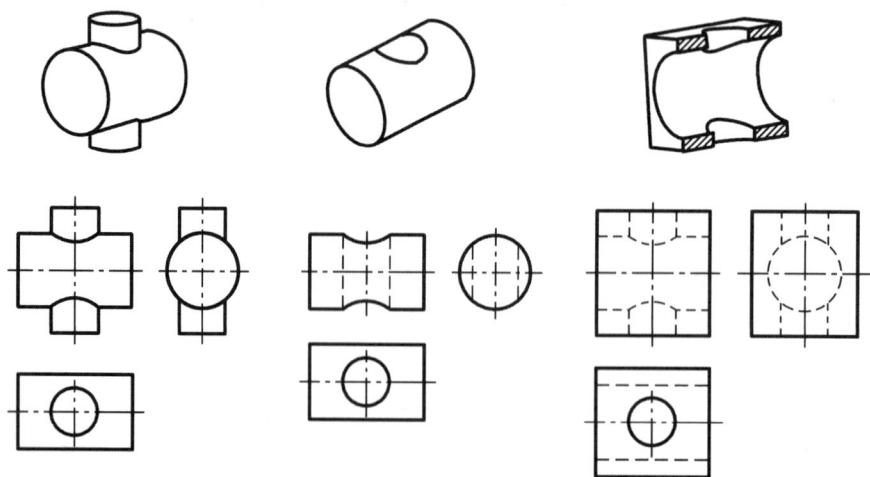

（a）两外表面相交　　　　（b）内、外表面相交　　　　（c）两内表面相交

图 3.26　两圆柱面相交的三种形式

图 3.26

上述三种情况的相贯线具有相同的形状和作图方法,不同的是在判断可见性时要加以区别。

(2)相交两圆柱直径变化对相贯线的影响

两圆柱相交时,相贯线的形状与两圆柱直径的大小有关,图 3.27 表示两圆柱直径大小变化对相贯线的影响。当轴线相交的两圆柱直径相等,即公切于一个球面时,相贯线是椭圆,且椭圆所在的平面垂直于两条轴线所确定的平面。若两轴线所确定的平面平行于某一投影面时,则相贯线在该投影面上积聚为直线段。

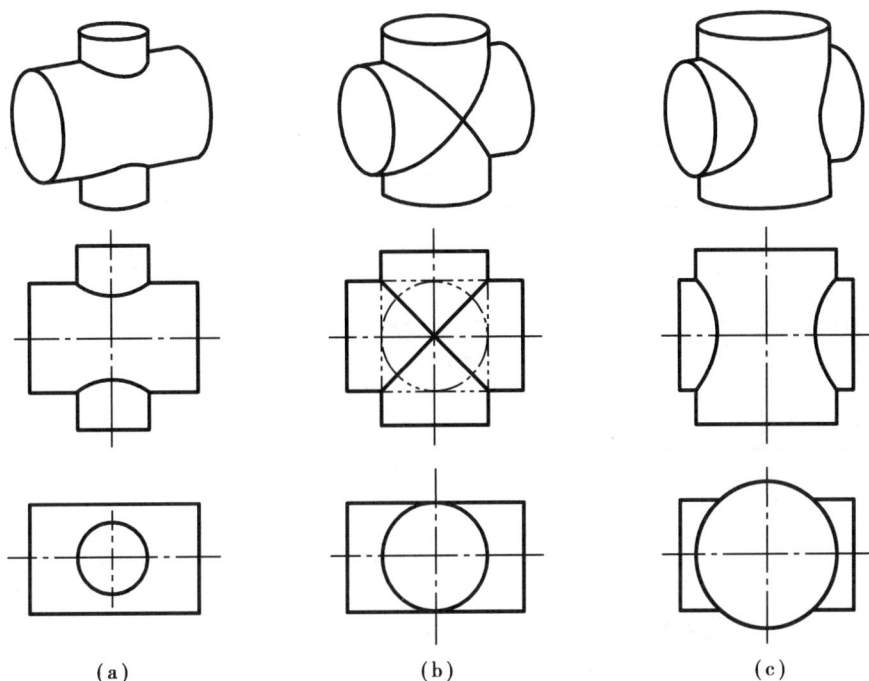

图 3.27 轴线垂直相交的两圆柱直径相对变化对相贯线的影响

(3)相交两圆柱相对位置变化对相贯线的影响

两圆柱相交时,相贯线的形状与两圆柱轴线的相对位置有关。图 3.28 表示两圆柱相对位置变化对相贯线的影响。

3.4.2 辅助平面法

如果两个回转体表面都无积聚性,作其相贯线的方法是辅助平面法。其原理是选用一辅助平面,同时截切两回转体得两条截交线,两条截交线的交点即为相贯线上的点。

辅助平面的选取应以作图简便、准确为原则。如图 3.29 所示,求作两圆柱的相贯线,可以作平行于两圆柱轴线的辅助平面 P,分别与两圆柱面交得一对直线,它们的交点就是相贯线上的点;也可作平行于其中一个圆柱轴线和垂直于另一个圆柱轴线的辅助平面 Q,与这两个圆柱面分别交得一对直线和一个水平圆,它们的交点同样也是相贯线上的点。采用相互平行的若干辅助平面,就可得到相贯线上的一系列点,连接各点即为相贯线。

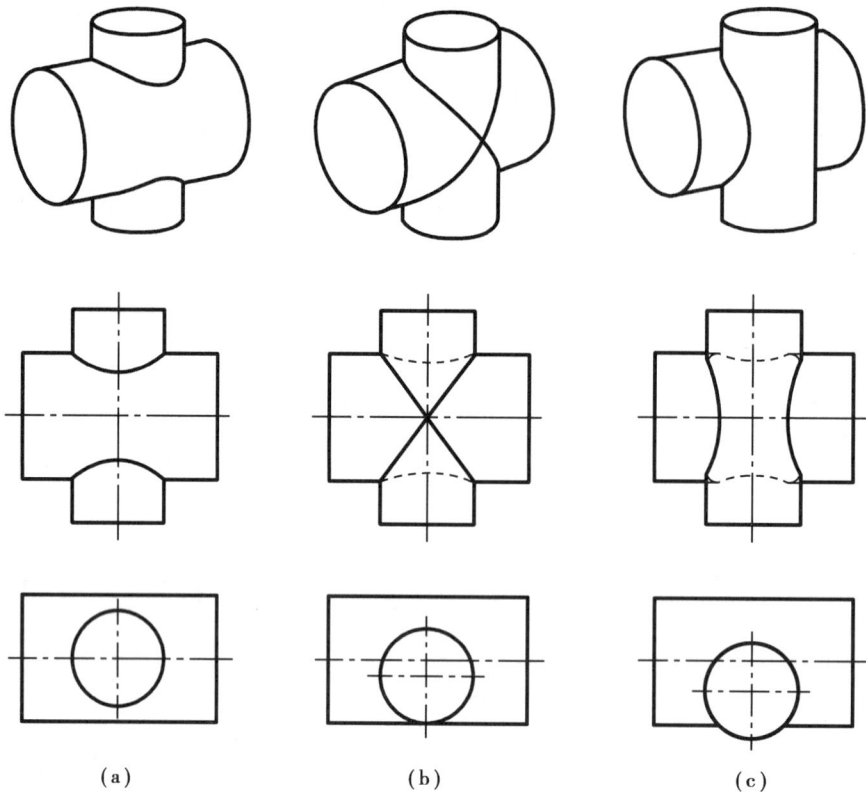

（a）   （b）   （c）

图 3.28 圆柱相对位置变化对相贯线的影响

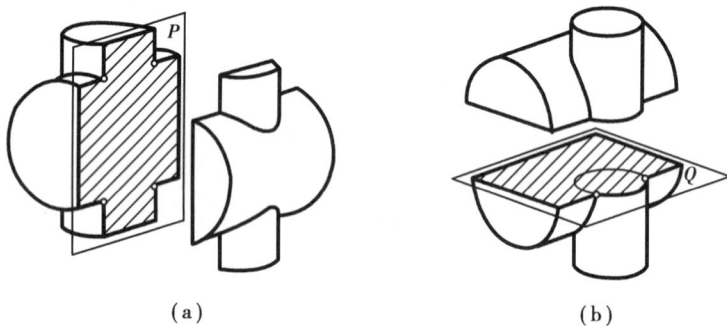

（a）   （b）

图 3.29 辅助平面法求相贯线示例

【例 3.15】 如图 3.30（a）所示，求圆柱与圆锥的相贯线。

分析：圆柱与圆锥的轴线垂直相交，相贯线为一条前后对称、封闭的空间曲线。由于圆柱面的侧面投影有积聚性，所以相贯线的侧面投影积聚为一圆，则只需求相贯线的正面及水平投影。可采用表面取点法，也可采用辅助平面法求解。

采用辅助平面法时，为了使辅助平面与圆柱面、圆锥面相交的交线是直线或是平行于投影面的圆，对圆柱面而言，辅助平面应平行或垂直于圆柱的轴线；对圆锥面而言，辅助平面应垂直于圆锥的轴线或过圆锥的锥顶。本例采用一系列垂直于圆锥轴线的辅助平面求解相贯线。

（a）

（b）

（c）

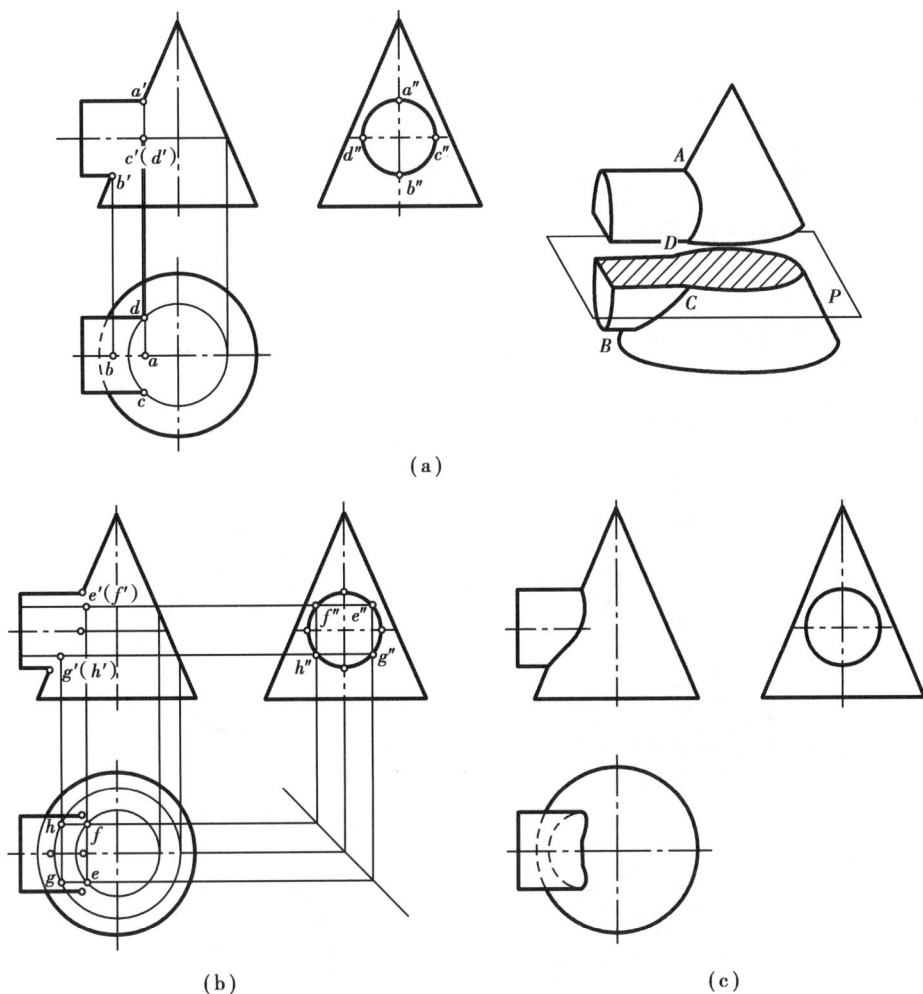

图 3.30　圆柱与圆锥相交

作图：

①作相贯线上的特殊点。因相贯线的侧面投影有积聚性，所以可直接定出相贯线上的最高、最低、最前和最后点 A、B、C、D 的侧面投影 a''、b''、c''、d''，这四个点既在圆柱面上又在圆锥面上。用过圆柱前后素线且垂直于圆锥轴线的水平面作辅助面，截圆柱面的截交线是前后素线，截圆锥面的截交线是一水平圆，两截交线同在截平面上，其交点即为相贯线上的点，如图 3.30（a）所示。

②作相贯线上的一般点。在相贯线侧面投影的适当位置取四个一般点 E、F、G、H，分别过 E、F 和 G、H 作垂直于圆锥轴线的辅助面，截圆柱面的截交线是平行于圆柱轴线的四条素线，截圆锥面的截交线是平行于水平面的两个圆，在同一截平面上截交线的交点即为相贯线上的点，如图 3.30（b）所示。

③依次光滑地连接各点，并判断可见性。由于两立体轴线相交，前后对称，故相贯线的正面投影重影，用实线画出。水平投影中，圆柱面的上半部分可见，因此点 c、e、a、f、d 可见，连成实线，其余各点不可见，连成虚线。

④整理轮廓线，结果如图 3.30（c）所示。

小结:当相贯的两个立体中只有一个立体表面的投影有积聚性或两个立体表面的投影都有积聚性时,相贯线的投影必在该立体表面积聚性的投影上,可利用积聚性在曲面立体表面上取点的方法作出两立体表面上的共有点;当相贯的两个立体中只有一个立体表面的投影有积聚性或两个立体表面的投影都没有积聚性时,可利用辅助平面法求这些共有点,即求出辅助面与这两个立体表面的三面共点,就是相贯线上的点。

3.4.3 相贯线的特殊情况

(1)相贯线为平面曲线

两同轴回转体相交,相贯线一定是垂直于轴线的圆,而且当回转体的轴线平行于某投影面时,圆在该投影面上的投影积聚为一条直线段(轮廓线交点的连线)。利用这个特性,相贯线的作图变得十分简单,如图 3.31 所示。

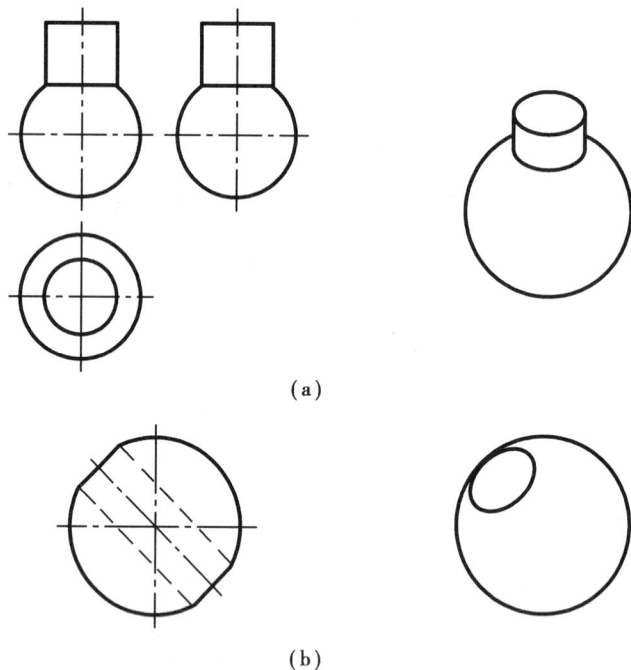

(a)

(b)

图 3.31 相贯线为圆

(2)相贯线为直线

两个轴线平行的圆柱面相贯时,相贯线为一对平行直线(公共素线);共锥顶的两个圆锥相贯时,相贯线为一对相交直线,如图 3.32 所示。

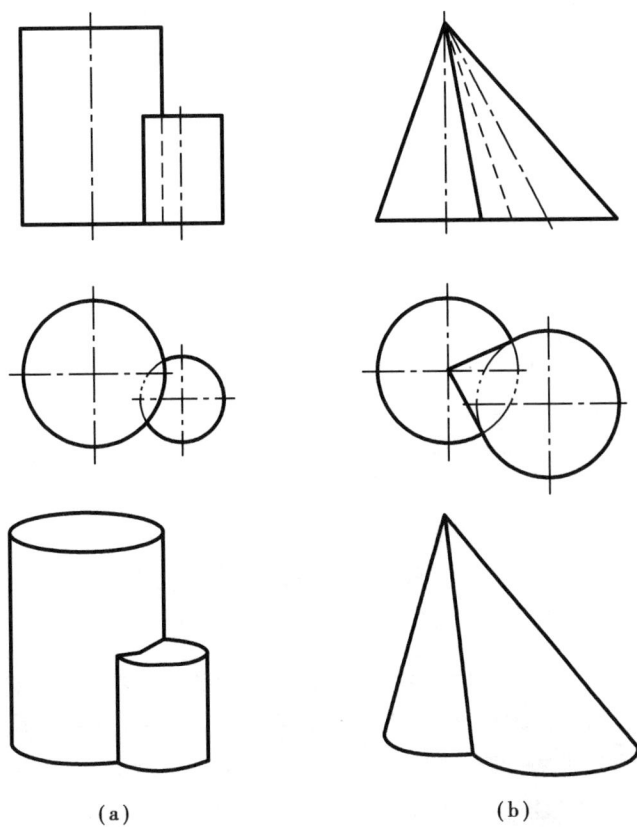

（a）　　　　　　　　　　　　　（b）

图 3.32　相贯线为直线

第 **4** 章
轴 测 投 影

4.1　轴测投影基础知识

　　工程上常用的多面正投影图能完整、确切地表达出零件的各部分结构形状,而且作图方便,如图4.1(a)所示,但这种图样缺乏立体感,只有具备一定的读图能力才能读懂。为了帮助看图,工程上还常采用轴测投影图来表达机件,如图4.1(b)所示。它是一种能同时反映物体三维空间形状的单面投影图。这种投影图富有立体感,但作图较繁,度量性差。因此它在工程上只作为一种辅助图样,常用来帮助设计构思、临场快速记录、技术交流等,尤其在三维形象思维训练方面,轴测图有非常重要的作用。另外,如今由三维模型导出的工程图中常常也导出一个轴测图作为辅助样图,对正确理解复杂零部件结构很有帮助。

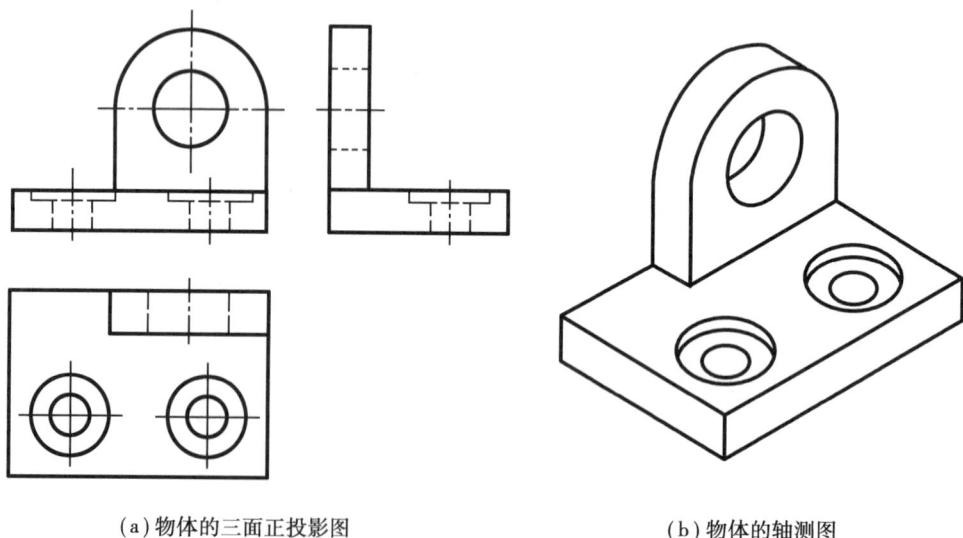

（a）物体的三面正投影图　　　　　　　　（b）物体的轴测图

图4.1　多面正投影图与轴测图的比较

4.1.1 轴测图的形成

根据投影法的基本概念,在投射方向、投影平面和空间物体的诸要素中,如果物体和投影平面之间的相对位置或投影方向发生变化,就会得到不同的投影图,见表4.1。

表 4.1 正投影图和轴测图的形成

名称	正投影图	轴测图	
图例 说明	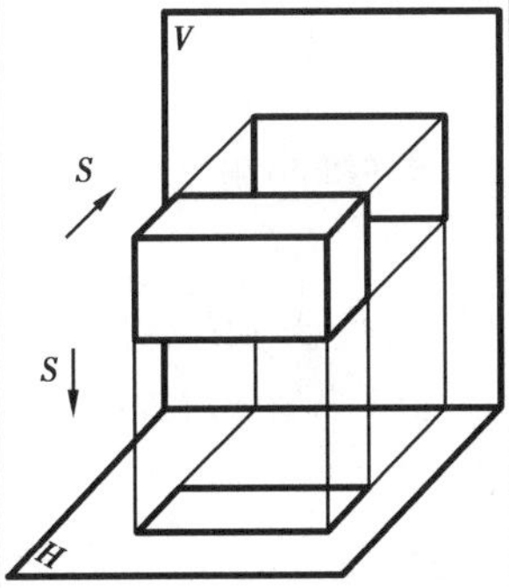	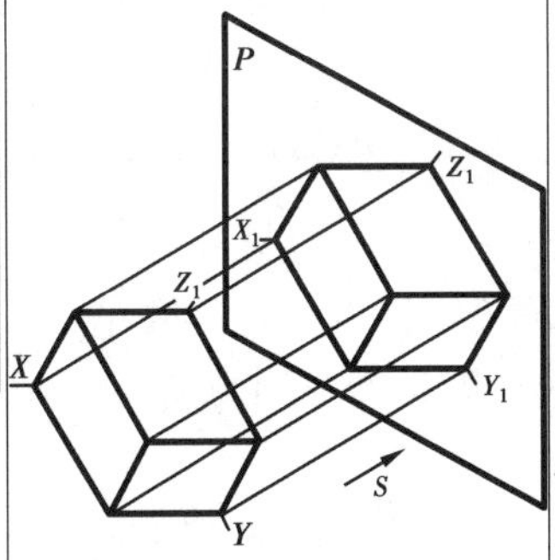	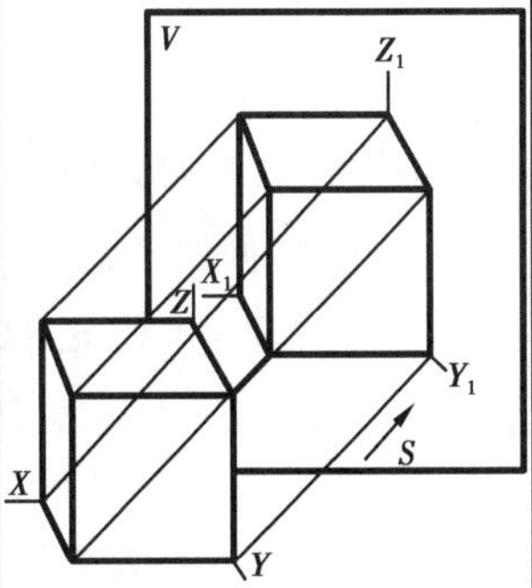
投影方向 S	垂直于投影面	垂直于投影面	倾斜于投影面
物体坐标面与投影面之间的相对位置	物体的坐标面分别与一投影面平行	物体的三个坐标面与投影面均倾斜	物体的 XOZ 坐标面与投影面平行
投影特性	由于有坐标轴积聚,所以每一投影图只反映物体一个方向的表面形状,投影图无立体感	物体的直角坐标轴在投影面 P 上的投影均不积聚。因此,一个投影图能反映物体长、宽、高三个方向的表面形状,投影图有立体感	

通常把表4.1中右侧这种将物体连同确定其空间位置的直角坐标系按平行投影法一并投射到一个投影面上,在该投影面上得到一个能同时反映物体三个坐标面方向形状的投影图称为轴测投影图,简称轴测图。该投影面称为轴测投影面。

为使轴测图具有立体感,当物体的空间位置确定后,投射方向不应与某个坐标轴和坐标面平行。

4.1.2 轴间角和轴向变形系数

如图4.2所示,空间直角坐标轴 OX、OY、OZ 在轴测投影面 P 上的投影 O_1X_1、O_1Y_1、O_1Z_1 称为轴测投影轴,简称轴测轴。

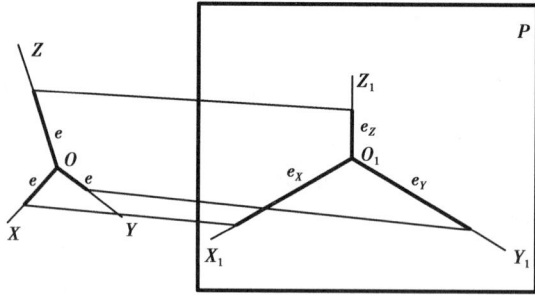

图 4.2 轴间角及轴向变形系数

（1）轴间角

轴测轴之间的夹角 $\angle X_1 O_1 Y_1$、$\angle X_1 O_1 Z_1$ 和 $\angle Y_1 O_1 Z_1$ 称为轴间角。

（2）轴向伸缩系数

设在空间三坐标轴 OX、OY 和 OZ 上各取单位长度 e，投影到轴测投影面上后在轴测轴 $O_1 X_1$、$O_1 Y_1$ 和 $O_1 Z_1$ 上的投影长度分别为 e_X、e_Y 和 e_Z。它们与单位长度 e 的比值为：

$$p = \frac{e_X}{e} \qquad q = \frac{e_Y}{e} \qquad r = \frac{e_Z}{e}$$

p、q、r 分别称为 OX、OY 和 OZ 轴的轴向伸缩系数。

4.1.3 轴测投影的基本特性

轴测投影是一种平行投影，因此，它具有平行投影的投影特性：

①平行性　物体上相互平行的线段在轴测图上仍然相互平行。

②等比性　物体上平行于坐标轴的线段与相应的坐标轴有着相同的轴向变形系数。

由以上特性可知：在画轴测图时，物体上平行于各坐标轴的线段应按平行于相应轴测轴的方向画出，并根据各坐标轴的轴向变形系数来测量其尺寸。因此，"轴测"二字即为沿轴测轴方向测量的意思。以上特性也是画轴测图的主要依据。

4.1.4 轴测图的分类

根据投射方向与轴测投影面的夹角不同，轴测图可分为两类：

①正轴测图　投射方向垂直于轴测投影面。

②斜轴测图　投射方向倾斜于轴测投影面。

这两类轴测图的形成见表4.1，如果物体与投影面之间的相对位置或投射方向发生变化，轴测图的轴间角及轴向变形系数也会随着发生变化。因此，这两类轴测图的轴间角及轴向变形系数是无穷的，它是人们在生产实践中从立体感和作图是否简便出发，从中选择了几种常用的轴测图，见表4.2。

表 4.2　常用轴测图的轴间角及轴向伸缩系数

种　类		轴间角	轴向伸缩系数	说　明
正轴测	正等测		$p=q=r=0.82$ 简化伸缩系数 $p=q=r=1$	立体感较强,作图简便,因此,常被采用
斜轴测	正面斜二测		$p=r=1$ $q=0.5$	在物体上有较多的平行于 XOZ 坐标面的圆或曲线时,常采用此种轴测图
	侧面斜二测		$q=r=1$ $p=0.5$	在物体上有较多的平行于 YOZ 坐标面的圆或曲线时,常采用此种轴测图

　　为了简化作图,常采用表 4.2 中的简化伸缩系数作图,采用简化伸缩系数画出的轴测图尺寸被放大了,但图形的形状并未改变,对图形的立体感也无影响,如图 4.3 所示。

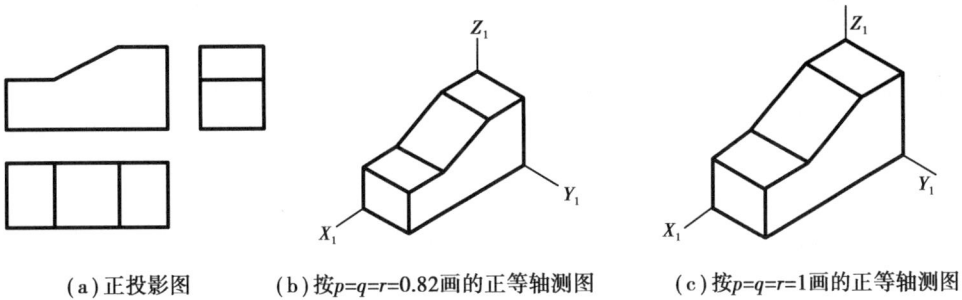

　　（a）正投影图　　　　（b）按 $p=q=r=0.82$ 画的正等轴测图　　　　（c）按 $p=q=r=1$ 画的正等轴测图

图 4.3　正等轴测图的轴向伸缩系数对轴测图的影响

4.2 正等轴测图的画法

4.2.1 轴间角及轴向伸缩系数

当坐标轴 OX、OY、OZ 处于对轴测投影面的倾角相等时,所得到的轴测图就是正等轴测图。正等轴测图的轴向伸缩系数 $p=q=r\approx0.82$,为了作图方便,一般将轴向伸缩系数简化为 1,即 $p=q=r=1$。轴间角 $\angle X_1O_1Y_1=\angle X_1O_1Z_1=\angle Y_1O_1Z_1=120°$。

4.2.2 平面立体的正等轴测图的画法

画平面立体轴测图的基本方法是按坐标画出各顶点轴测图的方法,简称坐标法。首先在形体的投影图上选择坐标轴(O—XYZ),使形体上的棱线(棱面)尽量与轴测轴(轴测坐标面)平行;再运用平行投影特性求出形体上各顶点、棱线、棱面的轴测投影,最后判断可见性,去掉不可见的虚线,即得形体的轴测图。

【例 4.1】 作出正六棱柱的正等轴测图。

分析:

正六棱柱上下底面为水平面(平行 XOY),且为对称图形,棱线为铅垂线(平行 OZ 轴),所以,选择直角坐标系时,直角坐标轴可按对称位置选取,坐标原点设在上底面中心,则六棱柱上底面的顶点 A、D 在 OX 轴上,边线 BC、EF 平行于 OX 轴,各棱线平行于 OZ 轴。画正六棱柱的正等轴测图时根据轴测投影的特性,先确定 A_1、D_1 点、B_1C_1、E_1F_1 边,再画出各棱线,最后连接下底面各可见顶点。

作图过程如图 4.4 所示。

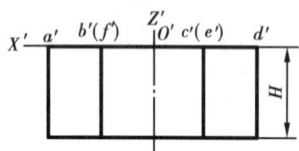

(a)确定坐标轴, 原点设在上底面

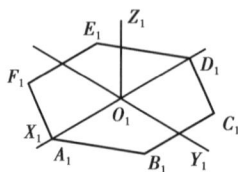

(b)完成上底面正六边 形的正等轴测图

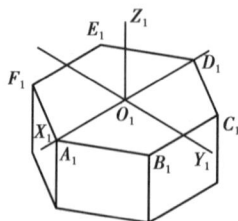

(c)由上底各顶点作 O_1Z_1 轴平行线, 量棱高 H,得下底各顶点,连接 可见点并加深完成作图

图 4.4 正六棱柱的正等轴测图

对不完整的切口体,可先按完整形体画出,然后用切割的方法画出其不完整的部分,称为切割法。

【例 4.2】　根据形体的三视图画出它的正等轴测图。

作图步骤见图 4.5(切割法)。

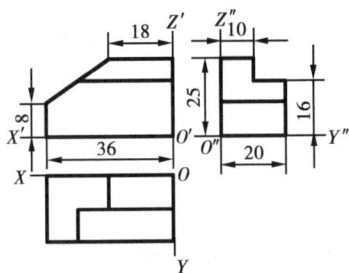

(a) 在视图上定坐标轴,
原点在右后下角

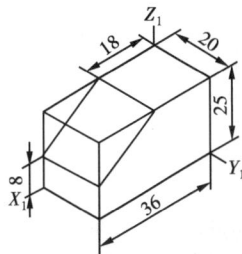

(b) 画轴测轴,沿轴量 36、20、25,作长方体,
并量出尺寸 18、8,然后连线切去左上角得斜面

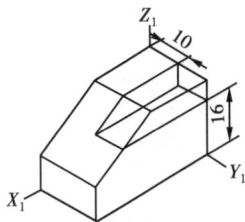

(c) 沿轴量尺寸 10,平行 *XOZ* 面由上往下切,
量尺寸 16,平行 *XOY* 面由前往后切,
两面相交切去一角

(d) 擦去多余的线,然后加深

图 4.5　用切割法作切口体的正等轴测图

4.2.3　平行坐标面的圆的正等轴测图的画法

通过理论分析可知:属于坐标面(或平行于坐标面)的圆的正等测投影为椭圆,其长轴方向垂直于不属于此坐标面的第三根轴的轴测投影,短轴方向垂直于长轴。图 4.6 为与各坐标面平行的圆的正等轴测图。

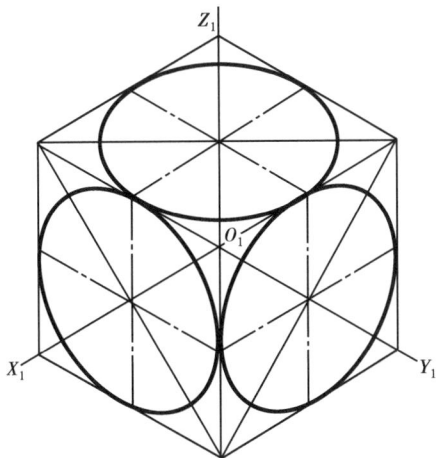

图 4.6　平行于坐标面的圆的正等轴测图

为简化作图,上述椭圆常采用四段圆弧连接的近似画法,即四心法作椭圆。图 4.7 以平行于 XOY 坐标面的圆的正等轴测图为例说明椭圆的近似画法。平行于 XOZ、YOZ 坐标面的圆的正等轴测图(椭圆)的画法与此相同,仅椭圆长轴、短轴方向不同,如图 4.8 所示。

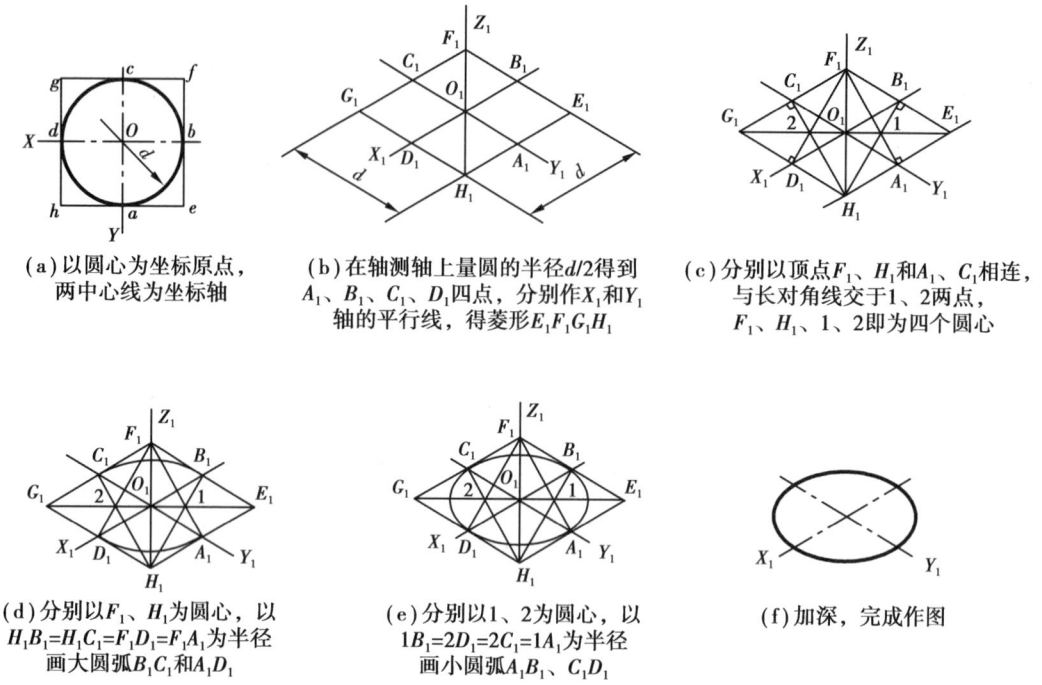

(a)以圆心为坐标原点,
两中心线为坐标轴

(b)在轴测轴上量圆的半径 $d/2$ 得到
A_1、B_1、C_1、D_1 四点,分别作 X_1 和 Y_1
轴的平行线,得菱形 $E_1F_1G_1H_1$

(c)分别以顶点 F_1、H_1 和 A_1、C_1 相连,
与长对角线交于 1、2 两点,
F_1、H_1、1、2 即为四个圆心

(d)分别以 F_1、H_1 为圆心,以
$H_1B_1=H_1C_1=F_1D_1=F_1A_1$ 为半径
画大圆弧 B_1C_1 和 A_1D_1

(e)分别以 1、2 为圆心,以
$1B_1=2D_1=2C_1=1A_1$ 为半径
画小圆弧 A_1B_1、C_1D_1

(f)加深,完成作图

图 4.7　平行于坐标面的圆的正等轴测图的近似画法

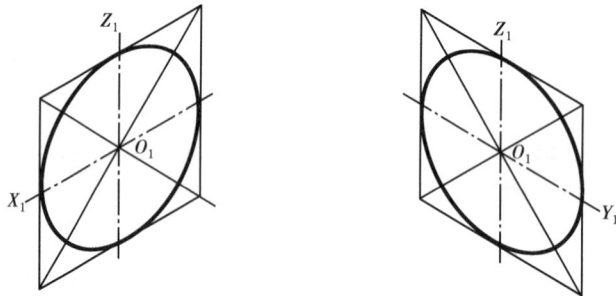

图 4.8　平行于 XOZ、YOZ 坐标面的圆的正等轴测图(近似椭圆)

4.2.4　回转体的正等轴测图画法

以下举例说明回转体的正等轴测图的画法。

【例 4.3】　根据圆柱的投影图画出它的正等轴测图。

如图 4.9 所示,将坐标原点选在顶圆上,Z 轴与圆柱的轴线重合,先确定上下底圆的圆心,作圆的外切正方形的正等轴测图(菱形),再用四心法作椭圆(下底圆可只作可见部分),最后作两椭圆的外公切线(平行于 Z 轴)。

作被截切的回转体的正等轴测图时,应先画出基本体的轴测图,再运用坐标法找其交线上的点,最后完成作图。

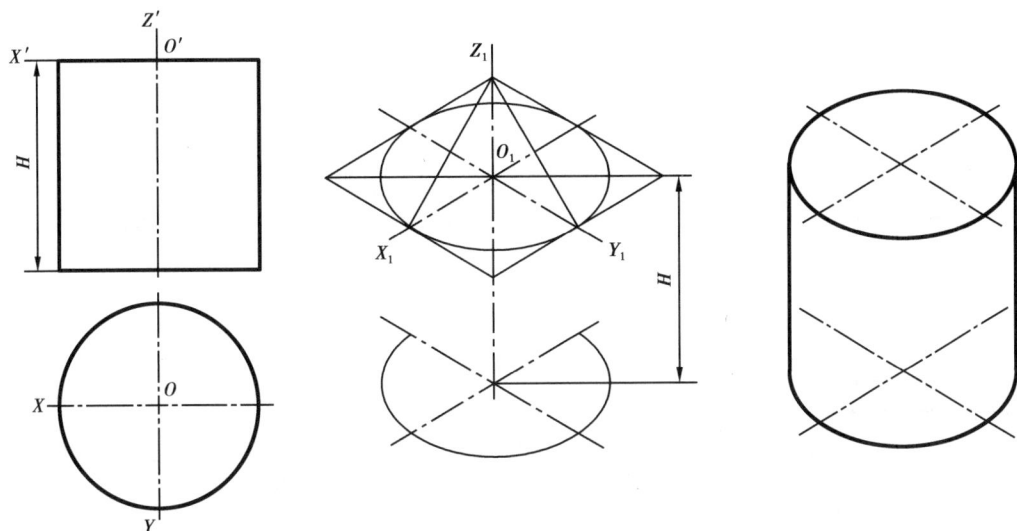

图 4.9　圆柱的正等轴测图

【**例** 4.4】　如图 4.10(a)所示,已知截切后的圆柱的两面投影,试画出其正等轴测图。

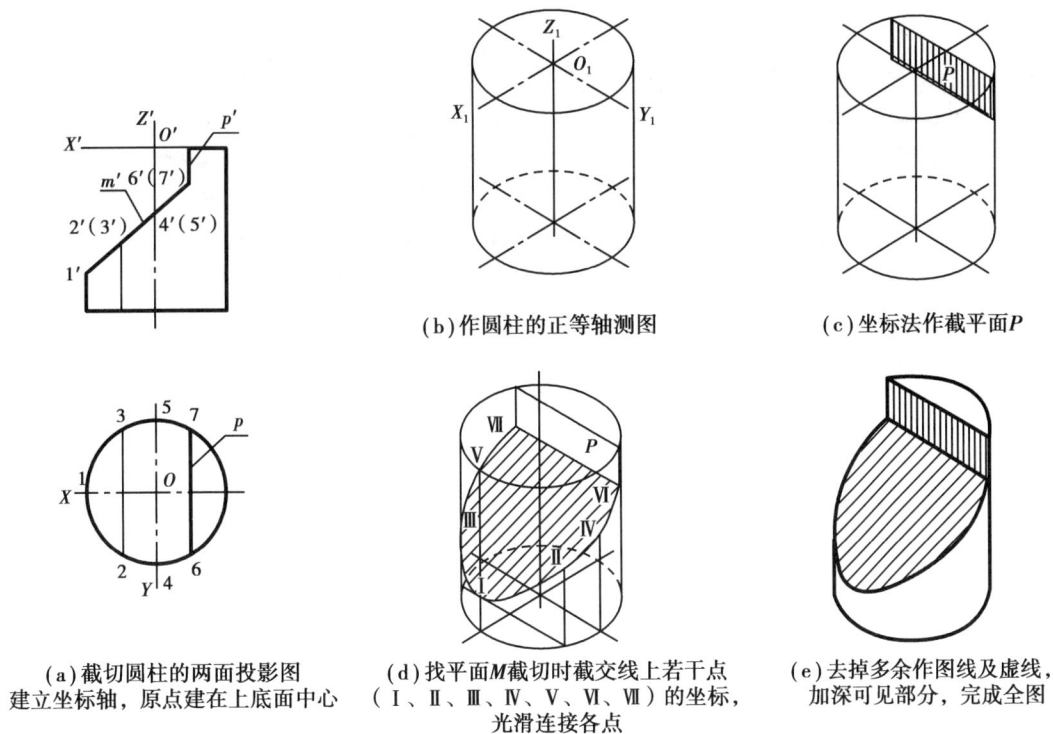

(b)作圆柱的正等轴测图

(c)坐标法作截平面 *P*

(a)截切圆柱的两面投影图
建立坐标轴,原点建在上底面中心

(d)找平面 *M* 截切时截交线上若干点
(Ⅰ、Ⅱ、Ⅲ、Ⅳ、Ⅴ、Ⅵ、Ⅶ)的坐标,
光滑连接各点

(e)去掉多余作图线及虚线,
加深可见部分,完成全图

图 4.10　截切圆柱的正等轴测图画法

作相贯体的正等轴测图的方法与作切割体的正等轴测图的方法一致,先作相交的两基本
体的正等轴测图,再运用坐标法求相贯线的正等轴测投影。在这里不再举例。

4.2.5 组合体的正等轴测图的画法

圆角是组合体上的常见结构,所以要画组合体的正等轴测图,必须掌握圆角的正等轴测图的画法。

从图4.7所示椭圆的近似画法可以看出:菱形的钝角与大圆弧相对,锐角与小圆弧相对,菱形相邻两条边的中垂线的交点就是圆心,垂线的长度就是半径。由此可得出长方体板圆角的近似画法,如图4.11所示。

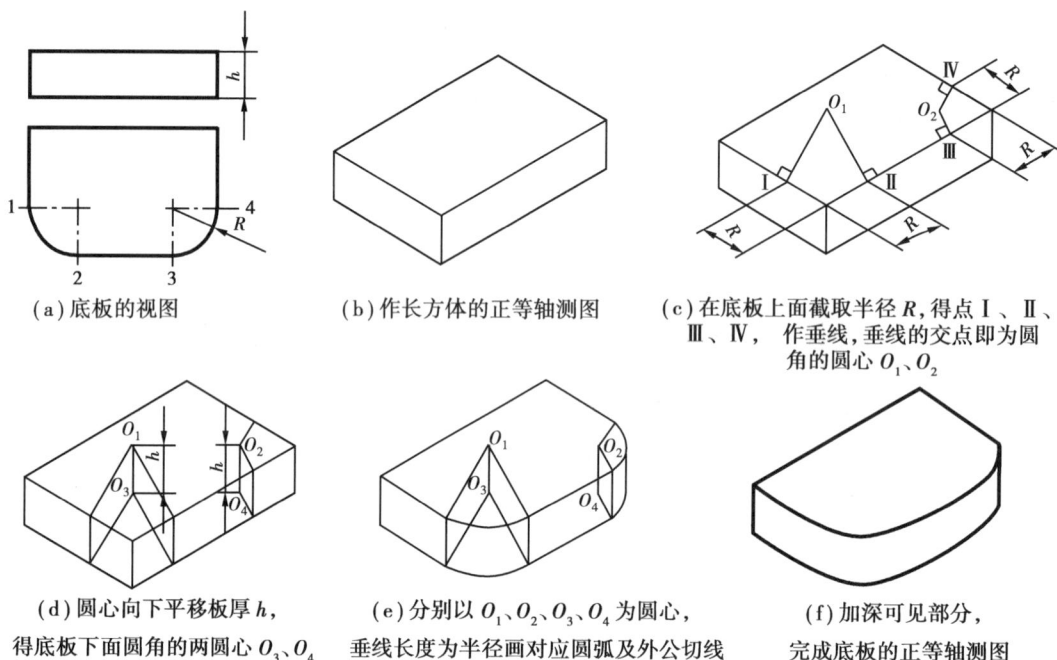

(a)底板的视图   (b)作长方体的正等轴测图   (c)在底板上面截取半径R,得点Ⅰ、Ⅱ、Ⅲ、Ⅳ, 作垂线,垂线的交点即为圆角的圆心O_1、O_2

(d)圆心向下平移板厚h,得底板下面圆角的两圆心O_3、O_4 (e)分别以O_1、O_2、O_3、O_4为圆心,垂线长度为半径画对应圆弧及外公切线   (f)加深可见部分,完成底板的正等轴测图

图4.11 圆角的正等轴测图画法

画组合体的正等轴测图时,首先要对组合体进行形体分析,然后将组合体的形体从上至下、从前至后按它们的相对位置逐个画出,最后擦去各形体多余的图线及不可见的图线。

【例4.5】 已知组合体的三投影图,试画出该组合体的正等轴测图。

其作图过程如图4.12所示。

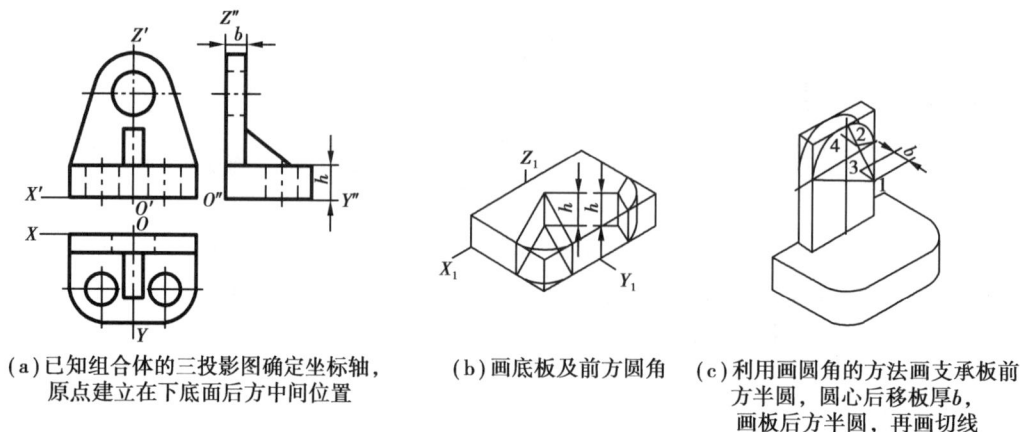

(a)已知组合体的三投影图确定坐标轴,原点建立在下底面后方中间位置   (b)画底板及前方圆角   (c)利用画圆角的方法画支承板前方半圆,圆心后移板厚b,画板后方半圆,再画切线

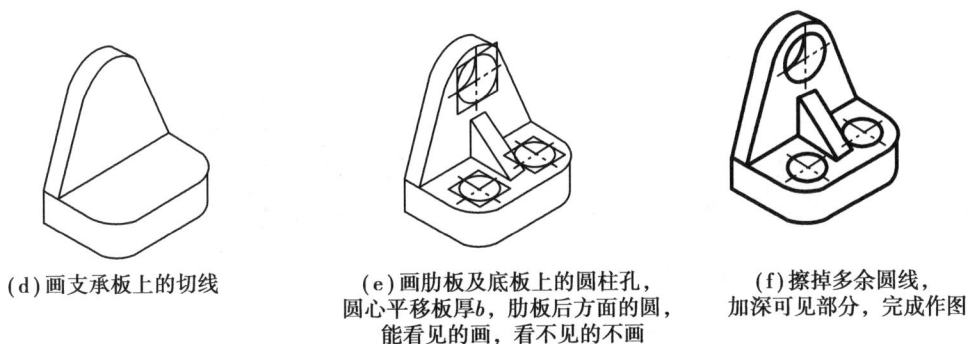

（d）画支承板上的切线

（e）画肋板及底板上的圆柱孔，
圆心平移板厚b，肋板后方面的圆，
能看见的画，看不见的不画

（f）擦掉多余圆线，
加深可见部分，完成作图

图 4.12　组合体的正等轴测图画法

4.3　斜二等轴测图的画法

将坐标轴 OZ 置于铅垂位置，坐标面 XOZ 平行于轴测投影面，且投影方向与三个坐标轴都不平行时形成正面斜轴测图。在正面斜二等轴测图中：轴向伸缩系数 $p=r=1,q=0.5$，轴间角 $\angle X_1O_1Z_1=90°$，$\angle X_1O_1Y_1=\angle Y_1O_1Z_1=135°$。

正面斜二等轴测图的正面形状能反映形体正面的真实形状。特别当形体正面有圆和圆弧时，画图简单方便，这是它的最大优点。但平行于 XOY、YOZ 两坐标面的圆的斜二等轴测图为椭圆，而这种椭圆的长、短轴不再具有正等轴测图椭圆的长、短轴与轴测轴垂直和平行的规律，且作图较繁。加之斜二等轴测图的立体感较正等轴测图稍差。因此，正面斜二等轴测图只适于正面上多圆或圆弧的形体。

下面举例说明斜二等轴测图的画法。

【例 4.6】　已知形体的两面投影，画出其正面斜二等轴测图。

作图方法及步骤如图 4.13 所示。

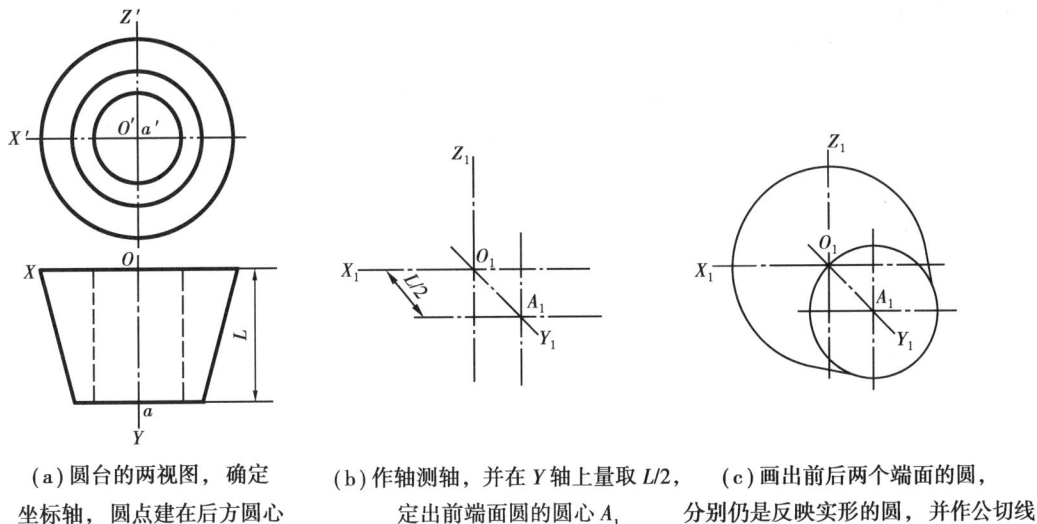

（a）圆台的两视图，确定
坐标轴，圆点建在后方圆心

（b）作轴测轴，并在 Y 轴上量取 $L/2$，
定出前端面圆的圆心 A_1

（c）画出前后两个端面的圆，
分别仍是反映实形的圆，并作公切线

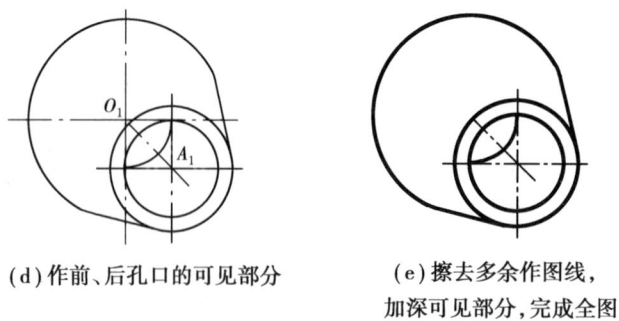

(d)作前、后孔口的可见部分 　　　(e)擦去多余作图线，
　　　　　　　　　　　　　　　　　加深可见部分,完成全图

图 4.13　圆台的正面斜二等轴测图画法

【例4.7】　已知组合体的两面投影,画出其侧面斜二等轴测图。

作图方法及步骤如图4.14所示。

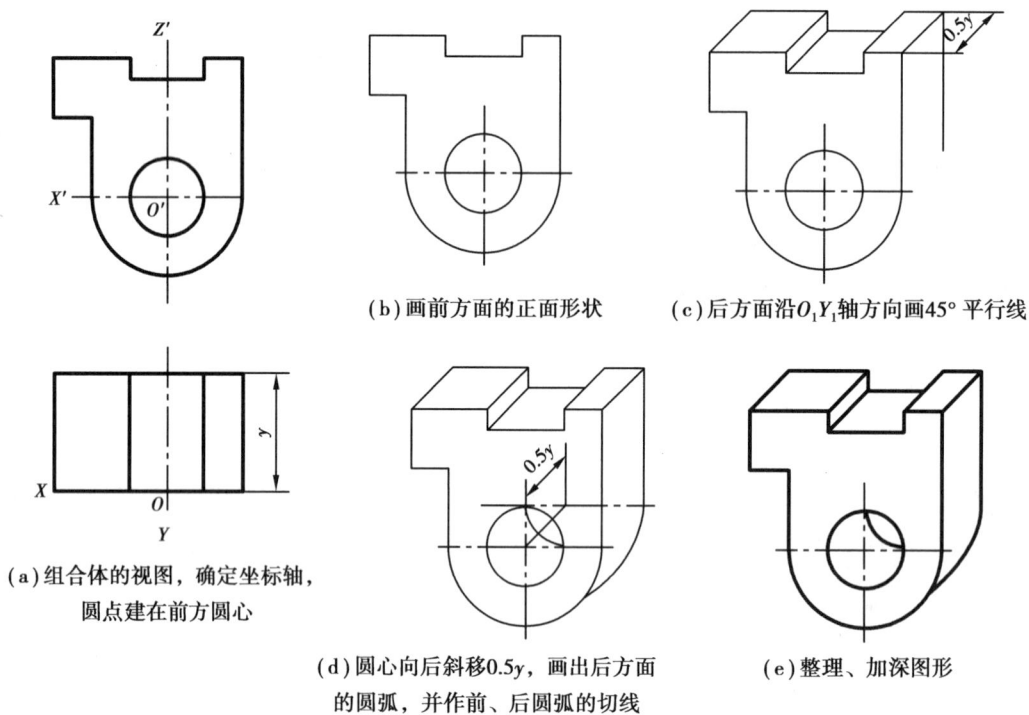

(a)组合体的视图,确定坐标轴,　　(b)画前方面的正面形状　　(c)后方面沿O_1Y_1轴方向画45°平行线
　圆点建在前方圆心

(d)圆心向后斜移0.5y,画出后方面　　(e)整理、加深图形
　　的圆弧,并作前、后圆弧的切线

图 4.14　组合体的侧面斜二等轴测图画法

第 **5** 章
组合体的视图

由若干基本形体(柱、锥、球、环)及某些基本结构体,按一定的相对位置和形式组合而成的物体,称为组合体。

5.1 三视图的形成及投影规律

5.1.1 三面投影和三视图

几何元素在 V、H 和 W 三投影面体系中的投影称为几何元素的三面投影,而在工程制图中,根据国家标准,将机件向投影面投影所得的图形称为视图。组合体是几何化了的机件,因此把组合体的投影称为组合体的视图,把组合体在三投影面体系中的正面投影、水平投影和侧面投影分别称为主视图、俯视图和左视图,统称为组合体的三视图,如图 5.1(a)、(b)所示。前面章节中关于点、线、面和立体的投影特性,完全适用于组合体的投影。

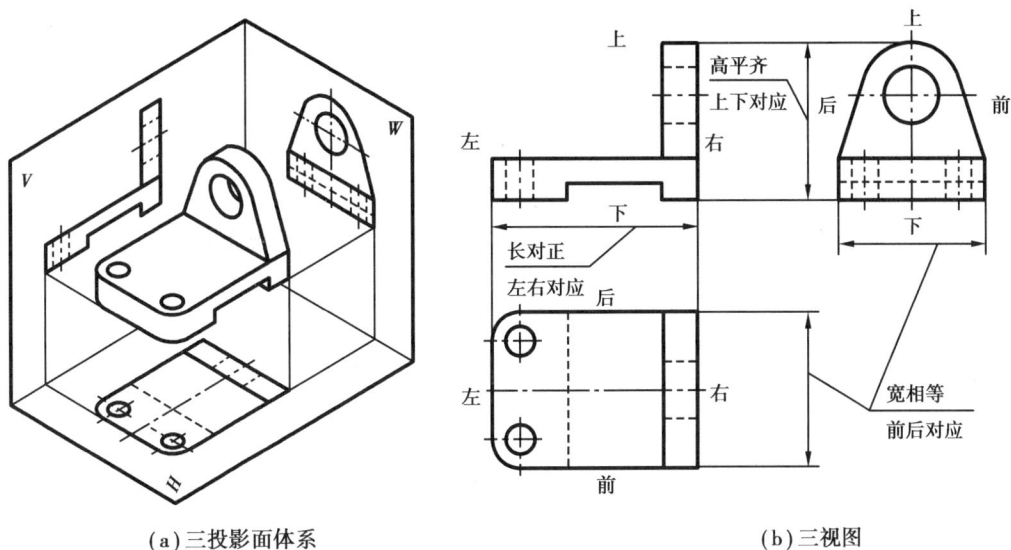

| (a)三投影面体系 | (b)三视图 |

图 5.1 组合体的三视图

5.1.2 三视图的投影规律

在实际画图时,一般采用无轴投影体系。需要时,也可使用有轴投影体系。无论采用哪一种投影体系,画图时都必须保持三视图之间的投影规律。运用几何元素的投影规律,可概括出组合体三视图的投影规律:

①主、俯视图长对正;

②主、左视图高平齐;

③俯、左视图宽相等,且前后对应。

这个规律不仅适用于组合体的整体投影,也适用于组合体的局部投影。

5.2 形体分析法与线面分析法

5.2.1 形体分析法

(1)组合体的组合形式

组合体的组合形式,大体上分为:叠加、挖切和既有叠加又有挖切的组合形式。

如图5.2(a)所示的轴承座,它是由底板、轴承、支承板、肋板及凸台通过叠加组成。图5.2(b)所示的组合体可看作右端为圆柱面的长方体逐步切掉三个形体后,又在左右方向上钻一个圆柱孔形成的。

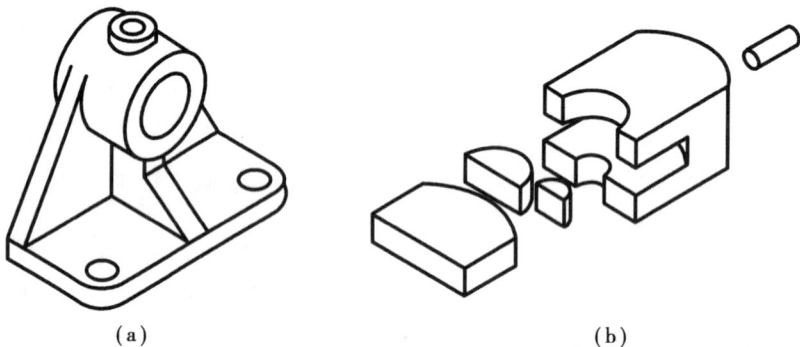

(a)   (b)

图5.2 组合体的组合形式

(2)组合体相邻表面间的相对位置

组合体的邻接表面间可能产生共面、相切和相交三种情况。

①共面 当两形体邻接表面共面时,在共面处两相邻接表面不应有分界线;若不共面,则两个面之间必然有分界线或者分界面的投影,如图5.3所示。

②相切 当两形体邻接表面相切时,由于相切是光滑过渡,所以切线的投影在三视图上均不画出,如图5.4所示。

③相交 两形体邻接表面相交,邻接表面之间一定产生

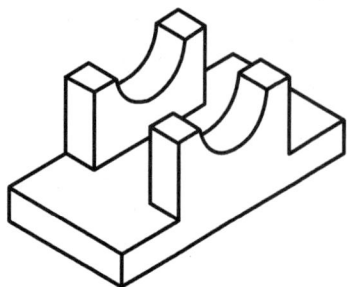

图5.3 共面

交线,这条交线是截交线或者相贯线,如图 5.5 所示。

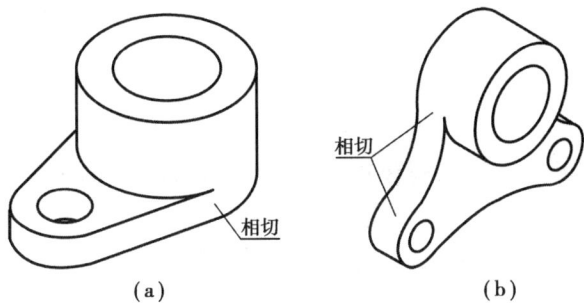

（a）　　　　　　　　　　　　（b）

图 5.4　相切

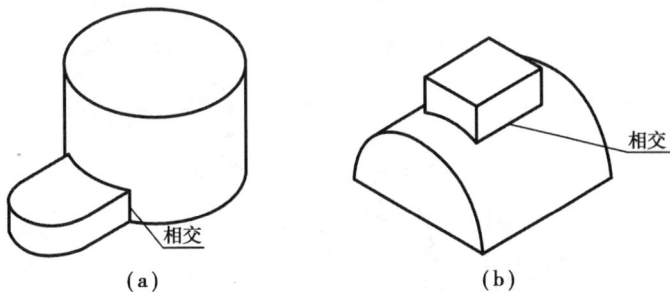

（a）　　　　　　　　　　　　（b）

图 5.5　相交

（3）形体分析法

为了画图、读图和尺寸标注方便,假想把组合体分解为若干个形体和基本结构体,并确定形体间的组合形式和形体邻接表面间的相互位置,以达到了解整体的目的,这种方法称为形体分析法。

以图 5.6 所示组合体为例,形体分析如下：

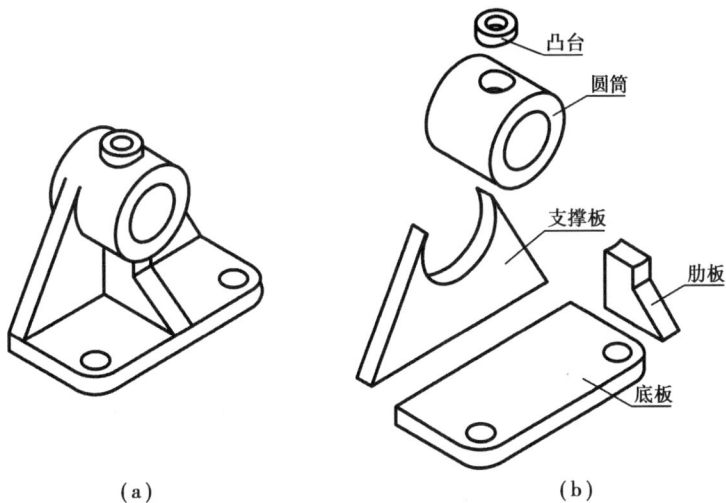

（a）　　　　　　　　　　　　（b）

图 5.6　形体分析

轴承座是一个以叠加为主的组合体,按其组合形式可分为底板、轴承、凸台、支承板和肋板,它们之间:底板和支承板之间是叠加关系,支承板和轴承之间是相切关系,轴承和凸台之间是相交关系等。

5.2.2 线面分析法

在绘制、阅读组合体的视图时,对比较复杂的组合体通常在运用形体分析法的基础上,对不易表达或难以读懂的局部,还要结合线、面的投影特点进行分析。如分析物体的表面形状、物体上面与面的相对位置、物体的表面交线等,来帮助表达或读懂这些局部的结构形状,这种方法称为线面分析法。

如图5.7所示的立体为一切割式组合体。挖切式组合体通常是由简单形体经过一定的挖切后形成的复杂形体,该组合体可看作四棱柱经过切割而形成的。

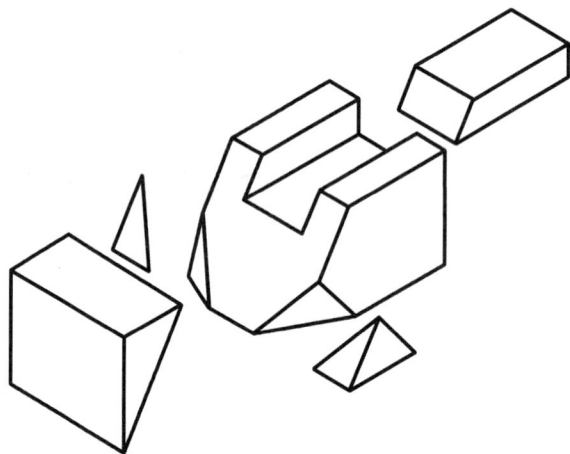

图5.7 线面分析

5.3 画组合体的视图

画组合体的方法与步骤:

下面以图5.8(a)所示组合体为例,说明画组合体三视图的具体步骤。

1)形体分析

把组合体分解为若干个简单形体,并确定它们的组合形式,以及相邻表面间的相对位置,如图5.8(b)所示。画组合体视图,就是画出各简单形体的视图,并正确表达各形体相邻表面间的位置关系及投影可见性。

2)确定主视图

在三视图中,主视图是最重要的视图。当组合体按自然位置安放后,对图5.8(a)所示的各个方向投射所得的视图进行比较,选出最能反映组合体各部分形状特征和相对位置的方向作为主视图的投影方向,同时,主视图的投影方向还应使其他视图上的虚线尽可能地少。如图5.9所示。比较四个视图,A向和D向比B向和C向作为主视图好。A向和D向比较,A向

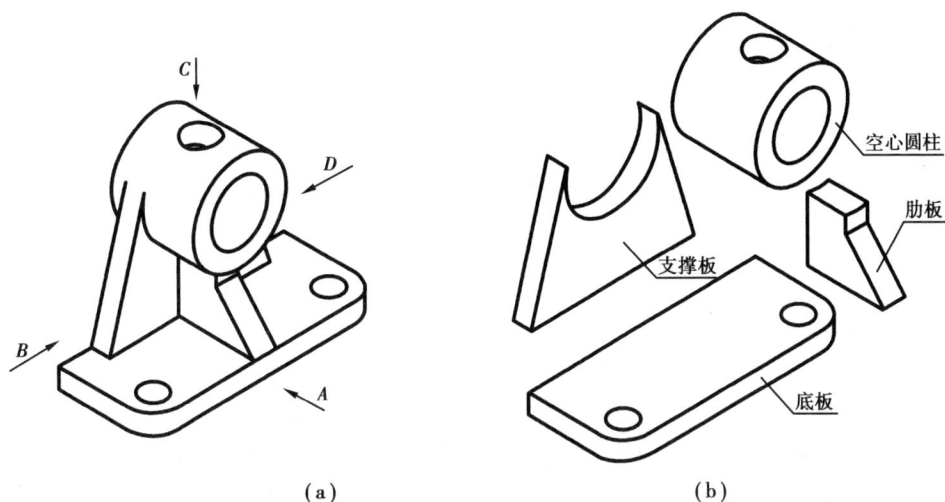

（a）　　　　　　　　　　　　　　　　　　（b）

图 5.8　轴承座的形体分析

视图能反映空心圆柱体支承板的形状特征,以及肋板、底板的厚度和各部分上下、左右的位置关系。D 向视图能反映空心圆柱体长度、肋板的形状特征以及支承板的厚度,同时,也能反映各部分的上下、前后关系。所以 A 向和 D 向均可作为主视图的方向。

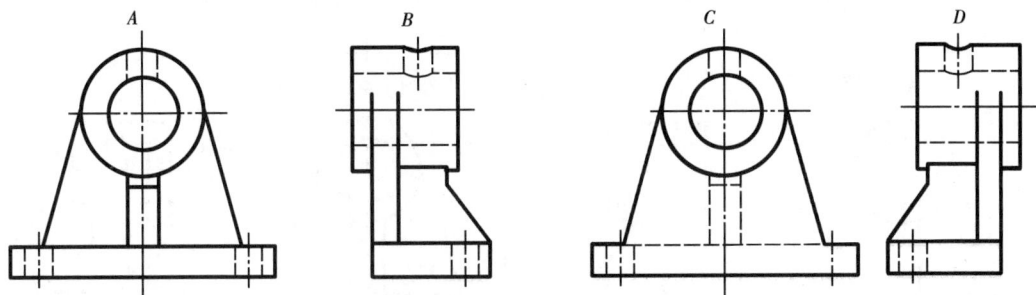

图 5.9　四个方向视图的比较

3）选比例,定图幅

画图时,应根据组合体的大小和复杂程度选择一定的比例。当然,为了作图方便,尽量选用 1∶1 的比例。按选定的比例,根据组合体的长、宽、高计算出三个视图所占尺寸范围,并在视图之间留出标注尺寸的位置和适当的间距,据此选用合适的标准图幅。

4）绘制底稿

根据各视图的大小和位置,先画出各视图的基准线,这时每个视图在图纸上的具体位置就已确定,如图 5.10（a）所示,再逐个画出各形体的三视图。画各形体的顺序:一般先大（大形体）后小（小形体）;先实（实心体）后空（挖去的形体）;先画整体轮廓,后画局部细节。画每个形体时,要三个视图联系起来画,并从反映形体特征的视图画起,再按投影规律画出其他两个视图,如图 5.10（b）～（e）所示。

（a）画轴线对称中心线和基准线　　　　　　（b）画底板三视图

（c）画圆柱体三视图　　　　　　（d）画支承板三视图

（e）肋板三视图　　　　　　（f）检查、描深

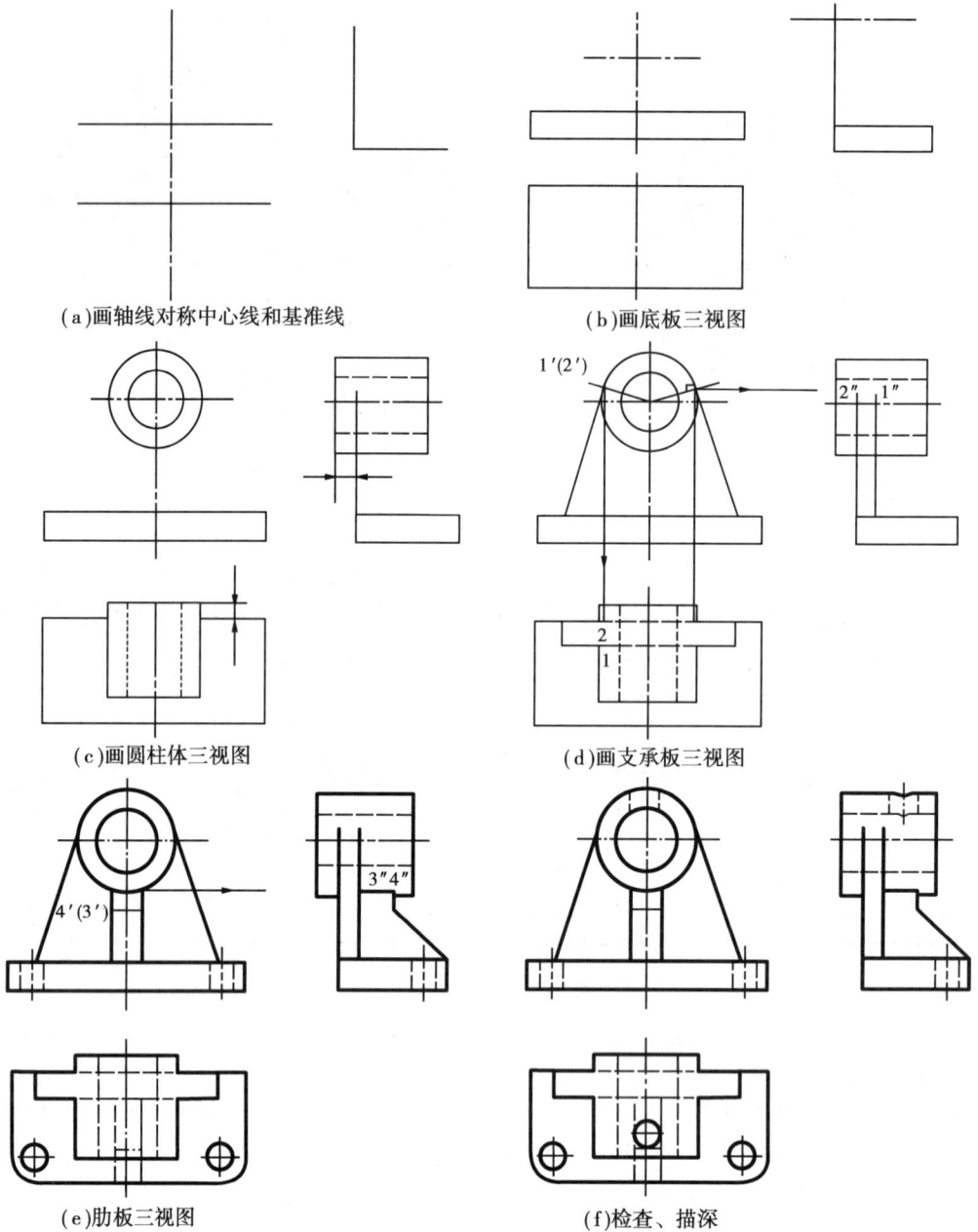

图 5.10　画轴承座三视图的作图步骤

5）检查、描深

用细实线画完底稿并检查无误后，按机械制图的线型标准描深，如图 5.10（f）所示。

图 5.10

5.4　组合体的尺寸标注

视图只能表示组合体的形状结构,各形体的真实大小则需要尺寸来确定。

5.4.1　尺寸注法的基本要求

标注组合体尺寸的基本要求是正确、完整和清晰。具体要求是:

(1)标注尺寸要正确

所谓正确就是尺寸标注要符合国家标准的规定。

(2)标注尺寸要完整

所谓完整是要求标注出确定组合体中各个形体形状的定形尺寸和确定各形体间相互位置的定位尺寸。另外,为了能够确定组合体所占体积的大小,一般需要标注组合体的总长、总宽和总高,即总体尺寸。所标注尺寸既不能多余重复,也不能缺少遗漏。

(3)标注尺寸要清晰

尺寸标注要符合国家标准《技术制图》和《机械制图》中有关规定,尺寸要标注在形体特征明显的视图上,把有关联的尺寸尽量集中标注,交线上不应标注尺寸。尺寸标注在视图适当的位置,尺寸布置要清晰整齐,便于读图。

5.4.2　基本形体的尺寸标注

组合体的尺寸标注是按照形体分析进行的,基本形体的尺寸是组合体尺寸的重要组成部分,因此,要标注组合体的尺寸,必须首先掌握基本形体的尺寸标注。

基本几何体的大小都是由长、宽、高三个方向的尺寸来确定,一般情况下,这三个尺寸都要标注出来。关于基本形体的尺寸注法,如图 5.11 所示。标注棱柱、棱锥和圆柱、圆锥的尺寸时需要注出底面和高度尺寸,例如,正六棱柱只需标注正六边形的对边距离和柱高尺寸。球的尺寸则标注其直径。圆台需要三个尺寸,即上下底圆直径和高度尺寸。

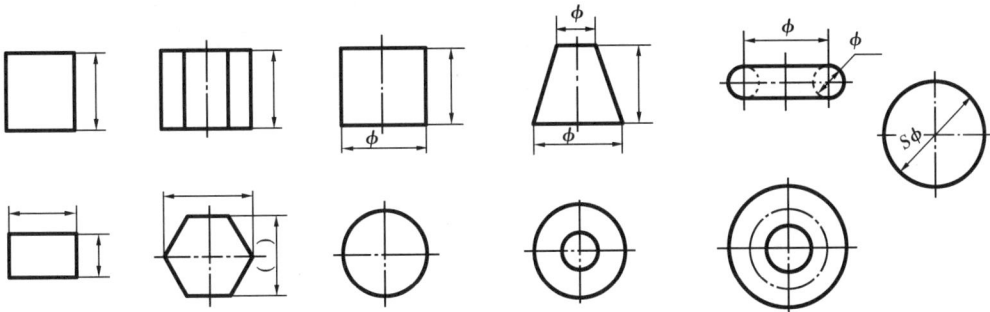

图 5.11　基本形体的尺寸注法

5.4.3　切割体的尺寸标注

被切割后的基本形体在标注尺寸时,除标注基本形体的尺寸外,还应标注截平面的位置尺寸,不应标注截交线的尺寸。因为截平面与基本形体的相对位置确定后,截交线的形状和大小就确定了,若再标注截交线尺寸,就属于错误尺寸,如图 5.12 所示。

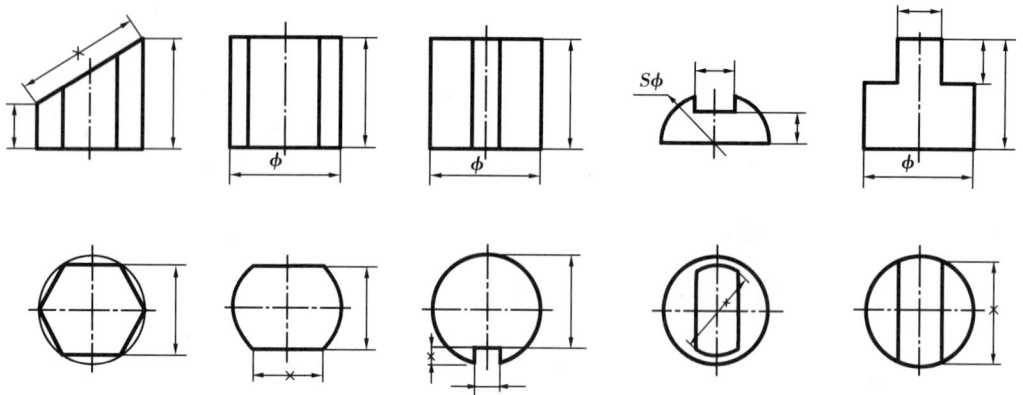

图 5.12　切割体尺寸注法

5.4.4　组合体的尺寸注法

（1）组合体的尺寸种类

从形体分析来讲，组合体的尺寸有定形尺寸、定位尺寸和总体尺寸三种。

1）定形尺寸

确定各基本形体的形状和大小尺寸。如图 5.13 所示，底板的大小长 60、宽 44、高 12 和圆孔直径 2×ϕ8 等尺寸都是定形尺寸。

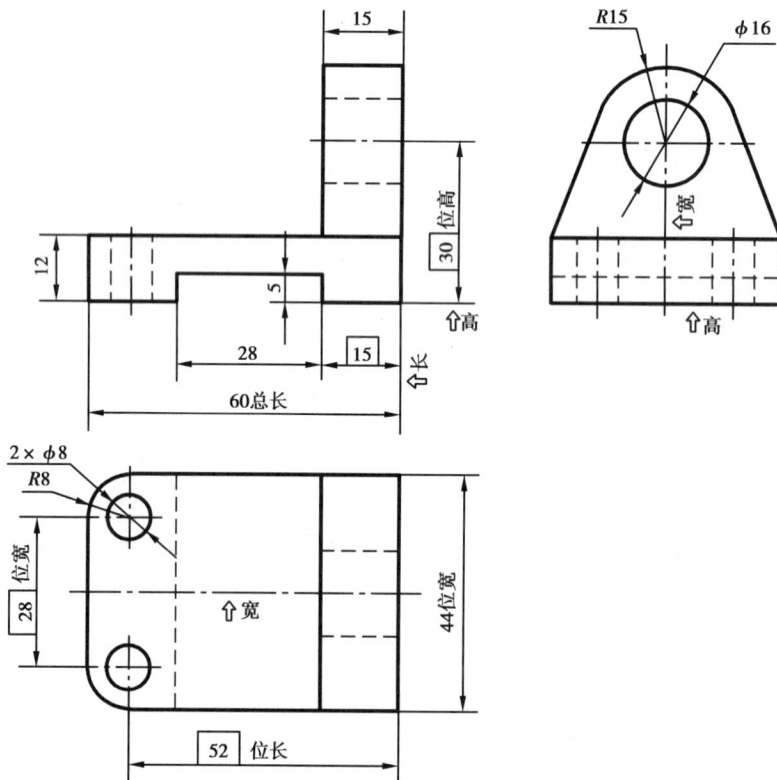

图 5.13　组合体的尺寸注法

2）定位尺寸

确定各形体间相对位置尺寸。如图 5.13 所示,底板上两孔在宽度方向和长度方向上位置尺寸 28 和 52 均为定位尺寸。

3）总体尺寸

组合体的总长、总高、总宽尺寸。如图 5.13 所示的总长 60、总高 45、总宽 44 尺寸均为总体尺寸。有时定形尺寸就反映了组合体的总体尺寸,若再加注总体尺寸,就会出现尺寸重复。如图 5.14 所示,此时加注总高尺寸 45 后,应去掉一个高度尺寸 32。

当组合体的端部不是平面而是回转面时,该方向一般不直接标注总体尺寸,而是由确定回转面轴线的定位尺寸和回转面的定形尺寸(半径或直径)来间接确定,如图 5.15(f)所示,总高尺寸未直接标出。

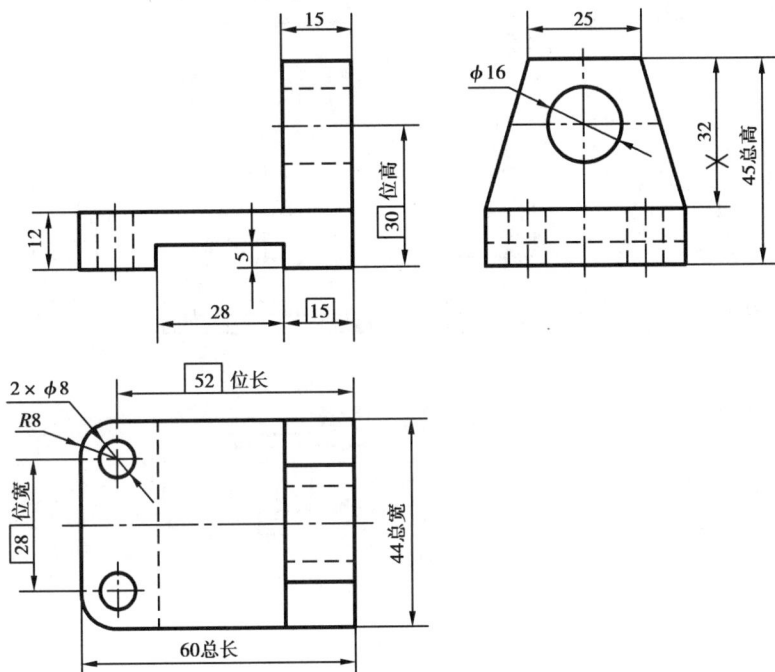

图 5.14　组合体尺寸注法

（2）组合体的尺寸基准

标注尺寸的起点就是尺寸的基准。在三维空间中,应该有长、宽、高三个方向的尺寸基准。一般采用组合体的对称中心线、轴线和较大的平面作为尺寸基准。如图 5.14 中,高度方向以底面为尺寸基准,长度方向以右端面为尺寸基准,宽度方向以前后对称面为尺寸基准。

（3）标注组合体尺寸的步骤及标注尺寸举例

标注尺寸时,具体步骤如下:

①形体分析　如图 5.15 所示,该形体由底板、轴承、支承板及肋板组成。

②选择尺寸基准　高度尺寸基准选择底板的底面,长度基准选择组合体的左右对称中心线,宽度基准选择底板或支承板的后端面。

③标注各个形体的定形尺寸,如图 5.15（a）~（d）。

④标注各个形体的定位尺寸,如图 5.15（e）~（f）。

⑤检查。

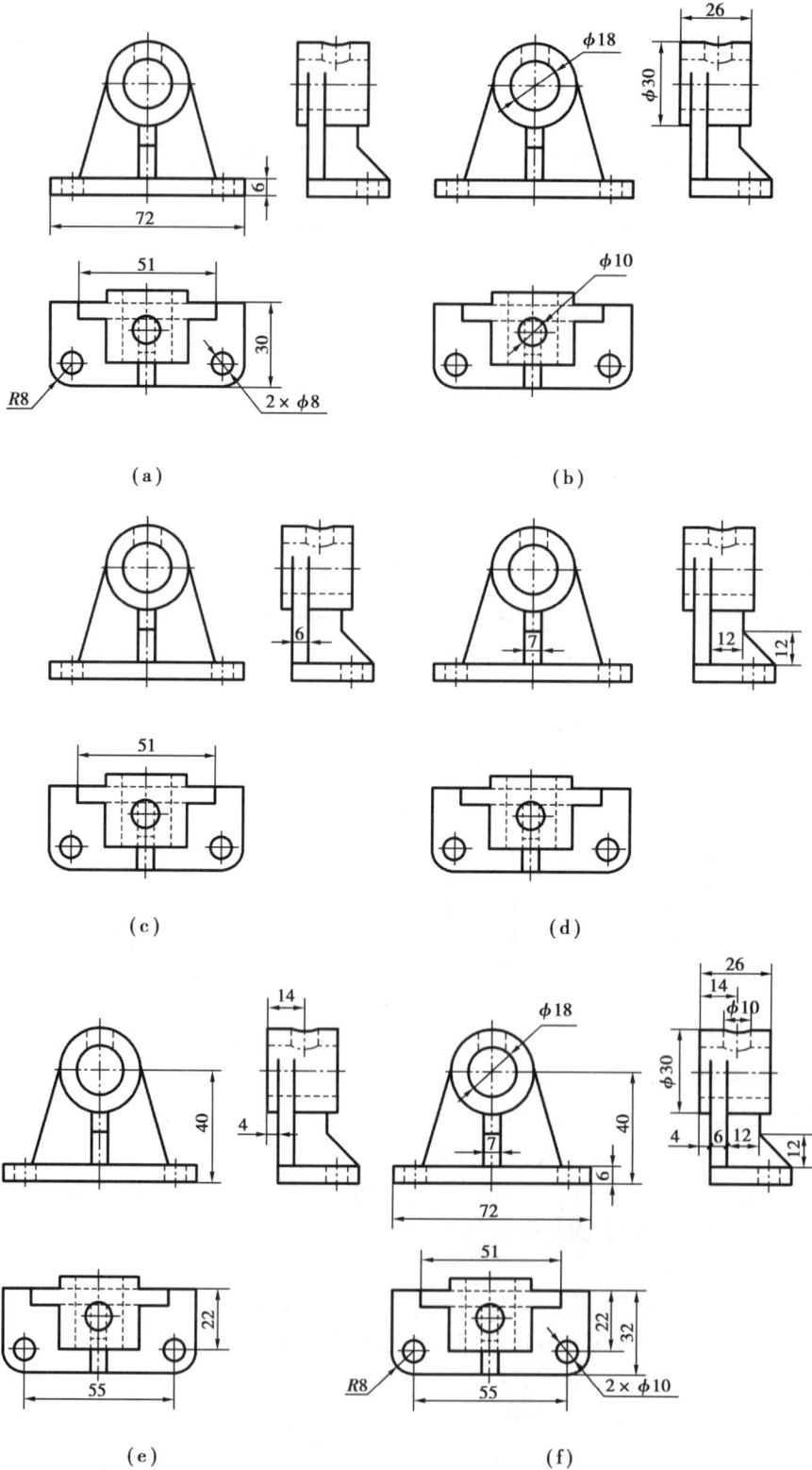

（a）

（b）

（c）

（d）

（e）

（f）

图 5.15　组合体的尺寸注法

此外,在标注组合体尺寸时,还强调:相贯线上不标注尺寸,只标注产生相贯线各形体的定形、定位尺寸,如图 5.16 所示,(a)是正确的,(b)是错误的。

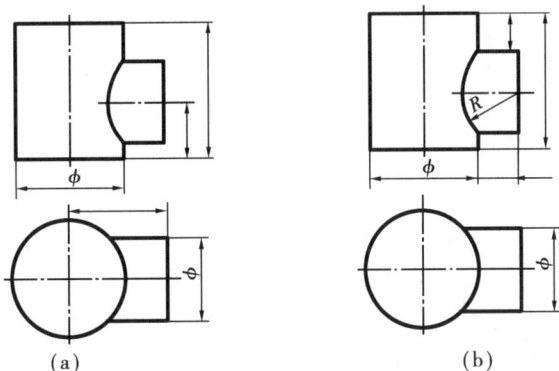

图 5.16　相贯线上不标注尺寸

5.5　读组合体的视图

读图是根据组合体的视图,想象出它的空间形状。

5.5.1　读图的基本要领

(1)几个视图联系起来看

在一般情况下,一个视图不能确定物体的形状。因此,看图时,必须将几个视图联系起来进行分析、构思,才能想象出物体的结构形状。如图 5.17 所示,物体的主视图虽然相同,但可以想象出不同形状的物体。

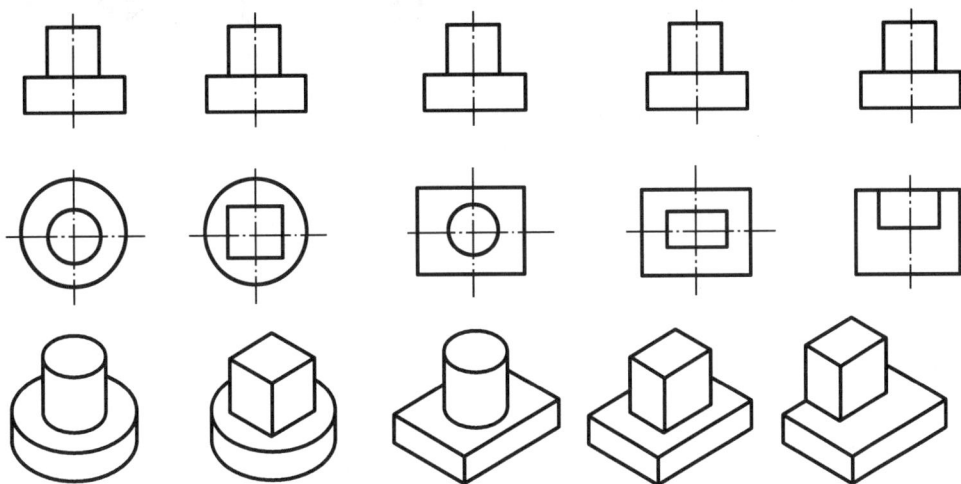

图 5.17　主视图相同的物体

(2)明确视图中线框和图线的含义

视图中每个封闭线框通常都是物体上一个表面(平面或曲面)或孔的投影。视图中的每条图线则可能是平面或曲面的积聚性投影,也可能是线(转向轮廓线或棱线)的投影,因此,在

85

读图时,要明确视图中线框的含义和图线的含义,如图 5.18 所示。

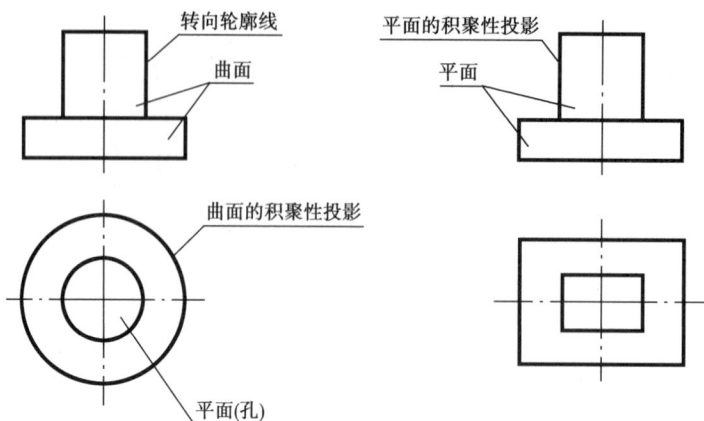

图 5.18　视图中线框和图线的含义

(3)分析

如图 5.19 所示,当组合体某个视图出现几个线框相连或线框内还有线框时,通过对照投影关系,区别它们的前后、上下、左右和相交等位置关系,帮助想象形体的结构形状。

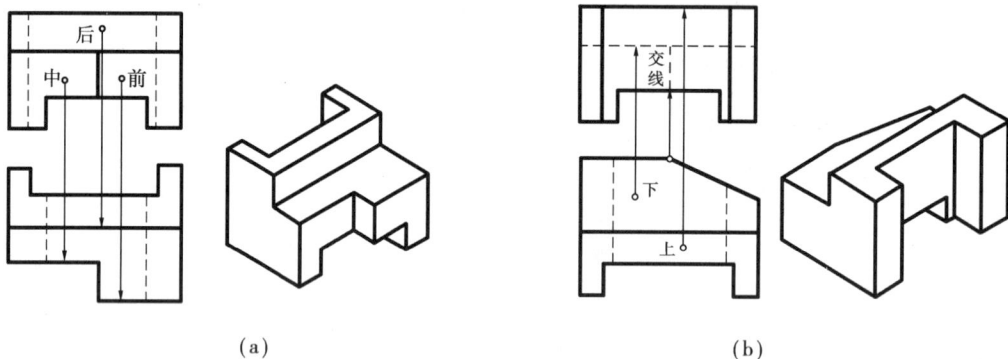

(a)　　　　　　　　　　　　　　(b)

图 5.19　判断表面间相互位置

5.5.2　读图的基本方法

(1)形体分析法

下面举例说明用形体分析法读图的方法和步骤。

【例 5.1】　根据图 5.20(a)所示组合体的三视图,想象出该组合体的形状。

1)分线框、看视图、分析形体

从主视图上看,有三个粗实线框,如图 5.20(b)所示。

2)找投影关系、想象形状、确定位置

运用投影规律,几个视图联系起来看,找出各个部分的三视图,想象出形体;并确定它们的相对位置,如图 5.20(b)~(d)所示。

经过上述分析,确定各个形体及其相互位置,整个组合体的形状就清楚了,如图 5.20(e)所示。

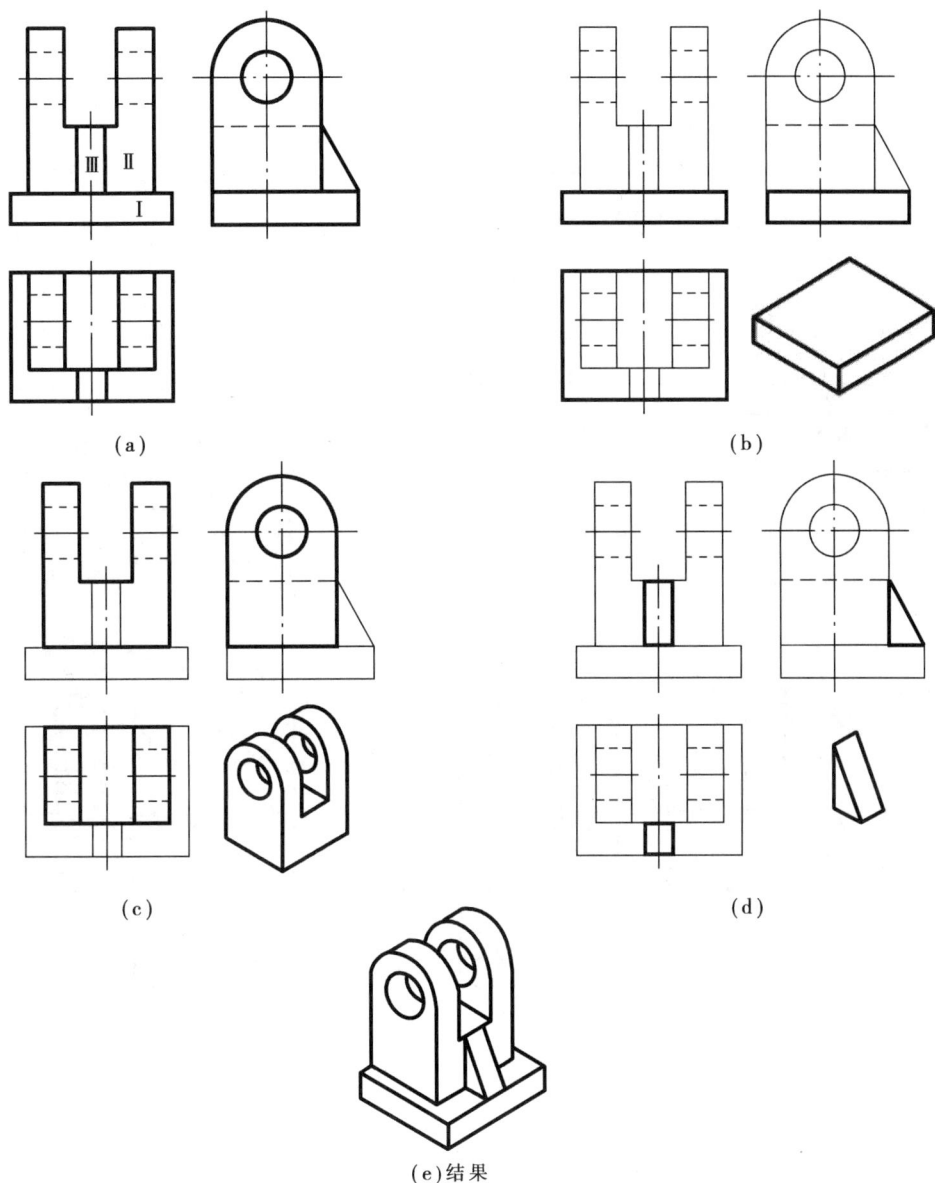

（e）结果

图 5.20 形体分析法读图

（2）线面分析法

线面分析法是在形体分析法的基础上,运用面、线的空间性质和投影规律,分析形体表面的形状,进行画图、读图的方法。

下面举例说明用线面分析法读图的方法和步骤。

【例 5.2】 根据图 5.21(a)所示组合体的主、俯视图,补画其左视图。

分析整体形状:

视图中的封闭线框表示物体上一个面的投影,而视图中两个相邻或叠合的封闭线框通常是物体上相交的两个面的投影,或者是不相交的两个面的投影。从图 5.21(a)给定的已知视图分析,主视图中的三个封闭线框 a'、b'、c',对照俯视图,这三个线框所表示的面在俯视图中

可能分别对应 a、b、c 三条水平线。按投影关系对照主视图的俯视图可见,这个物体分前、中、后三层,前层切割成一个直径较小的半圆柱槽,中层切割成一个直径较大的半圆柱槽,后层切割成一个直径最小的半圆柱槽。另外,中层至后层有一圆柱形通孔。从主视图和俯视图中可以看出,具有较小直径的半圆柱槽位于前层,具有最小直径的半圆柱槽位于后层,具有最大直径的半圆柱槽位于中层。经过分析,可以想象出物体的整体形状,如图 5.21 所示,逐步补出物体的左视图。该形体的形状结构如图 5.22 所示。

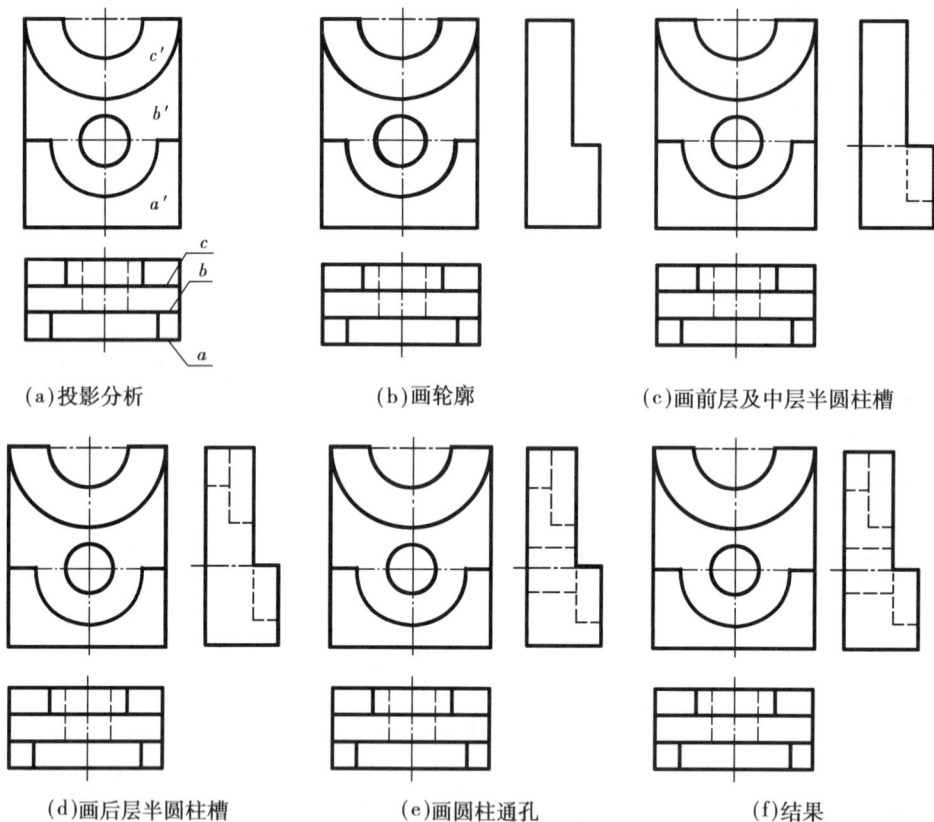

(a)投影分析　　　　　　　　(b)画轮廓　　　　　　　(c)画前层及中层半圆柱槽

(d)画后层半圆柱槽　　　　　(e)画圆柱通孔　　　　　　(f)结果

图 5.21　线面分析法读图

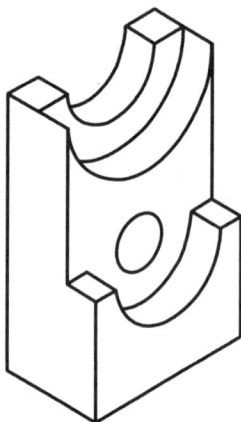

图 5.22　组合体立体图

第 **6** 章

机件的常用表达方法

在生产实际中,机件的结构形状是多种多样的,有的机件外形和内部结构都比较复杂,只用三个视图不能完整、清晰地把它们表达出来,还需要增设其他方向视图,或用剖视图等方法表示。为此,国家标准《技术制图》(GB/T 17451—1998、GB/T 17452—1998、GB/T 16675.1—2012)和《机械制图》(GB/T 4458.1—2002)规定了机件的各种表达方法。本章主要介绍视图、剖视图、断面图和一些简化画法。

6.1　视　图

机件向投影面投影所得的图形(多面正投影)称为视图。视图主要用来表达机件的外部结构形状,包括基本视图、向视图、局部视图和斜视图。

6.1.1　基本视图

将机件向各基本投影面投射所得视图,称为基本视图。

如图 6.1(a)所示,在原有三个投影面基础上,再增设三个投影面即可围成一个正六面体,正六面体的六个面称为六个基本投影面。将机件置于正六面体中间,分别向六个投影面作正投影,得到机件的六个基本视图。这样,除第 5 章介绍的三个基本视图(主视图、俯视图和左视图)外,又增加了由右向左、由后向前、由下向上投影所得的右视图、后视图和仰视图。其展开方法是保持正立投影面不动,其余投影面展开,直至与正立投影面处于同一个平面。

在同一张图纸内,六个基本视图按图 6.1(b)配置时,一律不标注视图的名称。

为了便于读图,视图一般只画出机件的可见部分,必要时才画出不可见部分。在实际绘图时,应根据机件的复杂程度选用合适的基本视图,不一定将六个基本视图全部画出。

6.1.2　向视图

有时为了合理利用图纸,可将视图自由配置在图纸的空余地方,这种可自由配置的视图称为向视图。向视图需要进行标注,方法是在其上方中间位置用大写拉丁字母标注出视图的名称,在相应视图附近用箭头指明投影方向,并注上同样的字母,如图 6.2 所示。

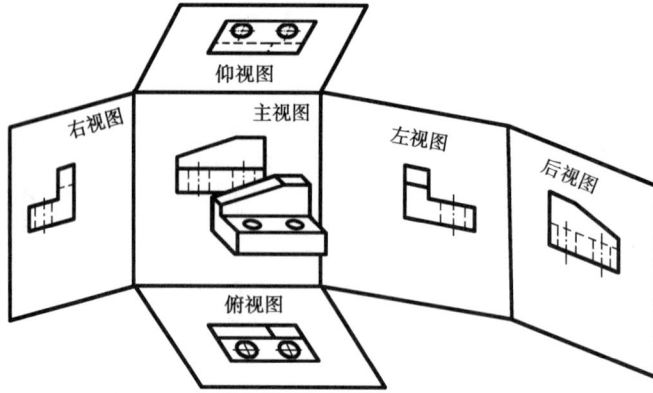

（a）六个基本投影面的展开

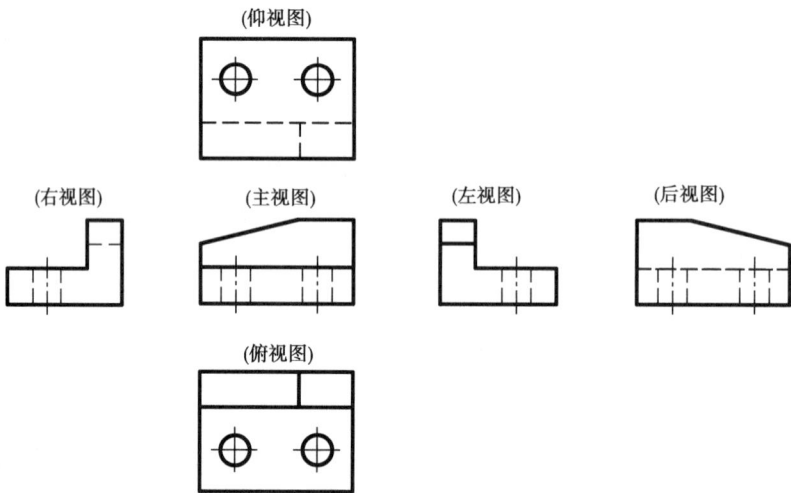

（b）视图的配置

图 6.1　六个基本视图

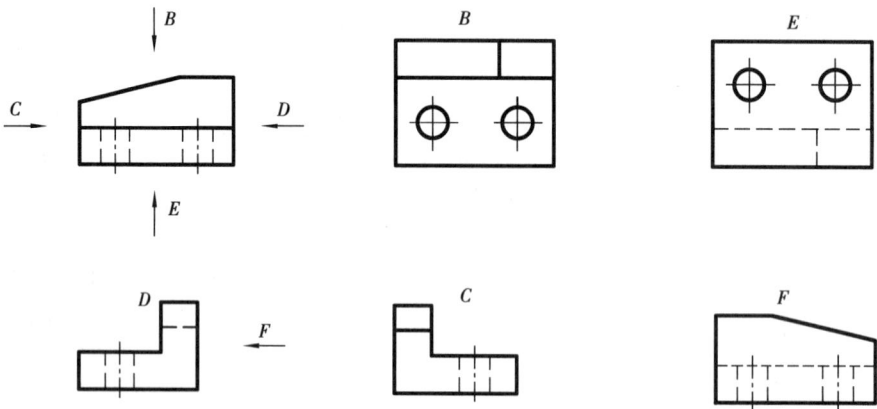

图 6.2　向视图

6.1.3 局部视图

当机件的主要形状已表达清楚,只有局部结构未表达清楚时,为了简便画图,不必画出完整的基本视图,只将该局部结构向基本投影面投射,所得的视图称为局部视图。图 6.3(a)所示的机件,采用主、俯视图表达后,仍有两侧的凸台没有表达清楚,若增加左、右视图,虽可完整表达,但不够简练。而采用图 6.3(b)所示的主、俯两个基本视图,并配合两个局部视图,则使表达更为简洁明晰。

局部视图的断裂边界用波浪线或双折线画出,如图 6.3(b)所示的 *B* 向局部视图。当所表达的局部结构是完整的,且外轮廓线又成封闭时,波浪线可省略不画,如图 6.3(b)所示的 *A* 向局部视图。

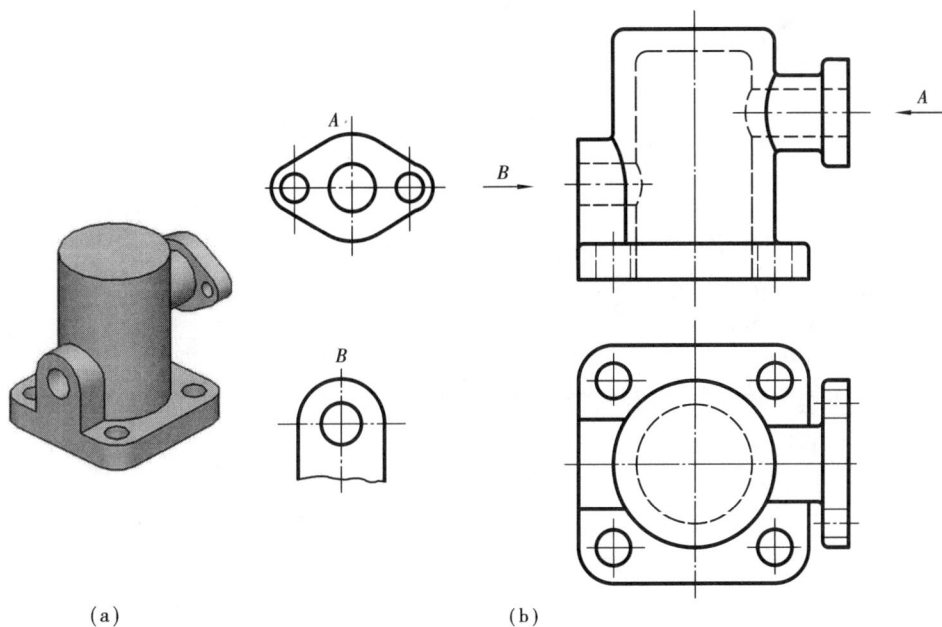

<table>
<tr><td>(a)</td><td>(b)</td></tr>
</table>

图 6.3 局部视图

为了读图方便,局部视图应尽量配置在箭头所指方向,并与原有视图保持投影关系,必要时也可放在其他适当位置,但要在局部视图上方中间用大写拉丁字母标注出视图的名称,在相应的视图附近用箭头注明投影方向,并注上相同的字母,如图 6.3(b)所示。

6.1.4 斜视图

当机件的某部分结构不平行与任何基本投影面时,在基本投影面上就不能反映该结构的实形。此时,可用更换投影面的方法,选择一个与机件倾斜结构平行且垂直于一个基本投影面的辅助投影面,然后将机件的倾斜部分向该辅助投影面投影,这样,就可得到反映倾斜结构实形的视图,如图 6.4 所示。

机件向不平行于基本投影面的平面投影所得视图,称为斜视图。

画斜视图时,通常按向视图的配置形式配置并标注,即在斜视图上方中间位置用大写拉丁字母标注出视图名称,在相应视图附近用箭头指明投影方向,注意箭头要垂直于机件的倾斜表面,并注上相同的字母,字母一律水平书写,如图6.4(b)所示。在不致引起误解时,允许将图形旋转,其标注形式用旋转符号与大写拉丁字母表示,如图6.4(c)所示。注意字母应靠近旋转符号箭头端,也允许将旋转角度值标注在字母后,旋转符号的方向应与实际旋转方向一致。斜视图的断裂边界用波浪线或双折线表示,其画法与局部视图基本相同。

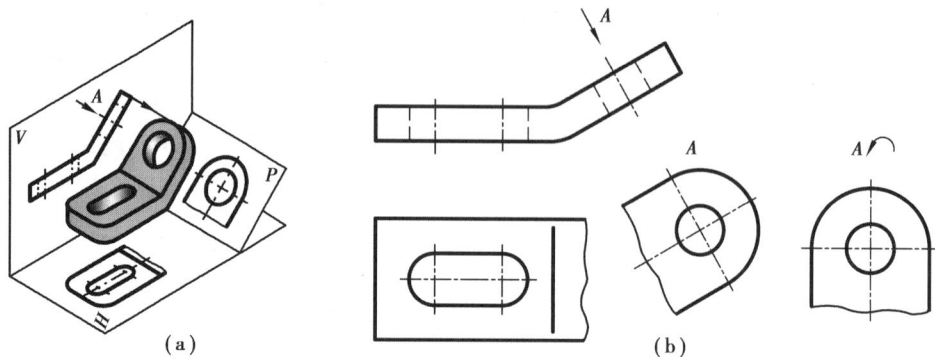

(a)

(b)

图6.4　斜视图

6.2　剖视图

如图6.5所示的机件,当其内部结构比较复杂时,在视图中就会出现许多虚线,这些虚线与其他图线重叠会影响图形的清晰,给读图和标注尺寸带来不便。因此,对机件不可见的内部结构常采用剖视图来表达。

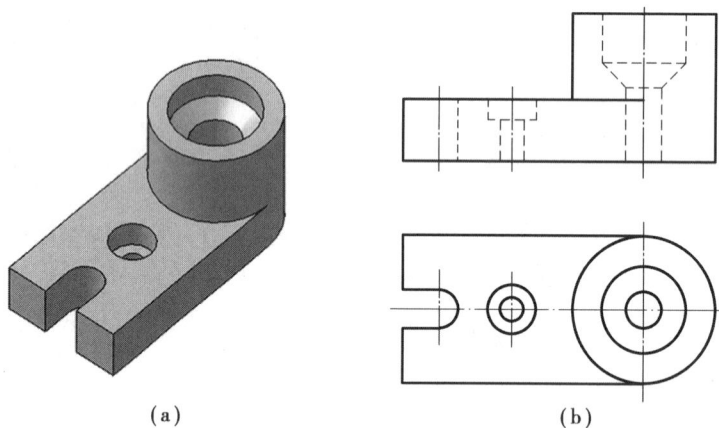

(a)

(b)

图6.5　机件的视图

6.2.1　剖视图的概念

(1)剖视图的形成

假想用剖切面(平面或柱面)把机件剖开,将处在观察者和剖切面之间的部分移去,而将其余部分向投影面投射,所得图形称为剖视图(简称剖视),如图6.6所示。

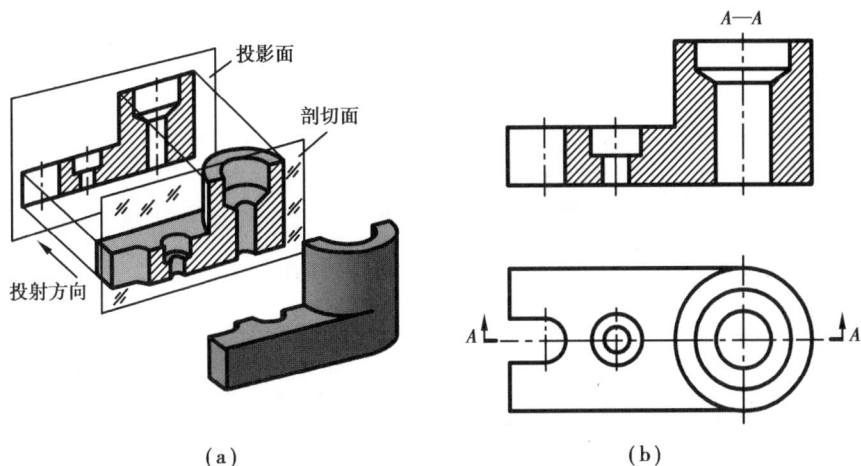

（a）　　　　　　　　　　　　　　　（b）

图 6.6　剖视图的形成及画图

（2）剖视图的画法

1）确定剖切面的位置

画剖视图时,应首先选择最合适的剖切位置,以便充分地表达机件的内部结构形状。剖切面一般应通过机件内部结构形状的对称面或轴线,且平行于某一投影面。

2）画剖视图

剖切面与机件实体接触部分,称为剖面区域。机件剖开以后,剖面区域的轮廓线及剖切面后的可见轮廓线用粗实线画出。对于剖切面后的不可见部分,若在其他视图上已表达清楚,虚线应该省略,对于没有表达清楚的部分,虚线应画出,如图6.7所示。

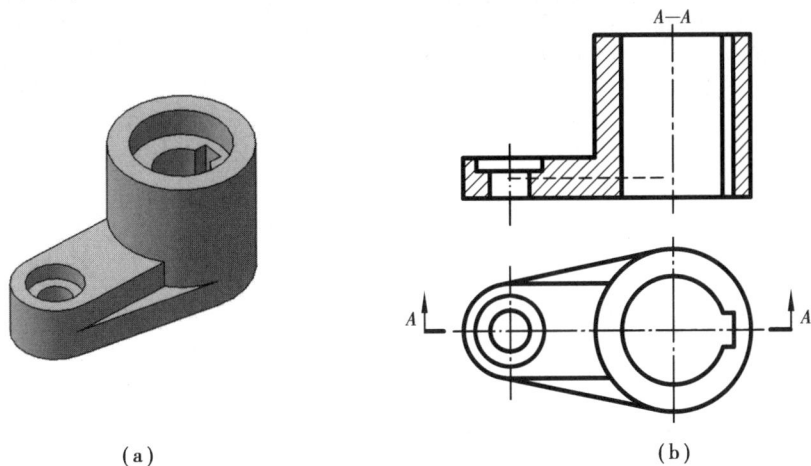

（a）　　　　　　　　　　　　　　　（b）

图 6.7　剖视图中不能省略虚线的情况

《技术制图图样画法剖面区域的表示法》(GB/T 17453—2005)规定,剖面区域上要画出剖面符号。不同材料采用不同的剖面符号,各种材料的剖面符号见表6.1。当不需要在剖面区域中表示材料的类别时,可采用通用的剖面线表示。通用剖面线应以细实线绘制,通常与图形的主要轮廓线或剖面区域的对称线成45°,如图6.8所示。剖面线的间距视剖面区域的大小而异,一般取2～4 mm。同一机件所有视图的剖面线倾斜方向和间距应一致。

表 6.1　常用材料的剖面符号

材料名称	剖面符号	材料名称	剖面符号
金属材料通用剖面符号		玻璃及供观察用的其他透明材料	
塑料、橡胶、油毡等非金属材料(已有规定剖面符号者除外)		基础周围的泥土	
型砂、填砂、砂轮、粉末冶金、陶瓷刀片、硬质合金刀片等		混凝土	
线圈绕组元件		钢筋混凝土	
转子、电枢、变压器和电抗器等的叠钢片		砖	
木质胶合板(不分层数)		格网(筛网、过滤网等)	
木 材	纵断面	液体	
	横断面		

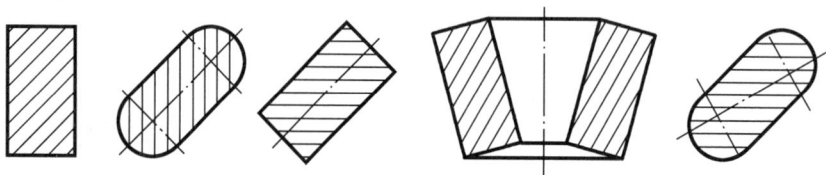

图 6.8　通用剖面线的画法

注意,剖切面是假想的,因此,当机件的某一个视图画成剖视图之后,其他视图仍应完整地画出。

3)剖切位置与剖视图的标注

画剖视图时,一般应在视图上方标出视图名称"×—×"(这里的"×"为大写的拉丁字母),在相应的视图上用剖切符号(线宽 $1 \sim 1.5d$,长 $5 \sim 10$ mm 的粗实线,尽可能不与轮廓线相交)表示剖切位置。在剖切符号的起、讫处用箭头画出投影方向,并标注同样的字母,字母一律水平书写,如图 6.6(b)所示。

当剖视图按投影关系配置,中间又没有其他图形隔开时,可省略箭头。

当单一剖切平面通过机件的对称面或基本对称面,且剖视图按投影关系配置,中间又没有其他图形隔开时,可省略标注,如图6.9所示。

剖视图的配置与基本视图的配置规定相同,必要时允许配置在其他适当位置。

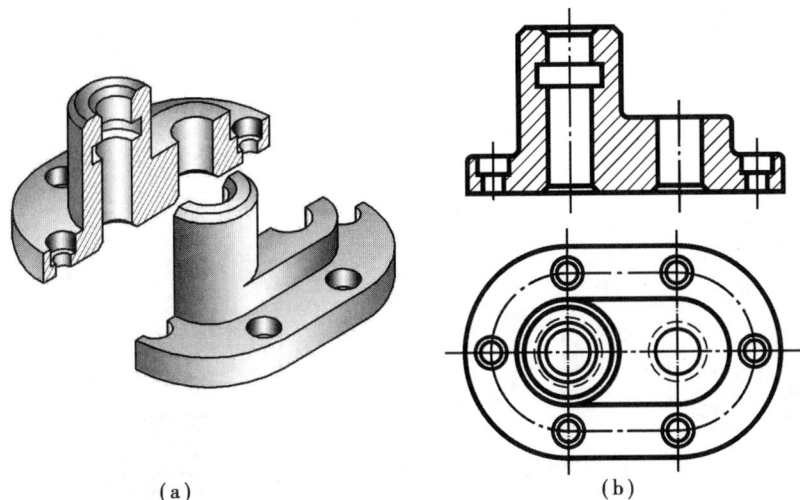

(a)　　　　　　　　　　(b)

图 6.9　全剖视图

图 6.9

6.2.2　剖视图的种类

剖视图分为全剖视图、半剖视图和局部剖视图三种。

(1)全剖视图

用剖切面完全地剖开机件所得到的剖视图,称为全剖视图,如图6.9所示。全剖视图适用于表达外形简单而内部结构复杂的机件。

全剖视图应按规定标注。如图6.9所示的主视图符合省略标注的规定。

如果机件内外结构都需要全面表达,可在同一投影方向采用视图和全剖视图分别表达机件内、外结构。

(2)半剖视图

当机件具有对称面时,在垂直于对称平面的投影面上投影所得的图形,可以对称中心线为界,一半画成剖视图,另一半画成视图,这种剖视图称为半剖视图,如图6.10所示。半剖视图适用于内、外形状都需要表达的对称机件。

画半剖视图时,视图和剖视图的分界线应为细点画线。由于图形对称,机件的内部结构在剖视图一侧已表达清楚,因此在表达外形的那半个视图中,虚线应省略不画。这种表达弥补了全剖视图不能完整表达机件外部结构的缺点。

当机件形状接近于对称,且不对称部分已另有视图表达清楚时,也可以画成半剖视图,如图6.11所示。

半剖视图的标注规则和全剖视图相同。在图6.10中,主视图是用前后对称平面剖切后所得,且按投影关系配置,可省略标注;对俯视图而言,剖切面不是机件对称面,因而在图形上方标出剖视图名称"*A—A*",并在主视图中用带字母*A*的剖切符号注明剖切位置,因为按投影关系配置,又无其他图形隔开,所以省略了表示投影方向的箭头。

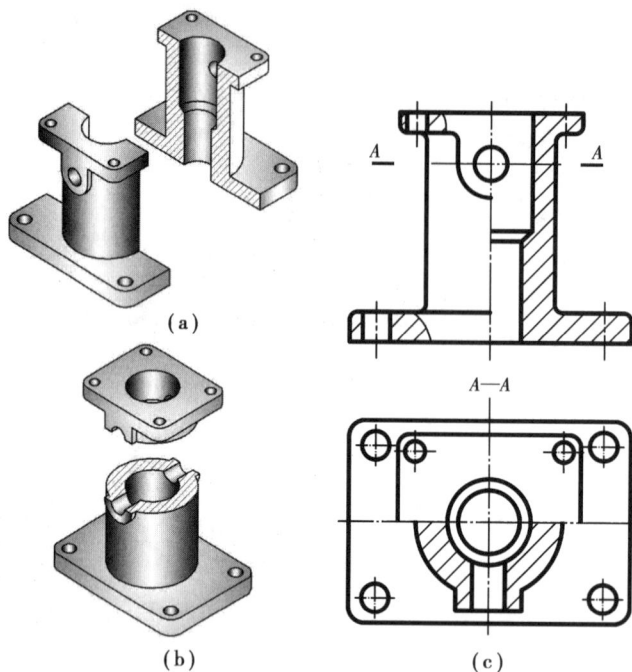

图 6.10　半剖视图

图 6.10

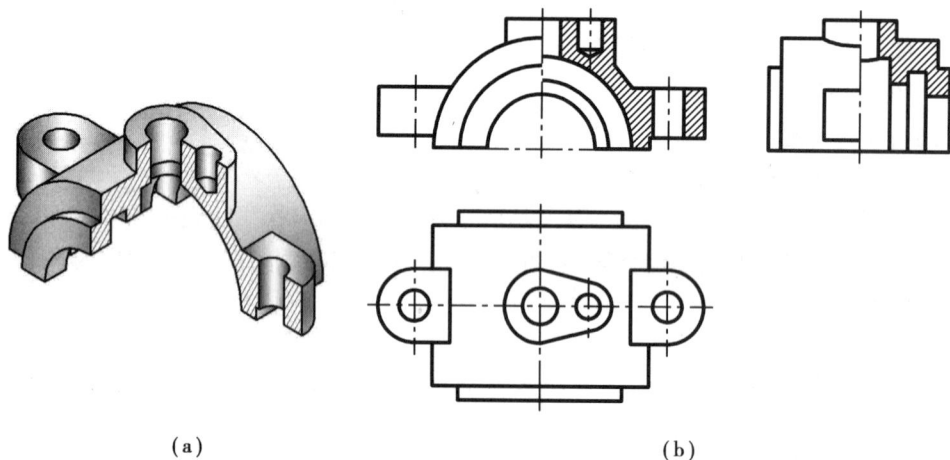

图 6.11　用半剖视表示基本对称的机件

(3)局部剖视图

当机件的内部结构尚有部分未表达清楚,但不必用全剖视或不宜用半剖视时,可用剖切面局部地剖开机件,所得的剖视图称为局部剖视图,如图 6.12 所示。

局部剖切后,机件断裂处用波浪线表示,它是剖视图部分与视图部分的分界线。波浪线只能画在机件的实体部分,不能画在机件的空心处或超出机件轮廓,不应和图形中其他图线重合,也不要画在其他图线的延长线上。图 6.13 是波浪线的错误画法。

当机件被剖结构为回转体时,允许将该结构的中心线作为局部剖视与视图的分界线,如

图 6.12 右端圆柱部分。

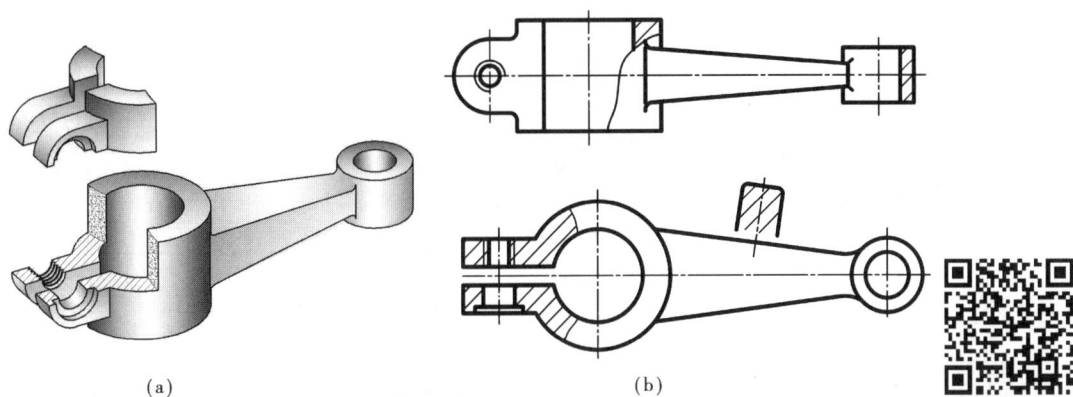

(a)　　　　　　　　　　　　　　　　　(b)

图 6.12　局部剖视图　　　　　　　　　　图 6.12

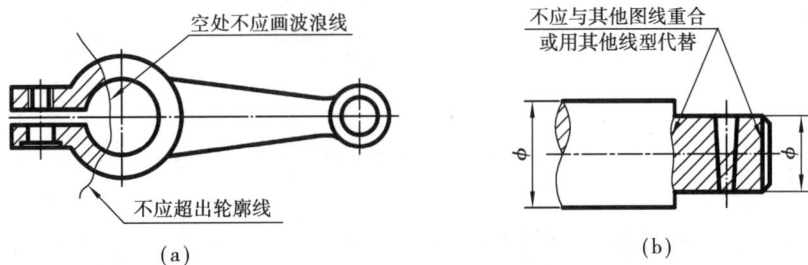

(a)　　　　　　　　　　　　　　　　(b)

图 6.13　波浪线错误画法

　　局部剖切范围的大小,视机件具体结构而定。它的应用不受机件对称条件的限制,能够同时表达内、外结构,因而具有较大的灵活性,应用恰当,可使图形简明清晰。但一个视图中,局部剖切的数量不宜过多,以免图形过于破碎。

　　局部剖视图应按规定标注,但当用一个平面剖切且剖切位置明显时,可省略标注。

6.2.3　剖切面的种类及剖切方法

(1) 单一剖切面

仅用一个剖切面剖开机件的方法,称为单一剖切。单一剖切平面分为:

1)用平行于某一基本投影面的平面剖切

前面介绍的全剖视图、半剖视图和局部剖视图,均为平行于某一基本投影平面剖开机件所得,这是最常用的剖切方法。

2)用不平行于任何基本投影面的平面剖切

用不平行于任何基本投影面的平面剖开机件的方法习惯上称为斜剖视,如图 6.14 所示。斜剖视图主要用于表达机件上倾斜部分的内部结构形状。与斜视图一样,先选择一个与该倾斜部分平行的辅助投影面,然后用一个平行于该投影面的平面剖切机件,投影后再将此辅助投影面按投影方向旋转展开。

　　斜剖视图要加标注,剖切平面是倾斜的,但标注的字母必须水平书写。为了读图方便,斜剖视图应尽量配置在与投影关系相对应的位置,必要时可以配置在其他适当位置,在不致引起误解的情况下,允许将图形旋转,并注明"×—× 旋转符号",如图 6.14(b)所示。

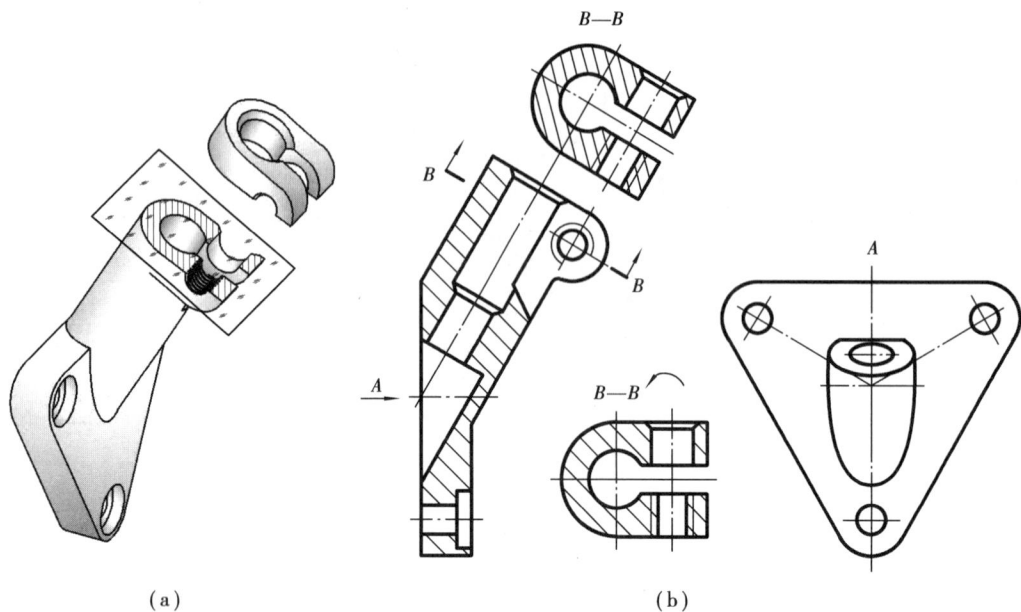

（a）   （b）

图 6.14   不平行于基本投影的单一剖切面剖切

（2）两相交剖切面

如图 6.15 所示,当机件的内部结构形状用一个剖切平面不能表达完全,而机件又具有回转轴时,可以采用两个相交的剖切平面剖开机件,并将与基本投影面不平行的那个剖切平面剖开的结构及其有关部分旋转到与基本投影面平行再进行投射,这种剖视习惯上称为旋转剖视。

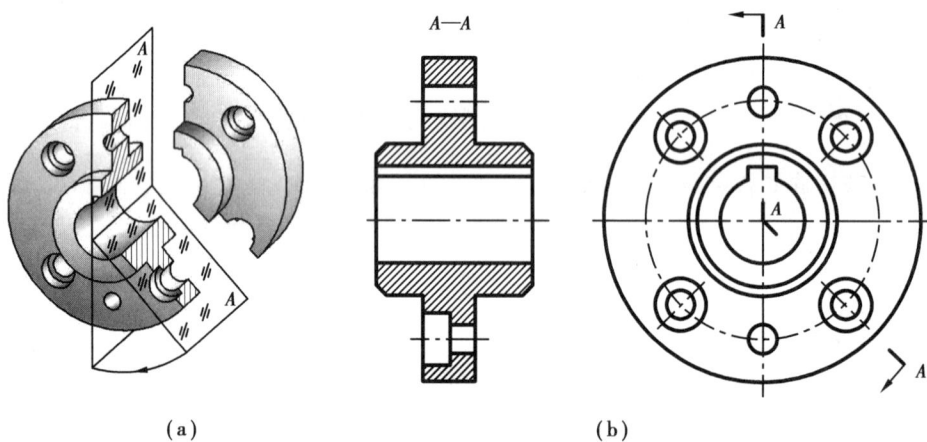

（a）   （b）

图 6.15   两相交剖切面剖切

采用旋转剖画剖视图时,首先把由倾斜平面剖开的结构连同有关部分旋转到与选定的基本投影面平行,然后再进行投影,如图 6.15 中的"A—A"剖视图。在剖切平面后的其他结构一般仍按原来位置投影,如图 6.16 中的油孔。当剖切后产生不完整要素时,应将该部分按不剖画出,如图 6.17 所示。

旋转剖必须标注。标注时,在剖切平面的起、讫、转折处画上剖切符号,并在其附近标注大写的拉丁字母,在起、讫处画出箭头表示投影方向;在所画视图上方中间位置处用同一字母注出剖视图名称"×—×",如图 6.15—图 6.17 所示。

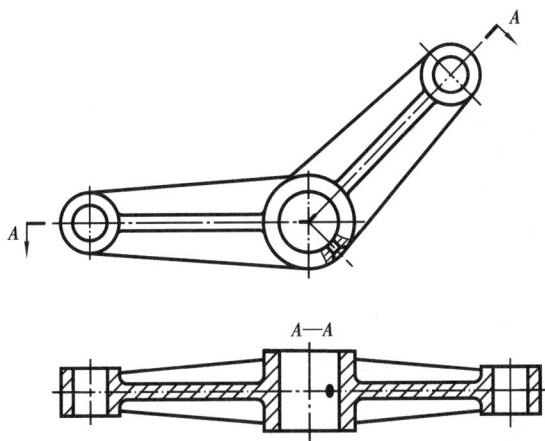

图 6.16　剖切平面之后结构的画法

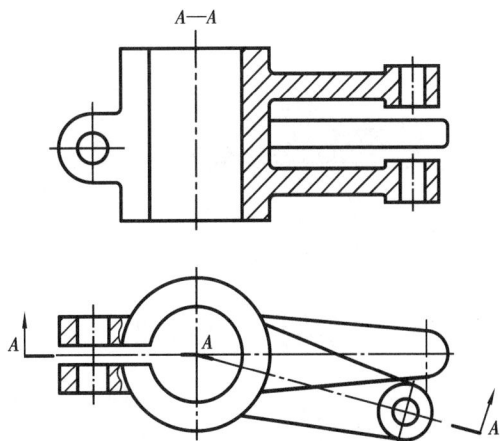

图 6.17　剖切后产生不完整要素的画法

（3）几个平行的剖切平面

用几个平行的剖切平面剖开机件的方法习惯上称为阶梯剖，如图 6.18 中的"A—A"剖视图。阶梯剖适用于有较多的内部结构，而且它们的轴线或对称面不在一平面内的机件。

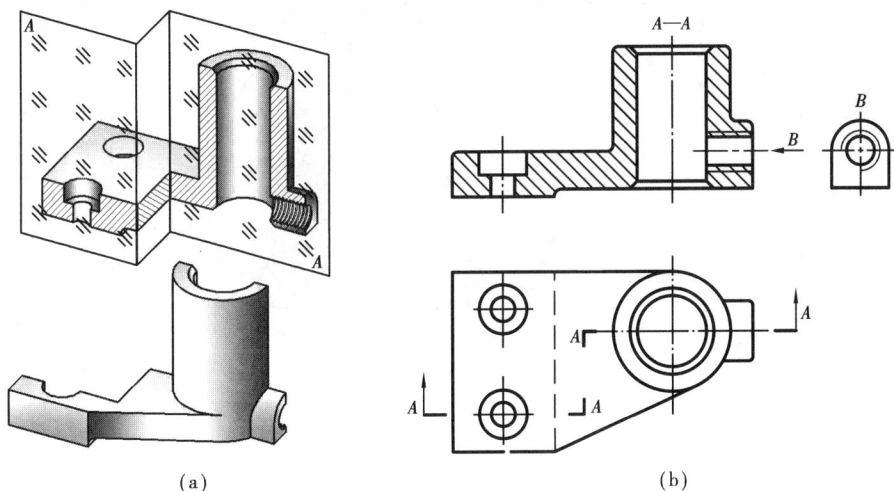

（a）　　　　　　　　　　　　　（b）

图 6.18　几个平行的剖切平面剖切

图 6.18

用阶梯剖画剖视图时，不应在剖视图中画出各剖切平面的分界线，如图 6.19（a）所示；剖切面转折处的位置不应同机件结构的轮廓线重合，如图 6.19（b）所示；在图形内不应出现不完整的结构要素，仅当两个要素在图形上具有公共对称中心线或轴线时，可以各画一半，此时应以对称中心或轴线为界，如图 6.20 所示。

阶梯剖必须标注，方法同旋转剖。当转折处的地方很小时，可省略字母。

（4）组合的剖切面

除了旋转剖、阶梯剖之外，用组合的剖切面剖开机件的方法称为复合剖，如图 6.21 所示的"A—A"剖视图。该剖视图实际是由旋转剖和阶梯剖组合剖切而成。

当采用连续几个旋转剖的复合剖时，一般用展开画法，如图 6.22 中"A—A 展开"。

复合剖的标注与上述标注相同，只有采用展开画法时，才在剖视图上方中间位置标注"×—× 展开"。

不应表示各剖
切面的分界线

剖切面转折处不应
与图中轮廓线重合

（a）　　　　　　　　　　　　（b）

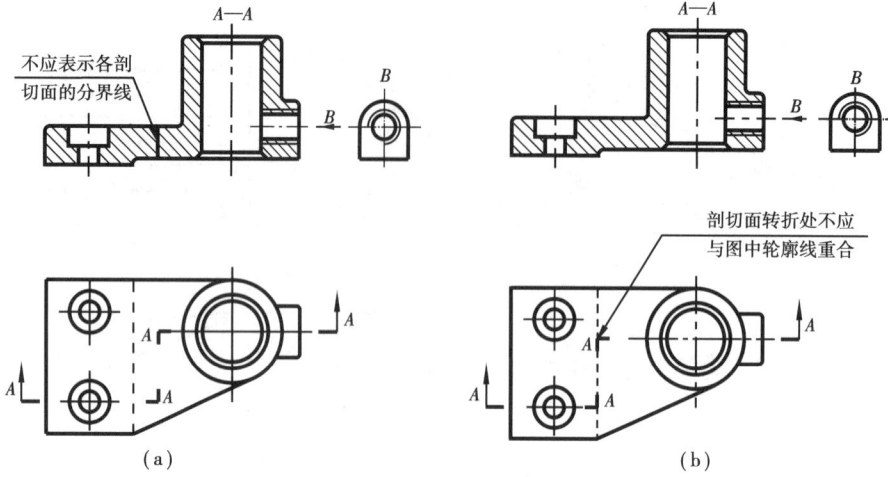

图 6.19　几个平行的剖切平面剖切的错误画法

图 6.19

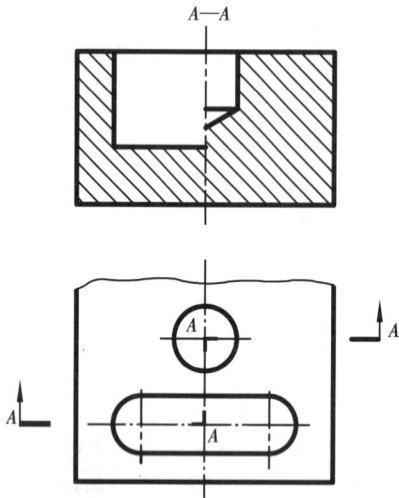

图 6.20　具有公共对称中心线结构的解剖方法

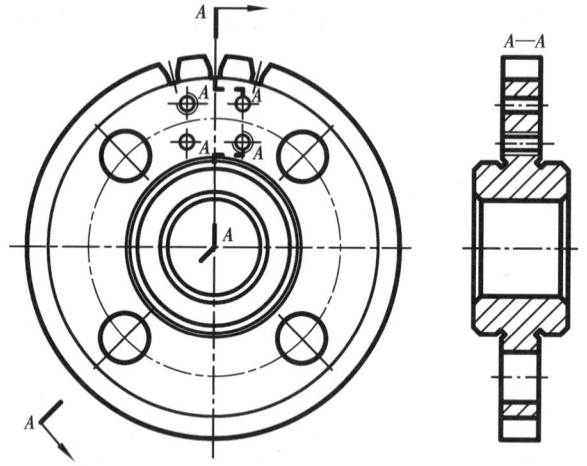

图 6.21　复合剖

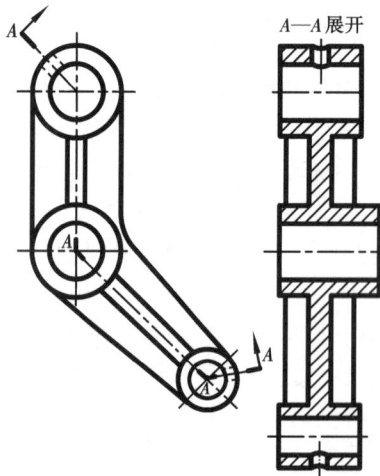

图 6.22　复合剖的展开画法

6.3　断面图

6.3.1　断面的概念

假想用剖切面将机件的某处切断,仅画出该剖切面与机件接触部分的图形,称为断面图(简称断面),如图 6.23(b)所示。

国家标准《机械制图》规定,在断面图上应根据不同的材料画出不同的剖面符号。断面图与剖视图的区别在于:断面图仅画出机件的断面形状;剖视图不仅要画出断面形状,而且要画出剖切面后机件可见部分的形状,如图 6.23(c)所示。

断面图常用来表达机件上某一局部的断面形状,例如,机件上的肋、轮辐,轴上的键槽和孔等。

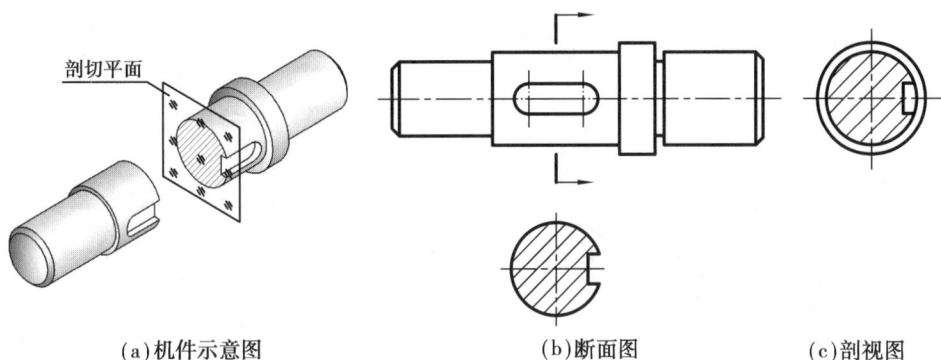

(a)机件示意图　　　　　　　(b)断面图　　　　　(c)剖视图

图 6.23　断面图

6.3.2　断面的种类

断面分为移出断面和重合断面两种。

(1)移出断面

画在视图外的断面称为移出断面,如图 6.24 所示。

移出断面的轮廓线用粗实线绘出,应尽量配置在剖切符号或剖切平面迹线的延长线上,如图 6.24(a)所示,必要时可将移出断面配置在其他适当位置,如图 6.24(b)、(c)所示。在不致引起误解时,允许将图形旋转,如图 6.24(d)所示。当断面为对称图形时,也可将断面画在视图中断处,如图 6.24(e)所示。

当剖切平面通过回转面形成的孔或凹坑的轴线时,这些结构应按剖视绘制,如图 6.24(a)所示。当剖切平面通过非圆孔,会导致出现完全分离的两个断面时,这些结构也应该按剖视绘出,如图 6.24(d)所示。

由两个或多个相交平面剖切得出的移出断面,中间应断开,如图 6.24(f)所示。

移出断面一般应用剖切符号表示剖切位置,用箭头表示投影方向并注上字母,在断面图上方中间位置用同样的字母标出相应的名称"×—×",如图 6.24(b)所示。配置在剖切符号

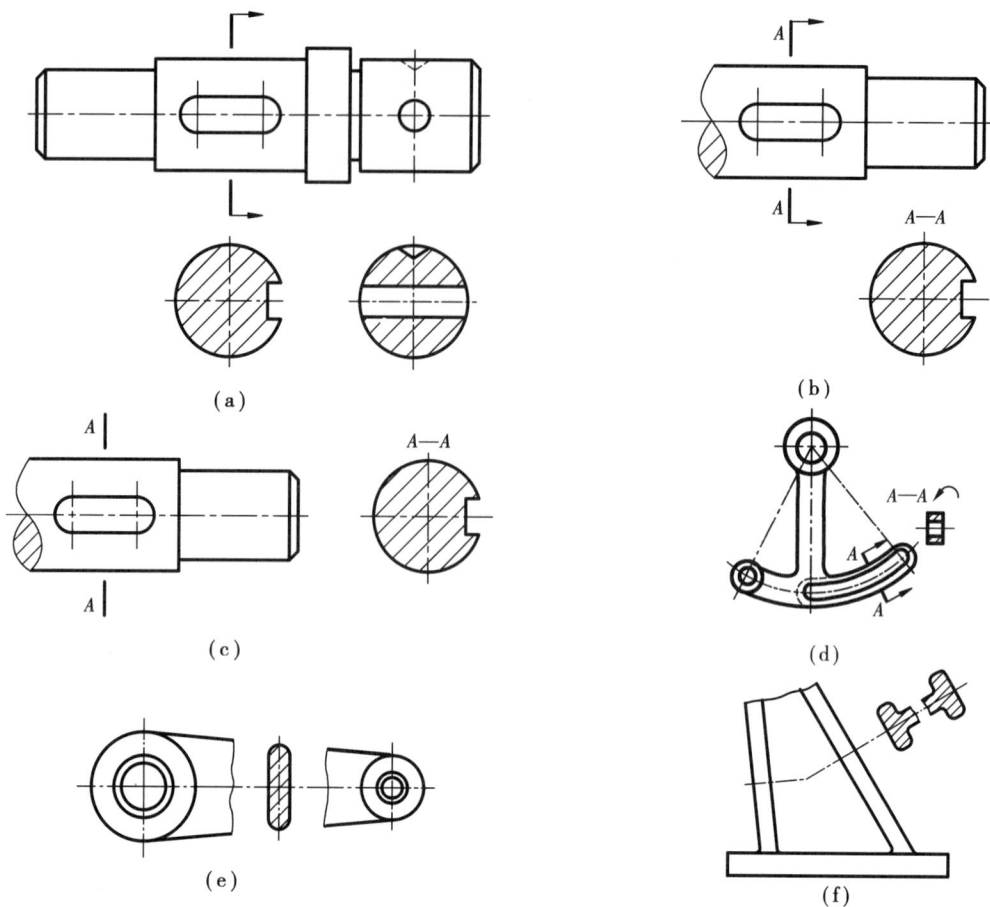

图 6.24 移出断面

延长线上的不对称移出断面,可省略字母,如图 6. 24(a) 所示。按投影关系配置的不对称移出断面,以及不配置在剖切符号延长线上的对称移出断面,可省略箭头,如图 6. 24(c) 所示。配置在剖切平面迹线延长线上的对称移出断面,以及配置在视图中断处的移出断面,可不必标注,如图 6. 24(a)、(e) 所示。

(2)重合断面

画在视图内的断面称重合断面,如图 6. 25 所示。只有当断面形状简单,且不影响图形清晰的情况下,才采用重合断面。

重合断面的轮廓线用细实线绘出。当视图中的轮廓线与重合断面重合时,视图中的轮廓线仍应连续画出,不可间断。

对称的重合断面,不必标注,如图 6. 25(a) 所示;配置在剖切符号上的不对称重合断面,可省略字母,但必须用箭头指明投影方向,如图 6. 25(b) 所示。

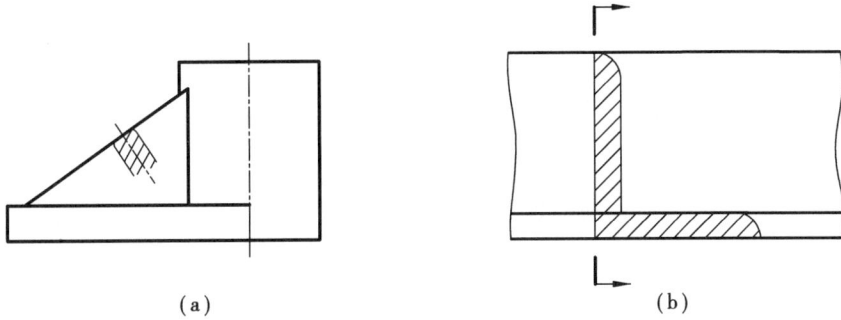

（a）　　　　　　　　　　　　　　　　（b）

图 6.25　重合断面

6.4　其他表达方法

6.4.1　局部放大图

将机件的部分结构用大于原图形绘图比例画出的图形,称为局部放大图。局部放大图可以画成视图、剖视图和断面图,它与被放大部分的表达方法无关。当机件上的某些细小结构在原图形中表达得不清楚,或不便于标注尺寸时,就可采用局部放大图,如图 6.26 所示。

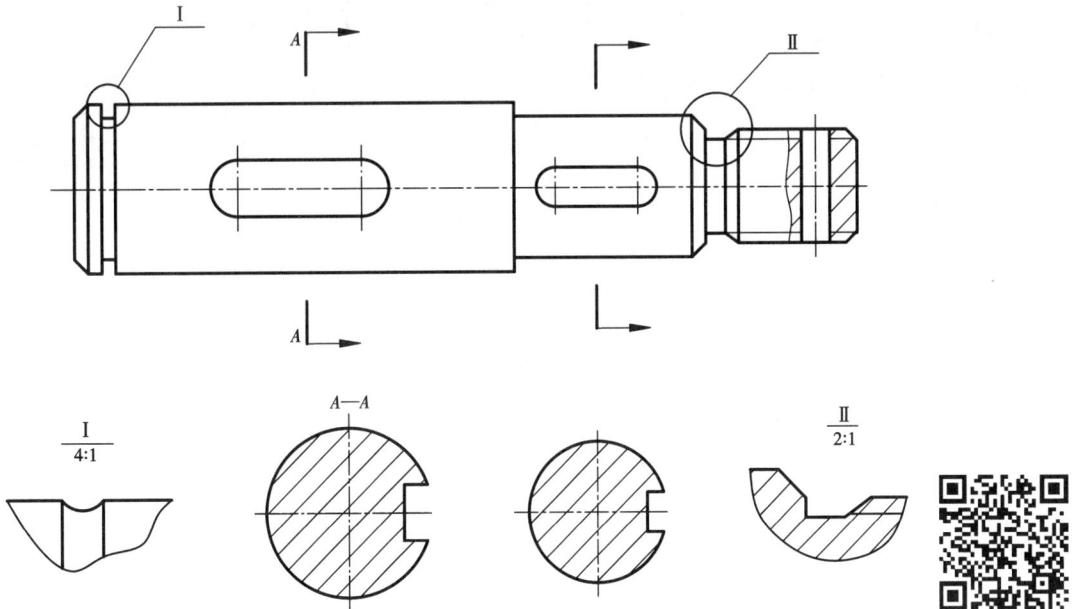

图 6.26　局部放大图

图 6.26

局部放大图应尽量配置在被放大部位附近。绘制局部放大图时,应用细实线圈出被放大部位。当同一机件上有几个被放大部分时,必须用罗马数字顺序地标出,并在局部放大图上方中间标出相应的罗马数字和放大比例,如图 6.26 所示。当机件上的被放大部分只有一个时,放大部位的细线圈上不标罗马数字且局部放大图上方只需注明所采用比例。

6.4.2 简化画法和其他规定画法

简化画法是在不妨碍机件结构形状完整、清晰表达的前提下,力求制图简便、读图方便的一些简化表达方法。下面介绍一些比较常用的简化表达方法:

①对于机件上的肋、轮辐及薄壁等,如按纵向剖切,这些结构不画剖面符号,而是用粗实线将它与其邻接部分分开,如按横向剖切,仍应画剖面线,如图 6.27 所示。

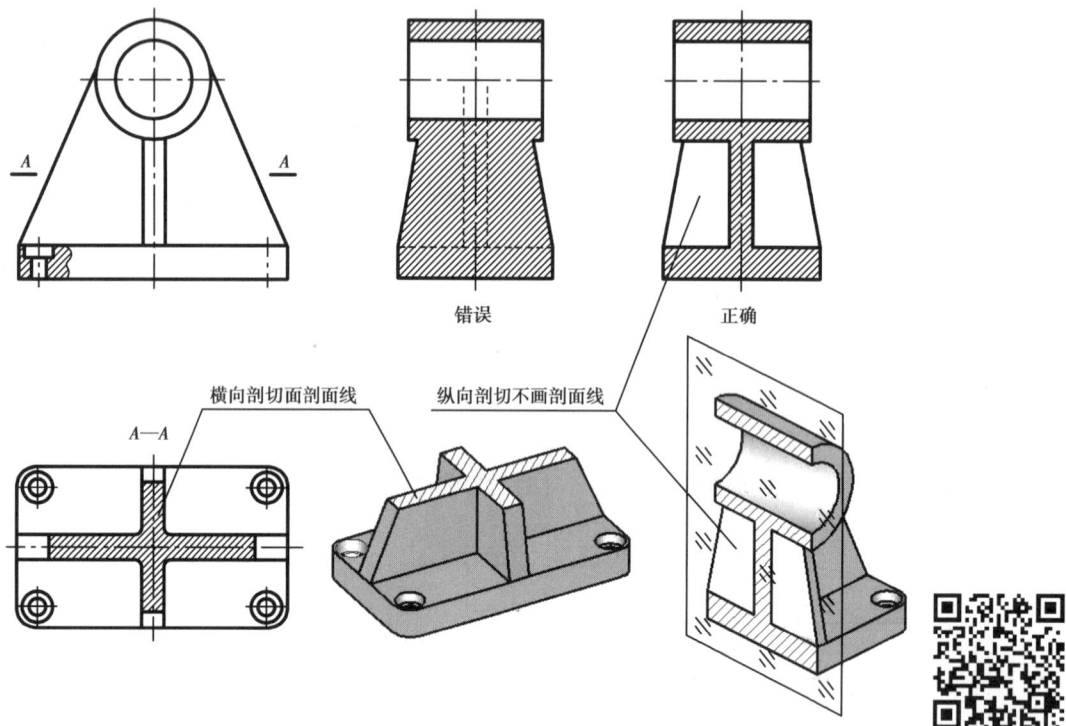

错误　　　　　　　　正确

横向剖切面剖面线　　　纵向剖切不画剖面线

A—A

图 6.27　肋板的剖切画法

图 6.27

②当机件具有若干相同结构(如齿、槽等)并按一定规律分布时,只需画出几个完整的结构,其余用细实线连接,如图 6.28(a)所示,若这些相同结构是等直径的孔(圆孔、螺孔、沉孔等)时,可以仅画出一个或几个,其余只需用点画线表示其中心位置,如图 6.28(b)所示。在零件图中则必须注明该结构的总数。

③圆柱形法兰和类似零件上均匀分布的孔,可按图 6.29 绘制(由机件外向该法兰端面方向投影)。

④与投影面倾斜角度小于或等于 30°的圆或圆弧,其投影可以用圆或圆弧来代替,如图 6.30 所示。

⑤在不致引起误解时,零件图中的移出断面允许省略剖面符号,但剖切位置和断面图的标注必须遵照原来的规定,如图 6.31 所示。

⑥当零件回转体上均匀分布的肋、轮廓、孔等结构不处于剖切平面上时,可将这些结构旋转到平面上画出,如图 6.32 所示。

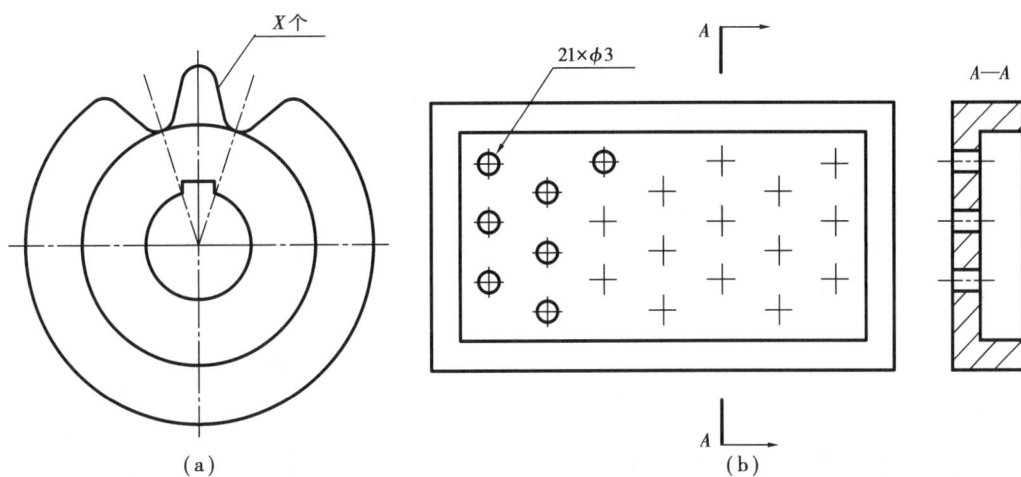

图 6.28　相同结构简化画法

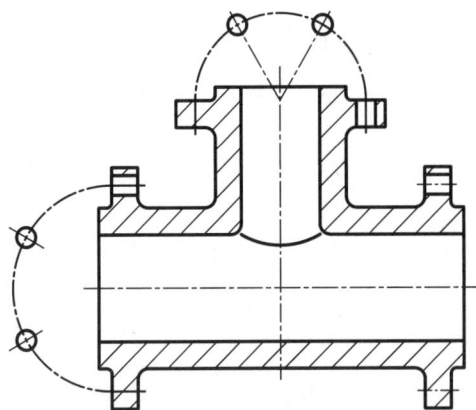

图 6.29　圆柱形法兰的简化画法

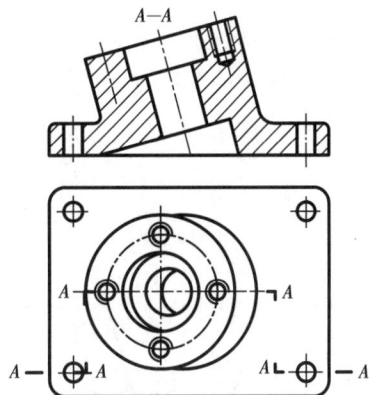

图 6.30　小倾角圆及圆弧的简化画法

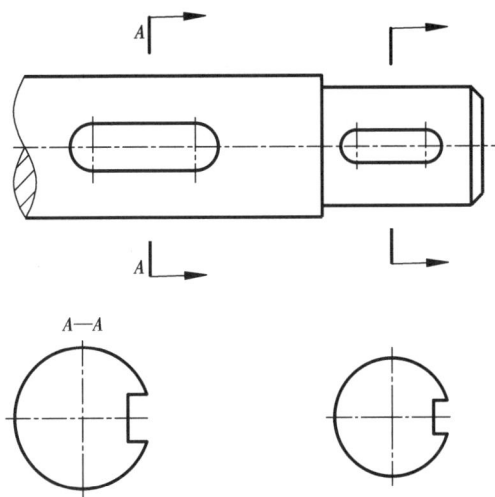

图 6.31　断面图的简化画法

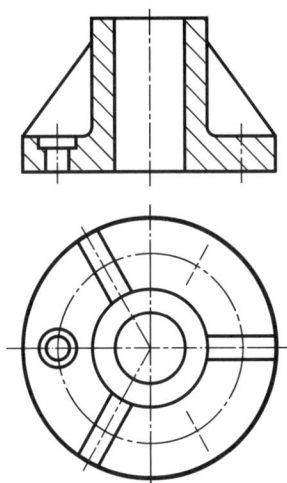

图 6.32　不处于剖切面上的筋、孔的简化画法

图 6.32

⑦零件上较小结构产生的交线,若在一图形中表达清楚,则在其他图形中可以简化或省略,例如图 6.33、图 6.34 所示。

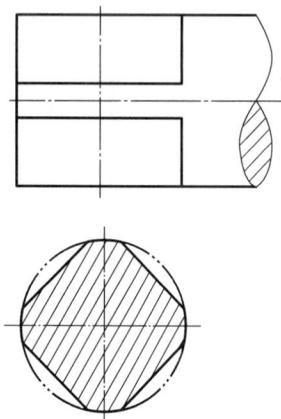

图 6.33　截交线的简化画法

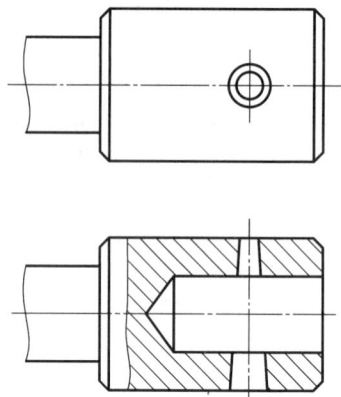

图 6.34　相贯线的简化画法

⑧零件图中的小圆角、锐边的小倒圆或 45°小倒角允许省略不画,但必须注明尺寸或在技术要求中加以说明,如图 6.35 所示。

⑨零件上斜度不大的结构,若在一个视图中表达清楚时,则其他视图可按小端画出,如图 6.36 所示。

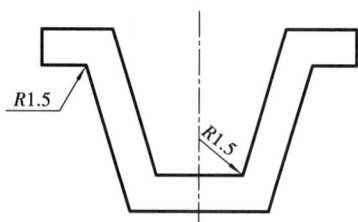

图 6.35　小圆角的简化画法

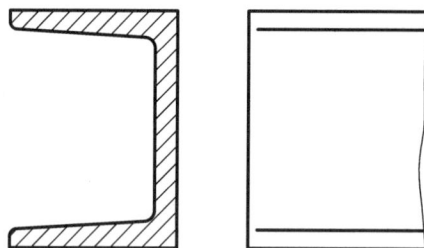

图 6.36　小斜度的简化画法

⑩当图形中不能充分表达平面时,可用平面符号(相交的两细实线)表示,如图 6.37 所示。

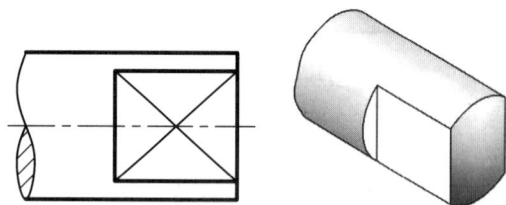

图 6.37

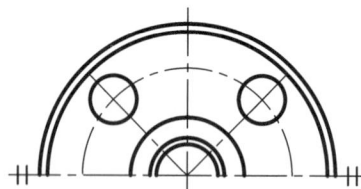

图 6.38

⑪对于对称机件的视图可只画一半或 1/4,并在对称中心线的两端画出两条与其垂直的平行细实线,如图 6.38 所示。

⑫机件上对称结构的局部视图,可单独画出该结构的图形,如图 6.39 中键槽的局部结构。

⑬对于较长的机件(轴、杆、型材、连杆等)沿长度方向的形状一致或按一定规律变化时,为了使图面紧凑或按原长画图有困难时,可以短开后缩短绘制,但尺寸仍按实际长度标注,如图 6.40 所示。

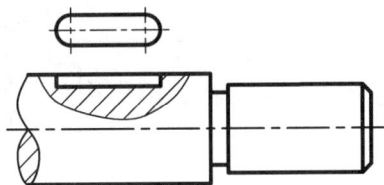 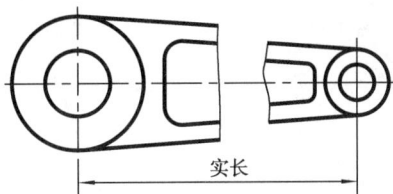 

图 6.39　　　　　　　　图 6.40　　　　　　　　图 6.40

⑭机件上的滚花部分、网状物或编织物等,可在图形的轮廓线附近用细实线示意地画出,并在零件图上或技术要求中注明这些结构的具体要求,如图 6.41 所示。

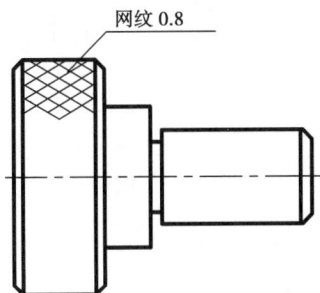

图 6.41　滚花的画法

6.5　表达方法的应用举例

前面介绍了视图、剖视、断面、局部放大和简化画法等内容,每种表达方法都有自己的特点和实用范围,要注意合理选用。特别对于一个具体的零件,究竟怎样表达还要根据其形状、结构特点进行具体分析,在完整、清晰地表达机件内外形状的前提下,首先考虑读图方便,其次力求画图简便。

【例 6.1】　根据如图 6.42(a)所示机架的轴测图,选择适当的表达方法,画出机架视图并标注尺寸。

1)形体分析

该机架是由轴线垂直相交的两个空心圆柱 Ⅰ、Ⅱ,支撑板Ⅲ,肋板Ⅳ,底板Ⅴ相交、相切、叠加而成。底板底面有一通槽,并有两个小圆柱通孔。

2)视图选择

画图时,应选择能反映机件形状特征的视图为主视图。同时,必须将机件的主要轴线或主要平面尽可能放在平行于投影面的位置,因此,选箭头所指方向为主视图方向。为了反映底板上的孔,主视图采用了局部剖。左视图以左右对称面为剖切面做全剖视,表达了两个相交空心圆柱的内形及支撑板的厚度,并作肋板的移出断面图。俯视图选择 A—A 剖视,既反映

107

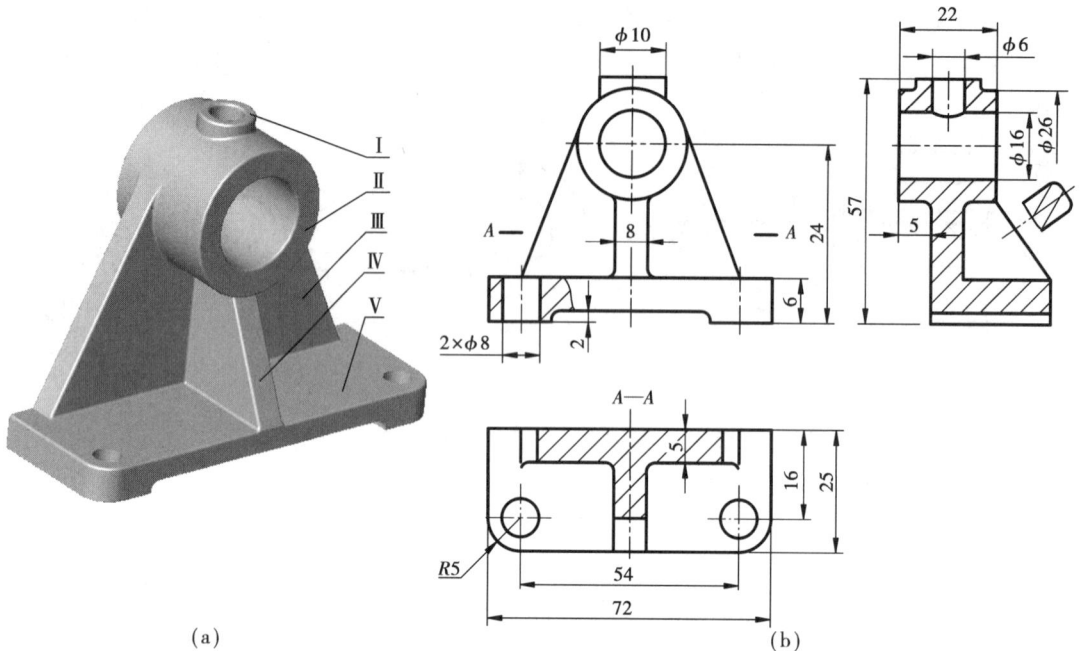

(a)

(b)

图 6.42 综合应用举例

了底板实形,又表达肋板与支撑板的相交情况。

3)画图并标注尺寸

按照前面的分析,先画出底稿,检查无误再加深。标注尺寸仍要用形体分析的方法,确保正确、完整和清晰,如图 6.42(b)所示。

6.6 第三角投影画法

我国国家标准《机械制图》规定,机件图样采用第一角画法,但有些国家(如美国、加拿大、日本等国)均采用第三角画法。为了便于技术交流,以下简要介绍第三角画法。

6.6.1 机件在投影体系中的位置

如前所述,相互垂直的两个投影面 V 和 H 将空间分成四个分角:Ⅰ、Ⅱ、Ⅲ、Ⅳ,如图 6.43(a)所示。机件放在第一角内,按"观察者—机件—投影面"的相对位置关系作正投影后得到图形,这种方法称为第一角投影法。前面所介绍的三视图都是第一角投影法所得。

另一种是将机件放在第三角内,按"观察者—投影面—机件"的相对位置关系作正投影后得到图形,这种方法称为第三角投影法。

6.6.2 第三角投影法中三视图的形成

采用第三角投影法,即将机件放在第三角内,假想三个相互垂直的投影面是透明的,分别向这三个投影面作正投影,所得视图如下:

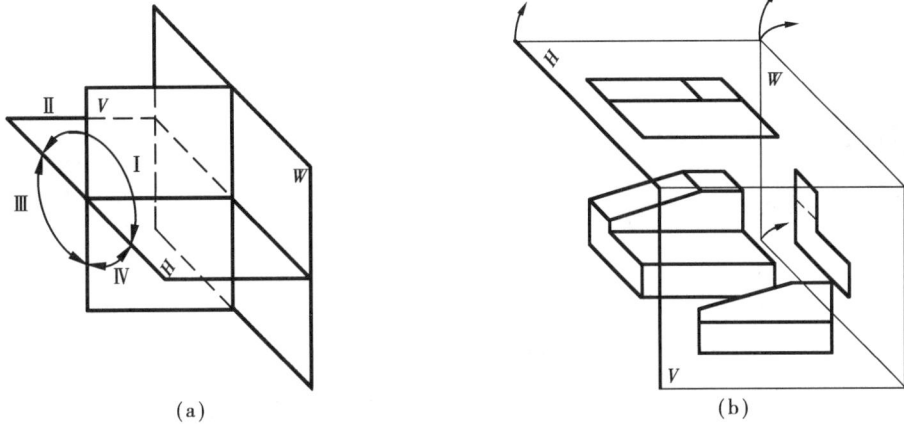

图 6.43　第三角投影法

从前向后投影,在正平面 V 上所得视图,即前视图;

从上向下投影,在水平面 H 上所得视图,即顶视图;

从右向左投影,在侧平面 W 上所得视图,即右视图。

为了使三个投影面展开成一个平面,规定 V 面不动,H 面绕它与 V 面的交线向上翻转 $90°$,W 面绕它与 V 面的交线向右旋转 $90°$,即可得出三视图,如图 6.43(b)所示。

采用第三角画法的视图仍符合一定的投影规律(图 6.44(a)):前、顶视图长对正;前、右视图高平齐;顶、右视图宽相等。

6.6.3　第三角投影法中六面视图的配置

假想将物体置于长方体透明盒内,长方体的六个侧面作为投影面,按"人—面—物"的顺序向各投影面做正投影,再将各投影面展开到与 V 面重合的平面上,即可得六个基本视图,其配置关系如图 6.44(b)所示。视图名称的标注与第一角相同,配置在规定位置时一律不注视图名称。

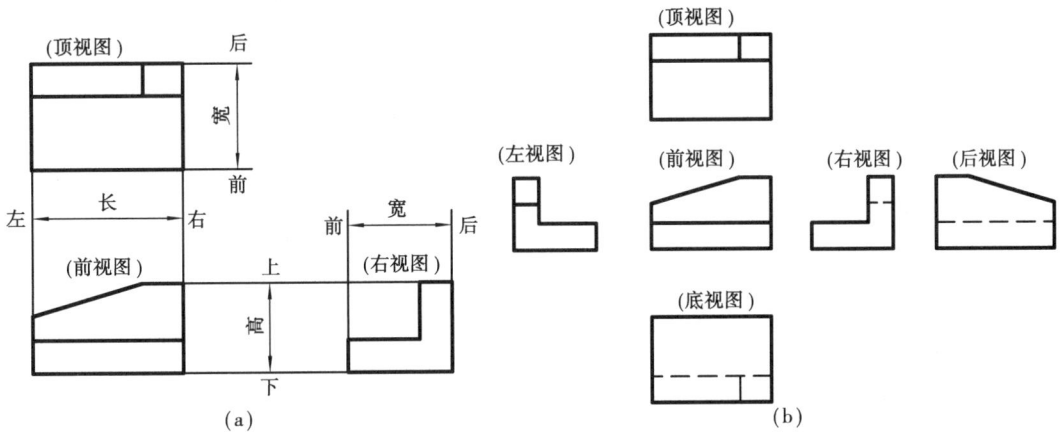

图 6.44　第三角投影中六面视图的配置

第 7 章
标准件与常用件

在机器设备中,有些零件用量很大,为了便于生产,降低成本,故对其结构形式、尺寸、表面质量和画法制定了统一标准,并由专业化的工厂组织大批量生产,用户需要时只需按规格外购即可,这类零件称为标准件。常用的标准件有螺栓、螺钉、螺母、键、销、滚动轴承。还有些零件的结构形式和尺寸并没有全部作统一规定,只是其将部分参数标准化,如齿轮、弹簧等,这类零件习惯上称为常用件。

本章主要介绍螺纹及螺纹紧固件、齿轮、键、销和弹簧的画法及标注方法。

7.1 螺 纹

7.1.1 螺纹的形成及结构要素

(1)螺纹的形成

一平面图形(如三角形、梯形、锯齿形)绕圆柱或圆锥表面上的螺旋线运动所形成的螺旋体,称为螺纹。形成在圆柱(或圆锥)外表面上的螺纹称为外螺纹,形成在圆柱(或圆锥)内表面上的螺纹称为内螺纹。

实际生产中,加工螺纹的方法有很多,如图 7.1 所示为在车床上加工外螺纹和内螺纹的方法。

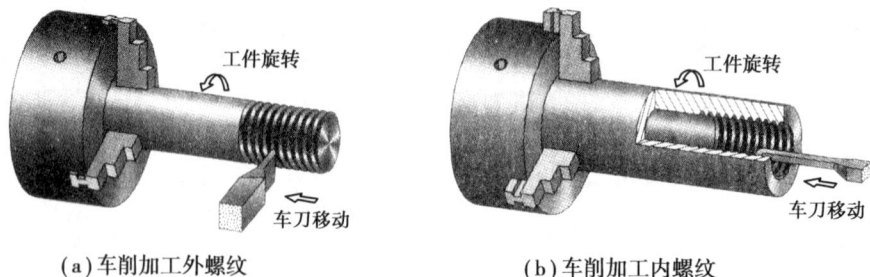

(a)车削加工外螺纹   (b)车削加工内螺纹

图 7.1 螺纹的车削加工方法

（2）螺纹的结构要素

1）牙型

在通过螺纹轴线的断面上，螺纹的轮廓形状称为螺纹牙型。常用的螺纹牙型有三角形、梯形、锯齿形等，不同的螺纹牙型有不同的用途。

2）直径

外螺纹牙顶或内螺纹牙底所在的假想圆柱面直径称为螺纹大径（内螺纹用 D 表示，外螺纹用 d 表示），也称为螺纹的公称直径；外螺纹牙底或内螺纹牙顶所在的假想圆柱面直径称为螺纹小径（内螺纹用 D_1 表示，外螺纹用 d_1 表示）；在大径与小径之间，母线通过牙型上沟槽和凸起宽度相等处的假想圆柱面的直径称为螺纹中径（内螺纹用 D_2 表示，外螺纹用 d_2 表示），如图 7.2 所示。

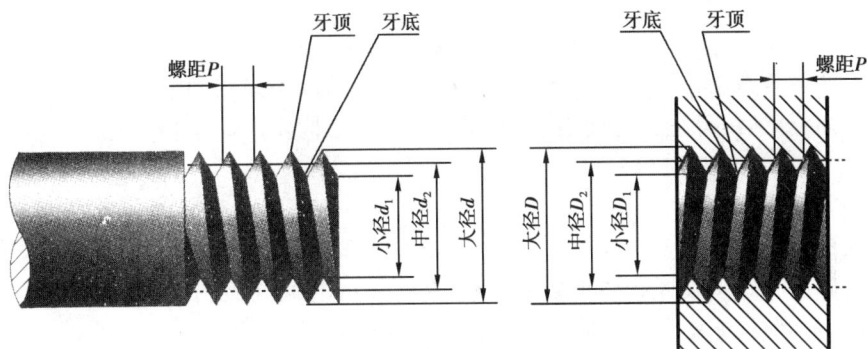

图 7.2 螺纹的直径

3）线数 n

螺纹有单线和多线之分，由一条螺旋线所形成的螺纹称为单线螺纹，由两条或两条以上，在轴向等距分布的螺旋线所形成的螺纹称为多线螺纹，如图 7.3 所示。

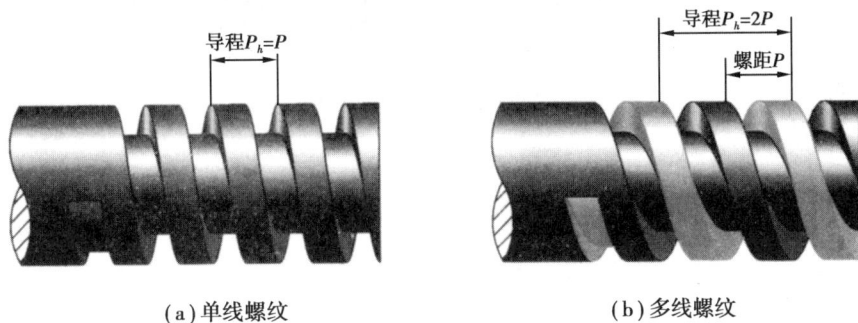

（a）单线螺纹　　　　　　　　　（b）多线螺纹

图 7.3 螺纹的线数、螺距和导程

4）螺距 P 和导程 P_h

螺纹上相邻两个牙齿在中径线上对应两点之间的轴向距离称为螺距，用 P 来表示；同一螺旋线上相邻两牙齿在中径线上对应两点之间的轴向距离称为导程，用 P_h 来表示。导程 P_h、螺距 P 和线数 n 有如下关系：

$$P_h = n \times P$$

5）旋向

螺纹有左旋和右旋之分。按顺时针方向旋进的螺纹称为右旋螺纹，反之，称为左旋螺纹，如图7.4所示。工程上常用的螺纹多为右旋螺纹。

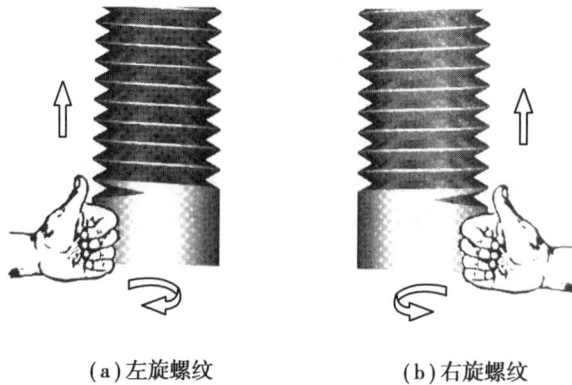

（a）左旋螺纹　　　　　（b）右旋螺纹

图7.4　螺纹的旋向

在螺纹的各要素中,牙型、大径和螺距是决定螺纹结构和规格的最基本要素,通常称为螺纹三要素。内、外螺纹总是成对使用,只有在上述五个结构要素完全相同时,内外螺纹才能互相旋合。

（3）螺纹的工艺结构

1）螺纹的端部

为防止螺纹起始圈损坏和便于装配,通常在螺纹的起始处做出一定形状的螺纹端部,如倒角、倒圆等,其形式如图7.5所示。

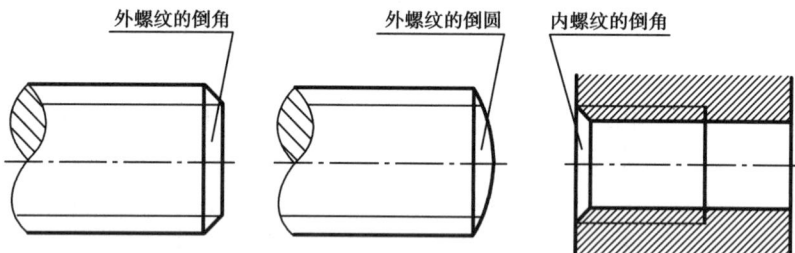

图7.5　螺纹的倒角和倒圆

2）螺纹收尾和退刀槽

车削加工螺纹时,刀具在接近螺纹末尾处时要逐渐离开工件,因此,螺纹收尾部分的牙型不完整。螺纹这一段不完整的收尾称为螺尾,如图7.6（a）所示。为了避免产生螺尾,可预先在螺纹末尾处加工出一个退刀槽,然后再车削螺纹,如图7.6（b）所示。

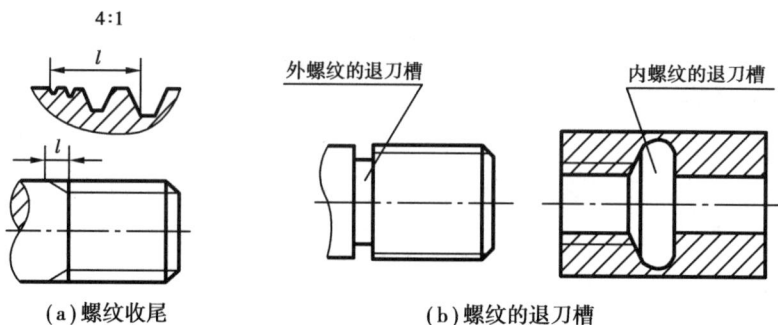

（a）螺纹收尾　　　　　（b）螺纹的退刀槽

图7.6　螺纹的收尾和退刀槽

7.1.2　螺纹的规定画法

（1）外螺纹画法

　　外螺纹的牙顶(大径)及螺纹终止线用粗实线表示;牙底(小径)用细实线表示,并在倒角和倒圆部分也应画出。小径通常画成大径的 0.85 倍,在螺纹投影为圆的视图中,表示牙底(小径)的细实线只画约 3/4 圈,轴端倒角规定省略不画,以便更明显地表示出螺纹,如图 7.7(a)所示。剖视图中,剖面线必须画到粗实线为止,螺纹终止线画至小径线,如图 7.7(b)所示。

图 7.7

大径（牙顶）用粗实线画　　　　　　　　　　剖面线画到粗实线止
小径（牙底）用细实线画

大径
小径

倒角圆省略不画
螺纹终止线用粗实线画

A—A
螺纹终止线画至小径线

（a）　　　　　　　　　　　　　　（b）

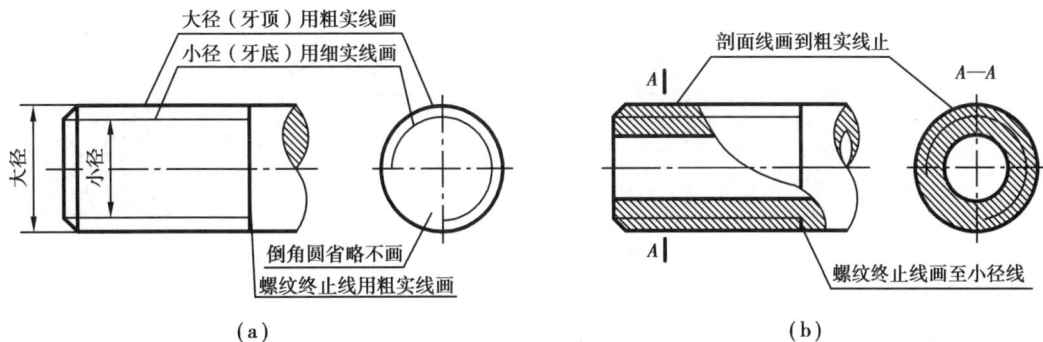

图 7.7　外螺纹的画法

（2）内螺纹画法

　　内螺纹通常采用剖视图,牙顶(小径)用粗实线表示,牙底(大径)用细实线表示,螺纹终止线用粗实线表示,剖面线也必须画至粗实线为止。绘制不穿通的螺纹孔时,通常将钻孔深度和螺孔深度分别画出,钻孔深度比螺孔深度约大 $0.5D$(D 为螺纹大径)。因钻头顶部约呈 120°,所以画图时钻孔底部画成 120°。在螺纹投影为圆的视图中,表示牙底的细实线圆画约 3/4 圈,螺纹孔倒角省略不画,如图 7.8(a)所示。不可见螺纹的所有图线均按虚线绘制,如图 7.8(b)所示。

图 7.8

大径（牙底）用细实线画
小径（牙顶）用粗实线画
钻孔底部画成120°　A—A

大径
小径

螺孔深度
钻孔深度

倒角圆省略不画
螺纹终止线用粗实线画

（a）　　　　　　　　　　　　　　（b）

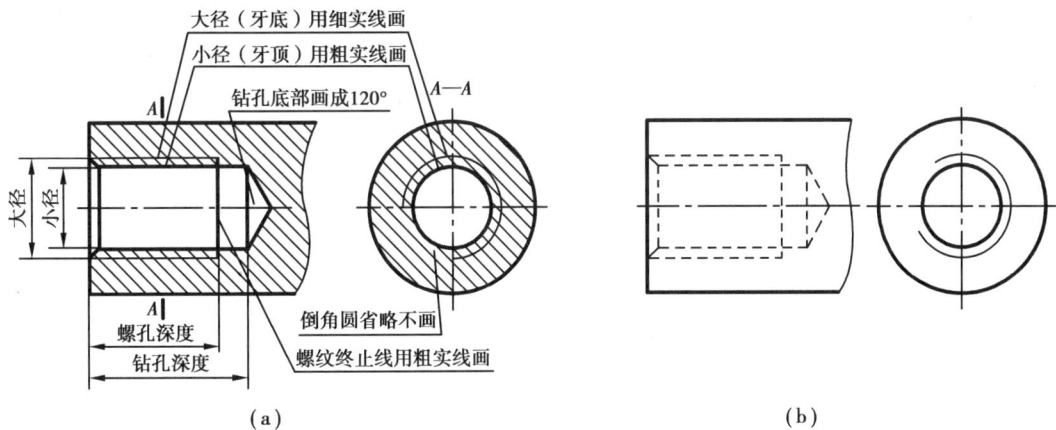

图 7.8　内螺纹的画法

（3）内外螺纹的连接画法

用剖视图表示内外螺纹连接时，其旋合部分应按外螺纹的画法绘制，其余部分仍按各自画法绘制。画图时应注意：表示内、外螺纹大、小径的粗、细实线应分别对齐，且与倒角大小无关；剖面线应画到粗实线为止，如图7.9所示。

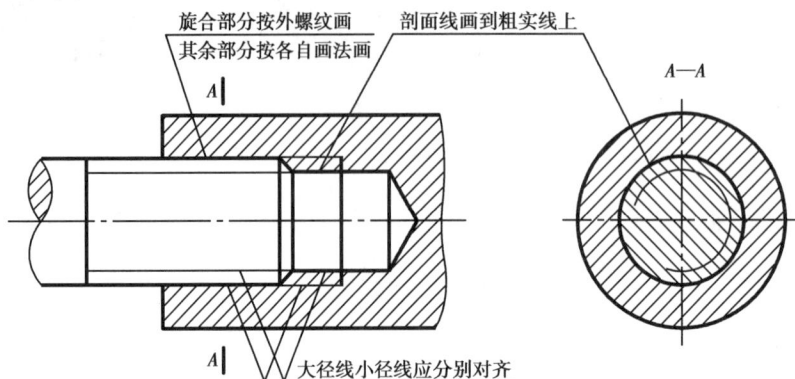

图7.9　螺纹的连接画法

图7.9

（4）螺纹牙型的表示方法

当需要表示牙型时，可用局部剖视图或局部放大图表示，如图7.10所示。

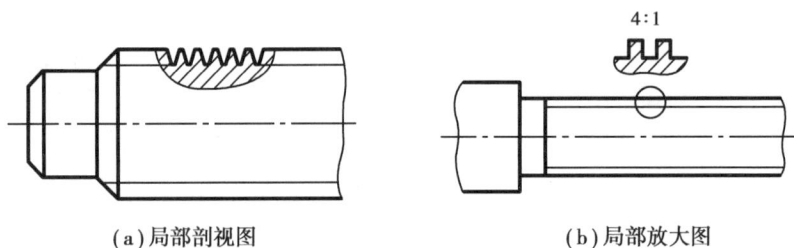

（a）局部剖视图　　　　　　　　　（b）局部放大图

图7.10　螺纹牙型的表示方法

图7.10

7.1.3　螺纹的分类和标注

（1）螺纹的分类

螺纹按用途可分为连接螺纹和传动螺纹。

①常用的连接螺纹有两种，即普通螺纹和管螺纹。其中普通螺纹又分为粗牙普通螺纹和细牙普通螺纹。管螺纹则分为非螺纹密封的管螺纹和用螺纹密封的管螺纹。

连接螺纹的特点是其牙型均为三角形，其中普通螺纹的牙型角为60°，管螺纹的牙型角为55°。

普通螺纹中粗牙螺纹和细牙螺纹的区别：在大径相同的条件下，细牙普通螺纹的螺距比粗牙普通螺纹的螺距小。细牙普通螺纹多用于薄壁零件，而管螺纹多用于水管、油管和气管上。

②传动螺纹用于传递运动和动力，常用的有梯形螺纹和锯齿形螺纹等。

（2）螺纹的标注

按规定画法画出的螺纹，只表示了螺纹的大径和小径，螺纹的牙型等其他要素则要通过标注才能确定。国家标准规定,螺纹要用规定的标注形式进行标注。

1)普通螺纹的标注

普通螺纹的标注格式为:

$$\boxed{特征代号}\boxed{公称直径}\times\boxed{螺距}-\boxed{公差带代号}-\boxed{旋合长度代号}-\boxed{旋向代号}$$

各项内容说明如下:

①特征代号:表示螺纹牙型形状,普通螺纹特征代号为 M,见表 7.1。

②公称直径:指螺纹的大径,单位为毫米(mm)。

③螺距:单线普通螺纹按螺距大小分为粗牙和细牙,粗牙螺纹不必标注螺距,而细牙螺纹必须标注。多线螺纹在此处应标注"Ph 导程数值 P 螺距数值"。

④公差带代号:指螺纹中径及顶径的公差带代号,两者相同时只标注一个。外螺纹用小写字母,内螺纹用大写字母。

⑤旋合长度代号:指内外螺纹旋合时旋合部分螺纹的长度,分为短、中、长三种,分别用 S、N、L 表示,中旋合长度代号 N 可省略标注。

⑥旋向代号:右旋螺纹不标注旋向,左旋螺纹标注旋向代号"LH"。

2)梯形螺纹和锯齿形螺纹的标注

梯形螺纹和锯齿形螺纹的标注格式为:

$$\boxed{特征代号}\boxed{公称直径}\times\boxed{\begin{array}{c}螺距\\导程(P\ 螺距)\end{array}}-\boxed{旋向代号}-\boxed{公差带代号}-\boxed{旋合长度代号}$$

各项内容说明如下:

①特征代号:梯形螺纹和锯齿形螺纹特征代号分别为 Tr、B,见表 7.1。

②螺距或导程(P 螺距):单线螺纹直接标注螺距;多线螺纹应标注导程,并在括号内标注螺距代号 P 及螺距数值。

③公差带代号:指螺纹中径及顶径的公差带代号,两者相同时只标注一个。外螺纹用小写字母,内螺纹用大写字母。

其余内容与普通螺纹基本一致。

3)管螺纹的标注

管螺纹的标注格式为:

$$\boxed{特征代号}\boxed{尺寸代号}\boxed{公差等级代号}-\boxed{旋向代号}$$

各项内容说明如下:

①特征代号:见表 7.1,55°非密封管螺纹代号为 G;55°密封管螺纹代号分别为 R_1(表示与圆柱内螺纹相配合的圆锥外螺纹),R_2(表示与圆锥内螺纹相配合的圆锥外螺纹),R_c(表示圆锥内螺纹),R_p(表示圆柱内螺纹)。

②尺寸代号:约为管子的内孔直径,单位为英寸,其直径应查表确定。

③公差等级代号:外螺纹分 A、B 两级,内螺纹不标注。

其余内容与普通螺纹基本一致。

表 7.1　常用螺纹标注示例

螺纹种类及特征代号			螺纹牙型	标注示例	说　明
普通螺纹	粗牙	M	60°	M24-5g6g M12×1-6H-L	①螺纹的标记应标注在大径的尺寸线上或其引出线上。 ②粗牙省略标注螺距,细牙要标出螺距
	细牙				
管螺纹	非密封管螺纹	G	55°	G1A R$_p$3/4	①管螺纹特征代号 G 后的"1"为尺寸代号。 ②外螺纹公差等级分 A、B 两种,需标注,内螺纹公差等级只有一种,不标注。 ③从螺纹大径处画指引线进行标注
	密封管螺纹	R$_c$ R$_p$ R$_1$ R$_2$			
梯形螺纹	单线	Tr	30°	Tr40×7-7e Tr40×14（P7）LH	①单线螺纹只标注螺距,多线螺纹标注导程(螺距)。 ②中等旋合长度不标注,长旋合长度需标注。 ③旋向为右旋不标注,为左旋需标注"LH"
	多线				

续表

螺纹种类及特征代号		螺纹牙型	标注示例	说　明
锯齿形螺纹	单线	B	B40×7LH-7e B40×14（P7）-7H-L	①单线螺纹只标注螺距，多线螺纹标注导程（螺距）。②中等旋合长度不标注，长旋合长度需标注。③旋向为右旋不标注，为左旋需标注"LH"
	多线			

7.2　螺纹紧固件

7.2.1　螺纹紧固件

常用的螺纹紧固件有螺栓、双头螺柱、螺钉、螺母、垫圈等,如图 7.11 所示。

各种螺纹紧固件的结构形式和尺寸均已标准化,一般不需要单独绘制其零件图,而只要写出它们的规定标记,以表达其种类、形式及规格尺寸,根据其标记,就能在相关标准中查出其各部分几何尺寸。本书附录 2 给出了常用螺纹紧固件的国家标准,供选用时查阅。

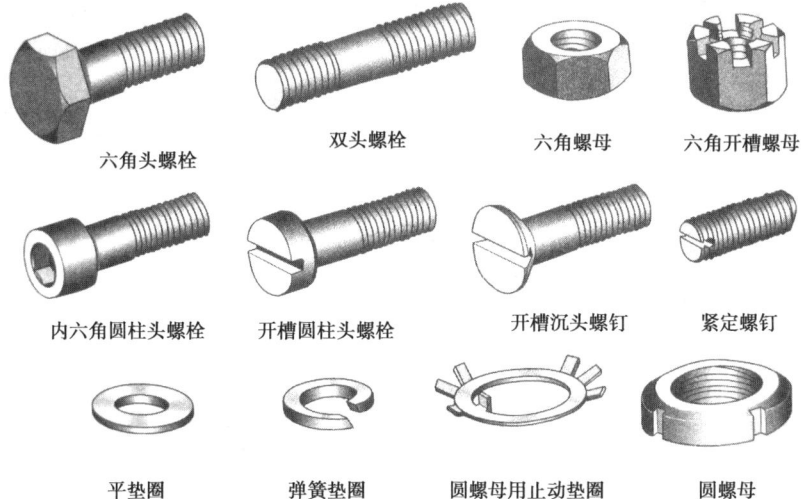

六角头螺栓　双头螺栓　六角螺母　六角开槽螺母

内六角圆柱头螺栓　开槽圆柱头螺栓　开槽沉头螺钉　紧定螺钉

平垫圈　弹簧垫圈　圆螺母用止动垫圈　圆螺母

图 7.11　常用螺纹紧固件

(1)常用螺纹紧固件的规定标记

螺纹紧固件的简化标记格式为:

| 螺纹紧固件名称 | | 国家标准代号 | | 规格尺寸 |

其中,国家标准代号中可省略现行标准的年代。螺纹紧固件的规格尺寸分别如下:

①螺栓、螺柱、螺钉: 螺纹代号 × 公称长度 。

②螺母: 螺纹代号 。

③垫圈: 公称尺寸 (与之配合使用的螺栓或螺柱的规格尺寸)。

例如:螺纹规格为 d 为 M10、公称长度 $l=50$、C 级的六角头螺栓,以及与之配合使用的 I 型六角头螺母和平垫圈,其标注形式分别为:

螺栓　　GB/T 5780　　M10×50

螺母　　GB/T 6170　　M10

垫圈　　GB/T 97.1　　10

更多的螺纹紧固件标注示例可参阅本书附录 2 相关附表。

(2)常用螺纹紧固件的比例画法

螺纹紧固件各部分尺寸可以通过查表确定,但绘图时为了提高效率,通常采用比例画法,螺栓、螺母、垫圈各部分的比例尺寸如图 7.12 所示。

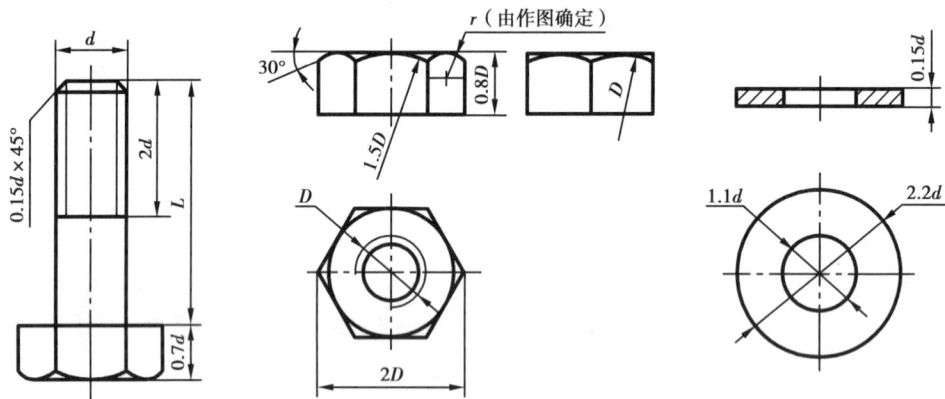

图 7.12　螺纹紧固件的比例画法

7.2.2　螺纹紧固件的连接画法

常见的螺纹连接形式有螺栓连接、双头螺柱连接和螺钉连接等。在画螺纹连接图时,常采用比例画法或简化画法,并应遵守以下三条基本规定。

①相邻两零件的接触表面画一条粗实线,不接触表面画两条粗实线。

②在剖视图中,相邻两零件的剖面线方向应相反或方向相同但间隔不同;同一零件在各剖视图中的剖面线方向和间隔应一致。

③当剖切平面通过标准件和实心零件(如螺栓、螺柱、螺钉、螺母、垫圈、键、销、轴及球等)的轴线时,这些零件均按不剖绘制,仍画外形,必要时,可采用局部剖。

（1）螺栓连接

螺栓连接用于连接两个或两个以上厚度不大、可以钻出通孔的零件，其连接示意图如图 7.13 所示。

通常，在被连接零件上钻出通孔（通孔直径约为螺纹直径的 1.1 倍），连接时先将螺栓穿过通孔，然后在制有螺纹的一端套上垫圈，以增加支承面积和防止损伤零件的表面，最后用螺母旋紧，如图 7.14 所示。

螺栓的有效长度按下式估算：

$$l = \delta_1 + \delta_2 + h + m + a$$

式中：δ_1 和 δ_2 是被连接两零件的厚度；h 是垫圈厚度；m 是螺母厚度；a 是螺栓端部伸出高度，一般约取 $0.3d$。

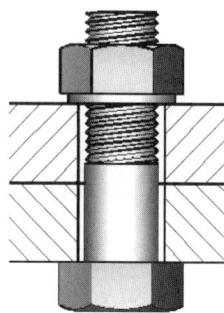

图 7.13　螺栓连接

计算出 l 值后，根据螺栓有效长度系列标准，查表选出一个最接近的标准值。

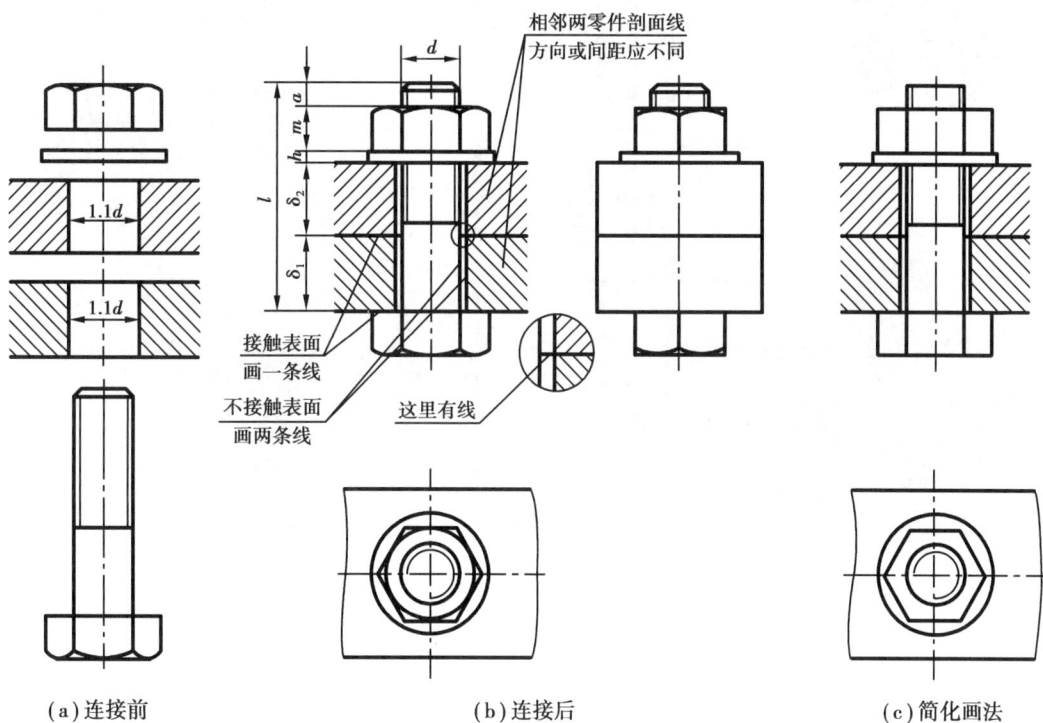

（a）连接前　　　　　　　　　（b）连接后　　　　　　　　　（c）简化画法

图 7.14　螺栓连接的画法

（2）双头螺柱连接

双头螺柱连接常用于被连接件中有一件较厚，不宜或不允许钻成通孔的情况。双头螺柱的两端均制有螺纹，其中一头旋入较厚的被连接件，称为旋入端，另一头用螺母旋紧，称为紧固端，其连接示意图如图 7.15 所示。

双头螺柱连接的画法如图 7.16 所示，绘图时需注意：

图 7.14

①旋入零件的一端要全部旋入零件螺孔，表示螺纹已旋紧，故螺纹终止线应同零件结合面平齐。

②螺柱有效长度可按下式估算，最后查标准在长度系列中取一最接近的标准长度。

$$l = \delta + h + m + a$$

式中:δ 是光孔零件的厚度;h 是垫圈厚度;m 是螺母厚度;a 是螺栓端部伸出高度,一般约取 0.3d。

③旋入端长度 b_m 与零件材料有关,钢或青铜取 $b_m = d$,铸铁取 $b_m = 1.25d$ 或 $b_m = 1.5d$,铝合金取 $b_m = 2d$。

④双头螺柱加工时,被连接件的螺孔深度应大于旋入端的长度 b_m。绘图时,螺孔螺纹深度为 $b_m + 0.5d$,钻孔深度为 $b_m = d$。弹簧垫圈开口槽方向与水平成 70°,从左上向右下倾斜。

图 7.16

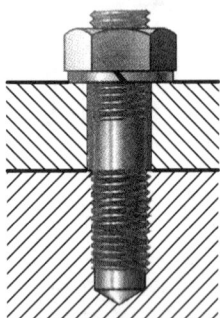

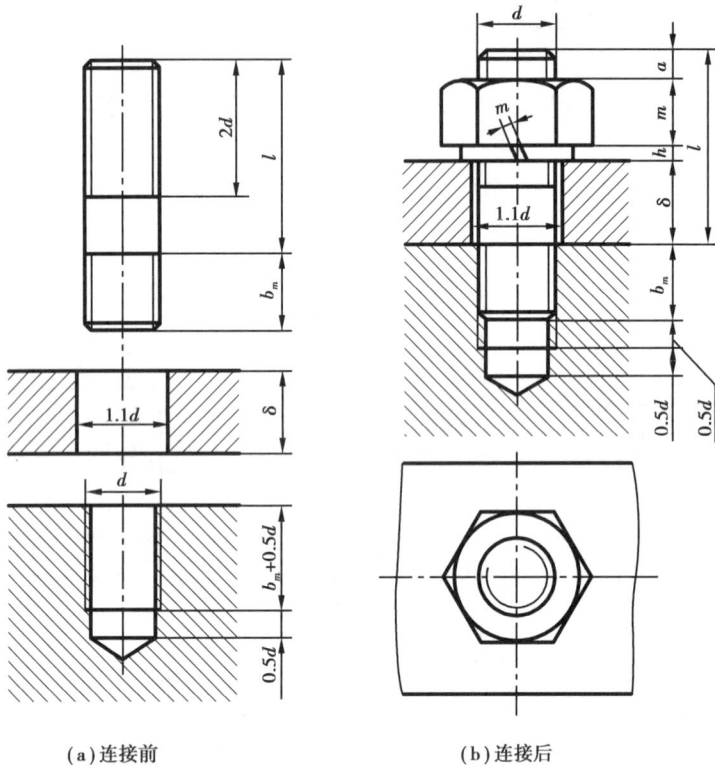

（a）连接前

（b）连接后

图 7.15　双头螺柱连接　　　　　　　图 7.16　双头螺柱连接的画法

（3）螺钉连接

螺钉连接不用螺母,而是将螺钉穿过一被连接件的通孔而直接旋入另一被连接件的螺孔里。螺钉按用途不同可分为连接螺钉和紧定螺钉两种。

连接螺钉一般用于不经常拆卸且受力较小的场合。连接螺钉一端制有螺纹,另一端为头部,常见的连接螺钉有开槽圆柱头螺钉、开槽沉头螺钉、开槽盘头螺钉、内六角圆柱头螺钉等。螺钉的头部尺寸可查阅附录 2 或采用比例画法,如图 7.17 所示为螺钉连接的画法,绘图时需注意:

①为表示被连接件被压紧,螺钉的终止线应高出结合面,或螺杆全长都有螺纹。

②螺钉头部的一字槽,在投影为圆的视图上应画成与水平中心线成 45°角,当槽宽小于 2 mm 时,可涂黑表示。

③螺钉有效长度 l 按下式估算:

$$l = \delta + b_m$$

式中:δ 为光孔零件厚度;b_m 为旋入端长度,其确定方法与双头螺柱相同,可根据被旋入零件的材料而定。计算出 l 后按标准的长度系列选取一个与计算值 l 最相近的标准长度。

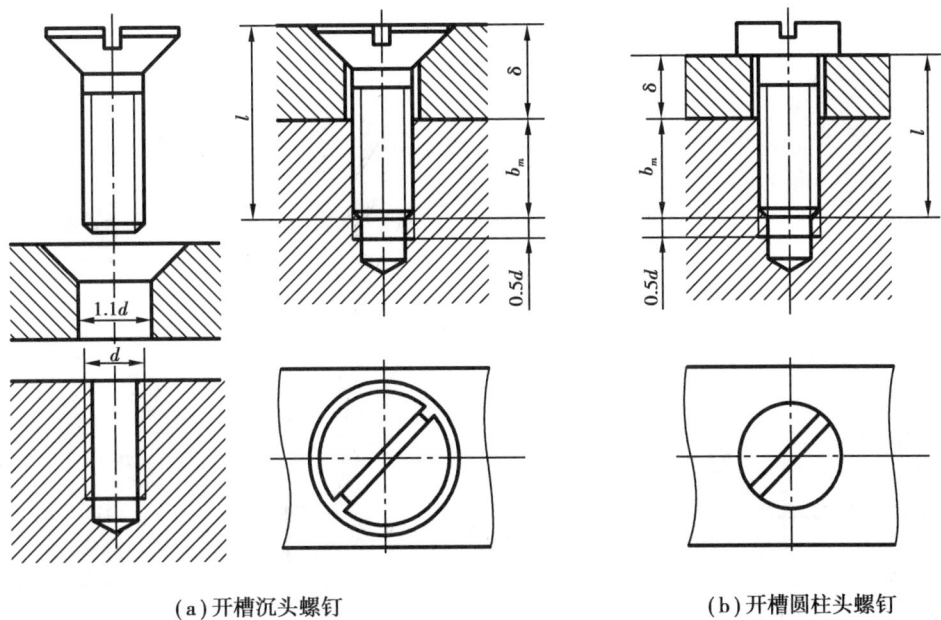

（a）开槽沉头螺钉　　　　　　　　　　　　　（b）开槽圆柱头螺钉

图 7.17　螺钉连接的画法　　　　　　　　　　　　　　图 7.17

　　紧定螺钉用于固定两个零件以防止其相对运动。紧定螺钉的连接情况及画法如图 7.18 所示。

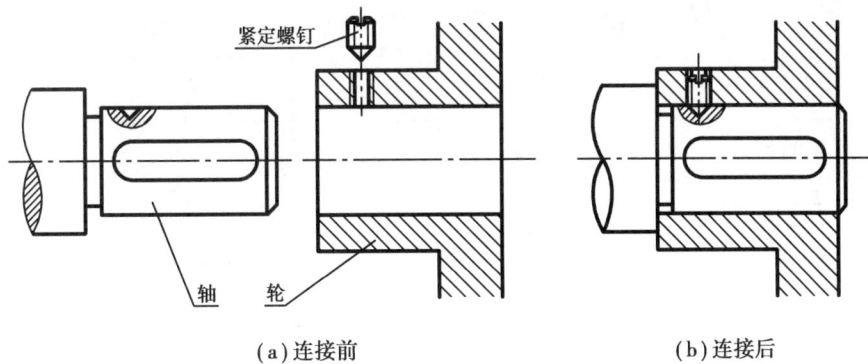

（a）连接前　　　　　　　　　　　　　　（b）连接后

图 7.18　紧定螺钉连接画法

7.3　键连接和销连接

7.3.1　键连接

　　键是用于连接轴和轴上传动件（如齿轮、皮带轮等）的一种连接零件，起传递扭矩的作用，如图 7.19 所示。它的结构和尺寸已标准化，属于标准件。常用的键有普通平键、半圆键和钩头楔键三种形式，如图 7.20 所示。键的规定标记和画法见表 7.2，选用时，根据轴径查附录

3,选定键宽 b 和键高 h,再根据轮毂长度选定长度 l 的标准值。

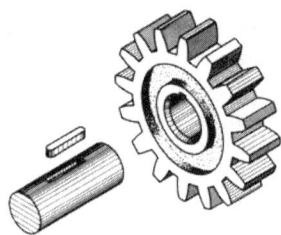

图 7.19　键连接

图 7.20　常用键的形式

(a)普通平键　　　(b)半圆键　　　(c)钩头楔键

表 7.2　常用键的形式和标记示例

名称	形　式	标准代号	标记示例
普通平键		GB/T 1096—2003	$b=18$ mm, $h=11$ mm, $l=100$ mm 圆头普通平键(A 型)的标记: 键 18×100　GB/T 1096—2003
半圆键		GB/T 1099.1—2003	$b=6$ mm, $h=10$ mm, $d_1=25$ mm 半圆键的标记: 键 6×25　GB/T 1099.1—2003
钩头楔键	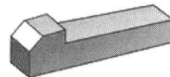	GB/T 1565—2003	$b=16$ mm, $h=10$ mm, $l=100$ mm 钩头楔键的标记: 键 16×100　GB/T 1565—2003

键连接通常采用剖视图表示,当纵向剖切键时,按不剖绘制,即只画键的外形,而横向剖切时,则应画剖面线。普通平键和半圆键的两个侧面是工作面,在连接画法中,键与键槽侧面相接触,键的底面与轴上键槽的底面相接触,应画一条粗实线。键的顶面是非工作面,与轮毂键槽顶面不接触,应画两条粗实线。如图 7.21 所示即为普通平键的连接画法。

7.3.2　销连接

销一般用于零件之间的定位或连接,常用的有圆柱销、圆锥销和开口销,如图 7.22 所示。圆柱销常用于不经常拆卸的场合;圆锥销便于装拆并能自行锁紧,所以用于经常拆卸的场合;开口销常用于螺纹连接的锁紧装置中,以防止螺母松脱。

（a）连接前　　　　　　　　　　　　　　　（b）连接后

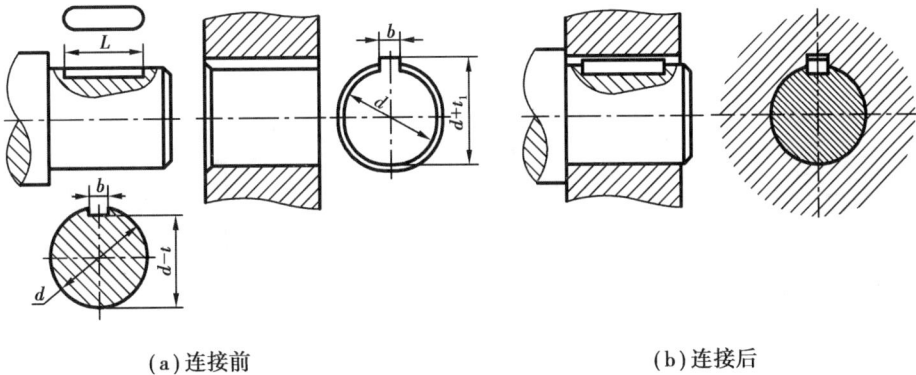

图 7.21　普通平键的连接画法　　　　　　　　　　图 7.21

（a）圆柱销　　　　　　　　（b）圆锥销　　　　　　　　（c）开口销

图 7.22　常用销的形式

销也是标准件，其形式和规定标记见表 7.3。

表 7.3　销的形式和标记示例

名称	形　　式	标记示例
圆柱销		公称直径 $d=6$，公差为 m6，公称长度 $l=30$，材料为钢，不经淬火，不经表面处理的圆柱销的标记： 销　GB/T　119.1—2000　6m6×30
圆锥销	A 型（磨削）　　B 型（切削） 	公称直径 $d=10$，公称长度 $l=60$，材料为 35 钢，热处理硬度 28～38 HRC，表面氧化处理的 A 型圆柱销的标记： 销　GB/T　117—2000　10×60

圆柱销和圆锥销的连接画法如图 7.23 所示。当剖切平面经过销的轴线时，销按不剖绘制，销与销孔为接触表面，应画一条线。

用销连接或定位的两个零件上的销孔通常是在装配时一起加工的，在零件图上应当注明，如图 7.24 所示。圆锥销孔的尺寸应引出标注，标注尺寸应是所配圆锥销的公称直径（即圆锥销的小端直径）。

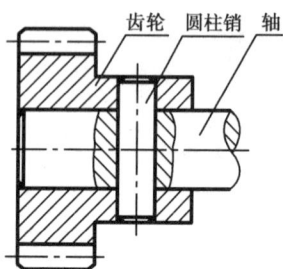
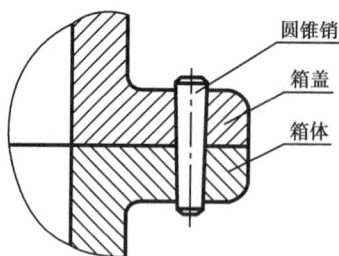
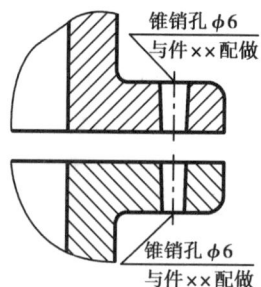

图 7.23　常用销的形式　　　　　　　　　　图 7.24　销孔的尺寸标注

7.4　齿　轮

齿轮是机械传动中应用最为广泛的一种传动件,用于传递动力、变换速度或改变运动方向。齿轮按传动形式可分为圆柱齿轮、锥齿轮、蜗杆蜗轮三类,如图 7.25 所示。

①圆柱齿轮:用于两平行轴之间的传动。

②锥齿轮:用于两相交轴的传动。

③蜗杆蜗轮:用于两交错轴的传动。

（a）圆柱齿轮　　　　　　（b）圆锥齿轮　　　　　　（c）蜗杆蜗轮

图 7.25　常见齿轮的形式

《机械制图》国家标准规定,各种齿轮的轮齿部分都采用相同的简化画法绘制。本节仅以直齿圆柱齿轮为例,介绍齿轮各部分的名称、参数、尺寸关系及画法,圆锥齿轮和涡轮蜗杆的基本知识及规定画法将在机械原理和机械设计课程中学习。

7.4.1　直齿圆柱齿轮各部分名称及尺寸关系

如图 7.26 所示,直齿圆柱齿轮的各部分名称、参数尺寸如下。

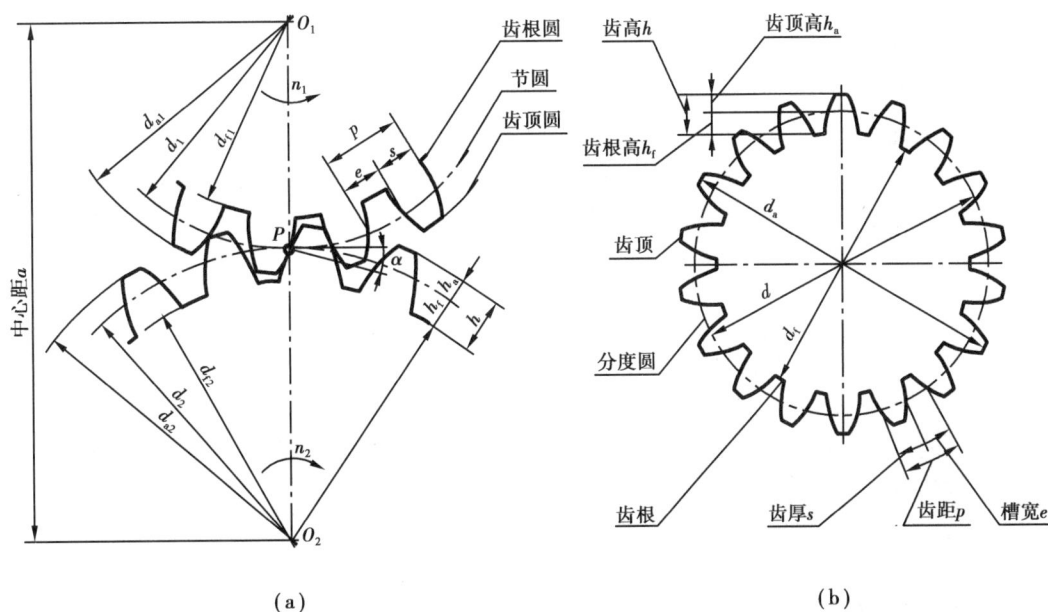

（a）　　　　　　　　　　　　　　　　（b）

图 7.26　圆柱齿轮各部分名称及参数

①齿数:表示轮齿的个数,用 z 表示。

②分度圆:对于标准齿轮,在齿厚和齿间相等时所在的圆称为分度圆,其直径用 d 表示。

③齿顶圆:齿轮轮齿顶部所在的圆称为齿顶圆,其直径用 d_a 示。

④齿根圆:齿轮轮齿根部所在的圆称为齿根圆,其直径用 d_f 表示。

⑤齿距:分度圆上相邻两齿对应点之间的弧长,称为齿距,用 p 表示。

⑥模数:模数是齿轮的一个重要参数,用 m 表示。其定义为:分度圆周长 $= zp = \pi d$,则有 $d = p/\pi \times z$,令 $p/\pi = m$, m 即为模数。为便于设计制造齿轮模数已标准化,见表7.4。

⑦压力角:两啮合齿轮的齿廓在接触点处的公法线(受力方向)与两分度圆的公切线(运动方向)所夹的锐角,称为齿形角,用 α 表示。我国标准齿轮的压力角为20°。

表 7.4　齿轮标准模数(GB/T 1357—2008)

第一系列	1　1.25　1.5　2　2.5　3　4　5　6　8　10　12　16　20　25　32　40　50
第二系列	1.75　2.25　2.75　(3.25)　3.5　(3.75)　4.5　5.5　(6.5)　7　9　(11)　14　18　22　28　36　45

注:选取时,优先采用第一系列,扩号内模数尽可能不用。

标准直齿圆柱齿轮的计算公式见表7.5。设计齿轮时,先要确定模数 m 和齿数 z,其他有关尺寸都可以根据这两个基本参数按照表7.5所列公式计算。

表 7.5　标准直齿圆柱齿轮几何计算式

名　称	符　号	计算公式
模数	m	按 GB/T 1357—2008 选取
分度圆直径	d	$d = mz$

续表

名　称	符　号	计算公式
齿距	p	$p = \pi m$
齿顶高	h_a	$h_a = m$
齿根高	h_f	$h_f = 1.25m$
齿全高	h	$h = h_a + h_f$
齿顶圆直径	d_a	$d_a = m(z+2)$
齿根圆直径	d_f	$d_f = m(z-2.5)$
中心距	a	$a = \dfrac{1}{2}(d_1+d_2) = \dfrac{1}{2}m(z_1+z_2)$

7.4.2　圆柱齿轮的规定画法

(1)单个圆柱齿轮的规定画法

《机械制图》国家标准规定,齿轮的轮齿部分按规定画法绘制,其他部分按实际形状的投影绘制。

齿轮一般用两个视图或一个视图和一个局部视图来表示,其规定画法为:

①在外形图上,齿顶圆和齿顶线用粗实线绘制,分度圆和分度线用细点划线绘制,齿根圆和齿根线用细实线绘制,也可省略不画,如图7.27(a)所示。

②在剖视图中,当剖切平面通过齿轮的轴线时,轮齿一律按不剖处理,剖视图中的齿根线用粗实线绘制,如图7.27(b)所示。

③当需要表示斜齿和人字齿时,可用三条与齿线方向一致的细实线表示,直齿不需要表示,如图7.27(c)所示。

图 7.27

(a)直齿外形图　　**(b)直齿剖视图**　　**(c)斜齿**　　**(d)人字齿**

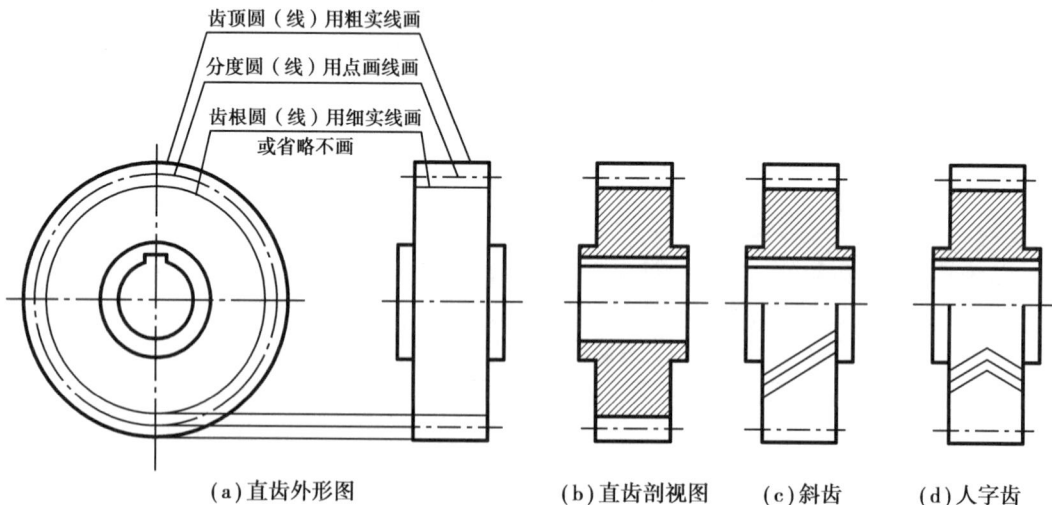

图 7.27　单个圆柱齿轮的画法

（2）圆柱齿轮的啮合画法

①对于标准圆柱齿轮,在投影为圆的视图中两齿轮的分度圆必须相切,啮合区内的齿顶圆均用粗实线绘制,如图7.28(a)所示;也可采用省略画法,如图7.28(b)所示。

②在投影为非圆的视图中,啮合区的齿顶线不用画出,节线(标准直齿圆柱齿轮的分度圆又称节圆,分度线又称节线)用粗实线绘制,其他处节线用细点划线绘制,如图7.28(c)、(d)所示。

③在投影为圆的剖视图(剖切平面通过齿轮轴线)中,啮合区内,将一个齿轮的轮齿用粗实线绘制,另一个齿轮的轮齿被遮挡的部分用虚线绘制,如图7.28(a)所示。必须注意:两齿轮在啮合区存在$0.25m(m$为模数)的径向间隙,如图7.29所示。

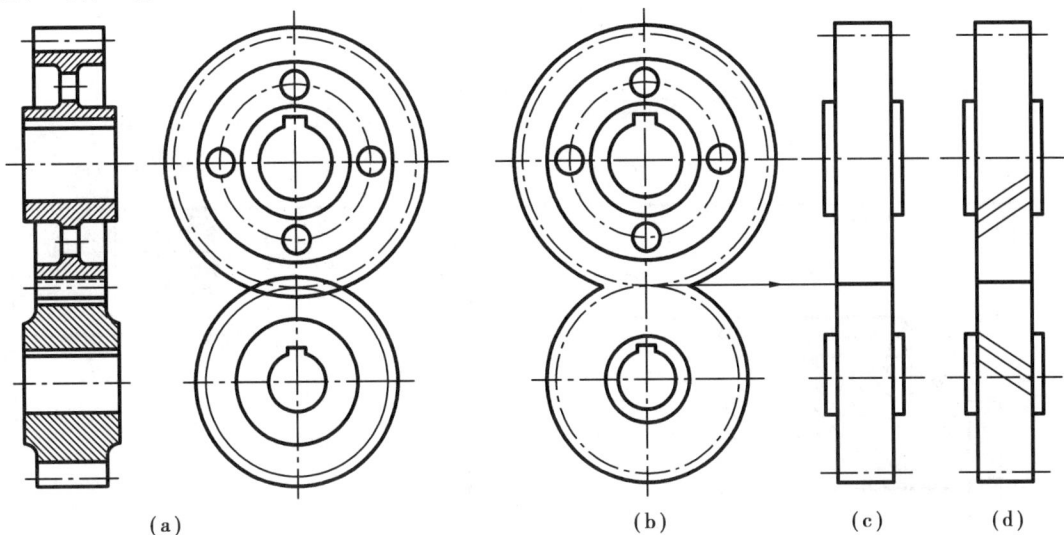

图7.28　圆柱齿轮的啮合画法

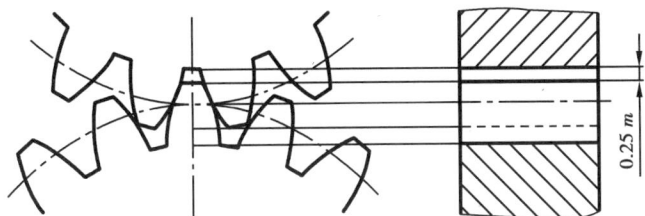

图7.29　齿轮啮合区的画法

图7.28

图7.29

（3）齿轮、齿条的啮合画法

若圆柱齿轮的直径为无穷大时,齿顶圆、齿根圆、分度圆、齿廓曲线均成了直线,这时的齿轮变为了齿条。当齿轮和齿条啮合时,其规定画法和圆柱齿轮啮合画法基本相同,齿轮的节圆和齿条的节线相切,用点画线表示。在剖视图中,应将啮合区内齿顶线之一画成粗实线,另一轮齿部分被遮挡,齿顶线画成虚线或省略不画,如图7.30所示。

（4）直齿圆柱齿轮的零件图

图7.31为一直齿圆柱齿轮的零件图,图中不但要表示齿轮的形状和尺寸,还要表示制造齿轮所需的模数、齿数、压力角等基本参数和技术要求等内容。

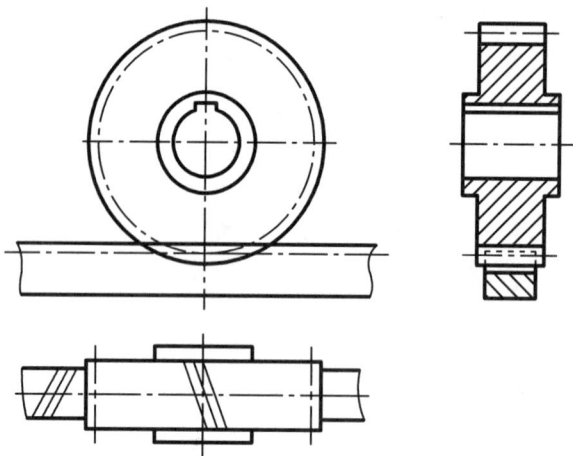

图 7.30　齿轮、齿条的啮合画法

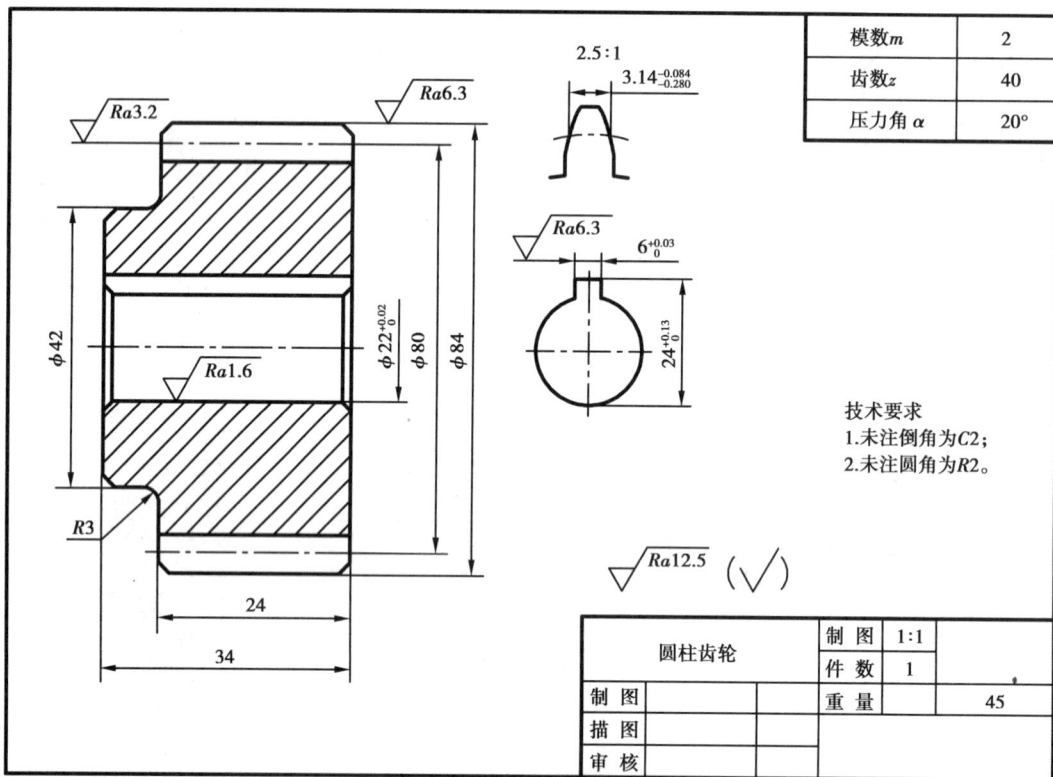

图 7.31　齿轮零件图

7.5　滚动轴承

滚动轴承是用来支撑旋转轴的标准组件,它将滑动摩擦形式转变成滚动形式,具有摩擦阻力小、结构紧凑、旋转精度高、使用和维护方便等优点,在机械设备中广泛应用。

7.5.1　滚动轴承的结构及简化画法

滚动轴承的种类很多,但它们的结构大致相似,一般由外圈、内圈、滚动体和保持架四部分组成,如图 7.32 所示。一般情况下,外圈与机座的孔相配合,固定不动,内圈的内孔与轴颈相配合,随轴一起转动。

按承受载荷的性质,滚动轴承可分为以下三种。

①向心轴承:主要用于承受径向载荷,常用的有深沟球轴承,如图 7.32(a)所示。

②推力轴承:只能用于承受轴向载荷,常用的有推力球轴承,如图 7.32(c)所示。

③向心推力轴承:同时承受径向和轴向载荷,常用的有圆锥滚子轴承,如图 7.32(b)所示。

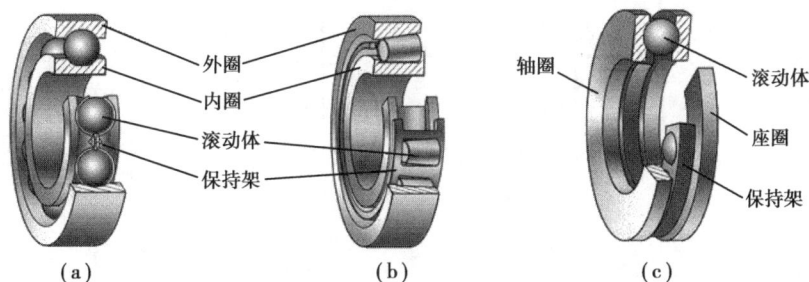

图 7.32　滚动轴承的结构及种类

7.5.2　滚动轴承的画法

滚动轴承是标准组件,国家标准规定了滚动轴承在装配图中的画法,分为简化画法(包括通用画法和特征画法,但在同一图样中一般只能采用一种画法)和规定画法两种。在画图时,应根据其代号由相关标准中查出外径 D、内径 d、宽度 B 等有关尺寸(见附录 3 的附表 3.6—3.8),确定出轴承的实际轮廓,然后在轮廓内按照规定绘图。几种常用滚动轴承的简化画法及规定画法见表 7.6。

表 7.6　常用滚动轴承的画法

轴承类型和标准代号	规定画法	简化画法	
		特征画法	通用画法
深沟球轴承 GB/T 276—2013			

续表

轴承类型和标准代号	规定画法	简化画法	
		特征画法	通用画法
圆锥滚子轴承 GB/T 297—2015	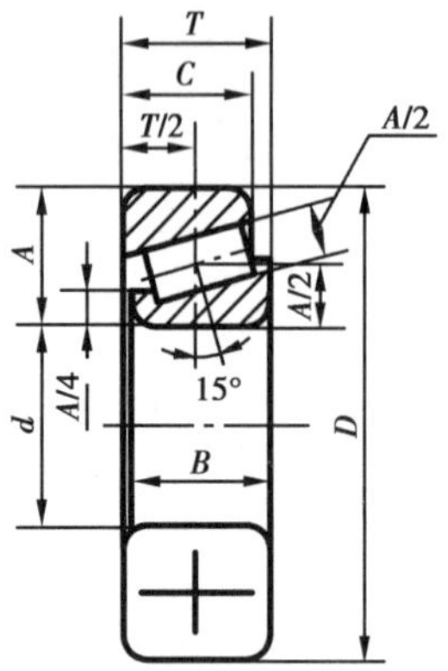	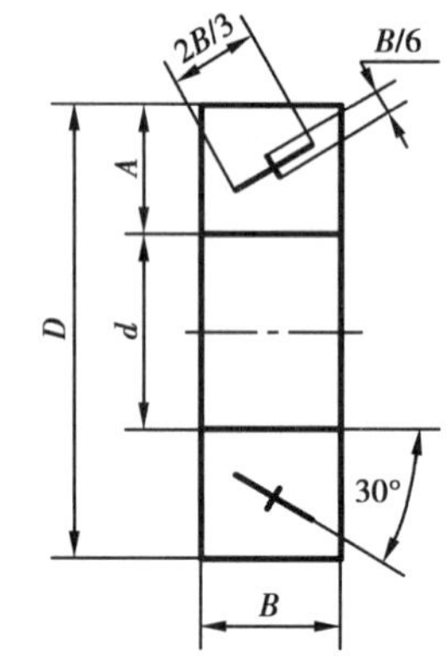	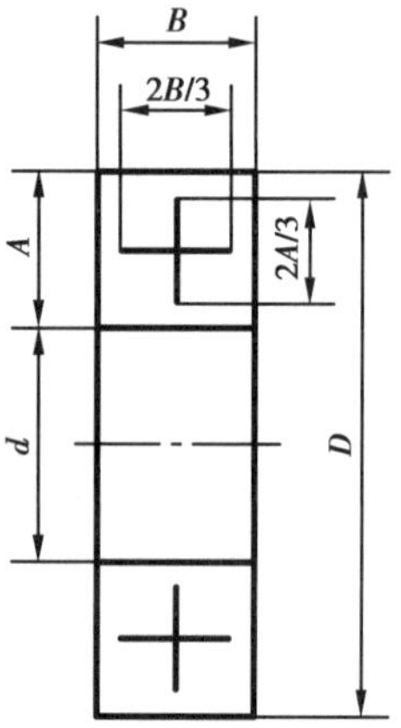
推力球轴承 GB/T 301—2015	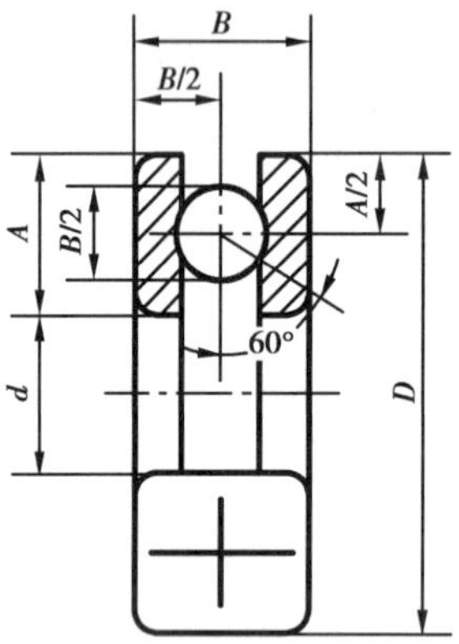	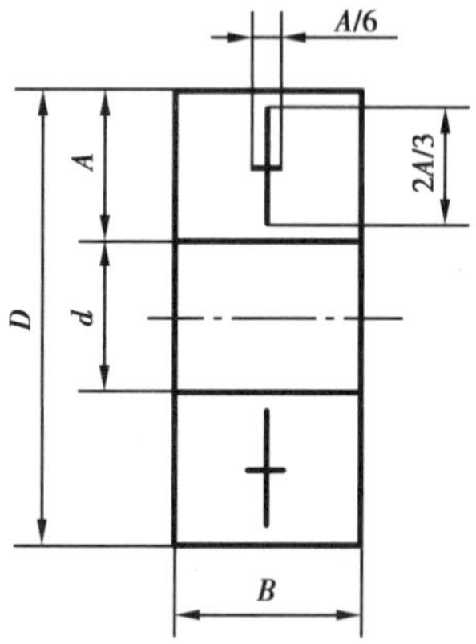	

7.5.3 滚动轴承的代号

国家标准规定用滚动轴承代号来表示滚动轴承的结构形式和尺寸大小等。滚动轴承代号由前置代号、基本代号和后置代号三部分组成。

(1)基本代号

基本代号是滚动轴承代号的基础,用以表示滚动轴承的基本类型、结构和尺寸。基本代号由轴承类型代号、尺寸系列代号和内径代号构成,其格式如下:

$$\boxed{类型代号} \quad \boxed{尺寸系列代号} \quad \boxed{内径代号}$$

①类型代号:用数字或字母表示,见表7.7。

②尺寸系列代号:由滚动轴承的宽(高)度系列代号和直径系列代号两项组合而成,反映同种轴承在内圈孔径相同时内外圈的宽度、厚度的不同及滚动体大小的不同。除圆锥滚子轴承外,其余各类轴承宽度系列代号"0"均省略不标。

③内径代号:表示滚动轴承的公称内径,见表7.8。

表7.7 轴承类型代号

代号	轴承类型	代号	轴承类型
0	双列角接触球轴承	N	圆柱滚子轴承 双列或多列用字母 NN 表示
1	调心球轴承		
2	调心滚子轴承和推力调心滚子轴承	U	外球面球轴承
3	圆锥滚子轴承	QJ	四点接触球轴承
4	双列深沟球轴承		
5	推力球轴承		
6	深沟球轴承		
7	角接触球轴承		
8	推力圆柱滚子轴承		

表7.8 轴承内径代号

轴承公称内径/mm		内径代号	示 例
10～17	10	00	深沟球轴承 6201 $d=12$ mm
	12	01	
	15	02	
	17	03	
20～480 (22,28,32 除外)		公称内径除以 5 的商数,商数为个位,需在商数左边加"0"	圆锥滚子轴承 32308 $d=40$ mm

(2)前置代号和后置代号

前置代号和后置代号是轴承在结构形式、尺寸、公差、技术要求等有改变时,在其基本代号左、右添加的补充代号。其具体内容请参阅有关标准。

(3)滚动轴承标记示例

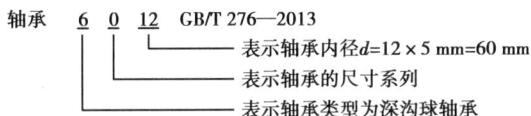

轴承　6 0 12　GB/T 276—2013
　　　　　　　└── 表示轴承内径$d=12×5$ mm=60 mm
　　　　　└──── 表示轴承的尺寸系列
　　　└────── 表示轴承类型为深沟球轴承

7.6　弹　簧

弹簧是一种储能元件,其特点是当外力除去后能立即恢复原状。弹簧形式多样,用途广泛,在机器中常用于减震、缓冲、夹紧、储能、测力和复位等。

弹簧的种类很多,有螺旋弹簧、蜗卷弹簧和板弹簧等,其中,螺旋弹簧应用最广泛,根据受力情况不同,又分为压缩弹簧、拉伸弹簧和扭转弹簧三种,如图 7.33 所示。本节主要介绍圆柱螺旋压缩弹簧的基本参数及规定画法。

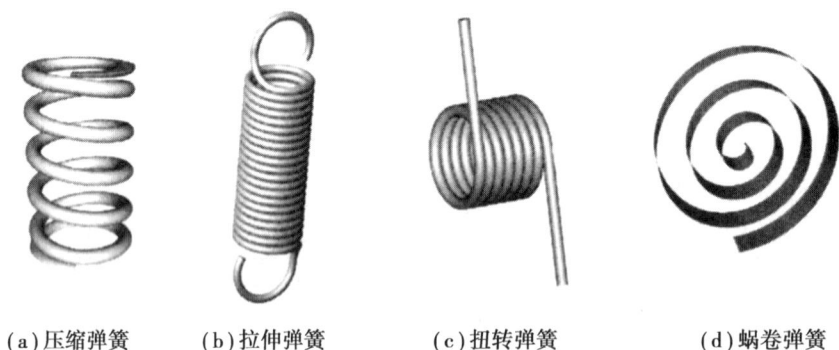

(a)压缩弹簧　　　(b)拉伸弹簧　　　　(c)扭转弹簧　　　　(d)蜗卷弹簧

图 7.33　弹 簧

7.6.1　圆柱螺旋压缩弹簧各部分名称及尺寸关系

圆柱压缩弹簧各部分名称及尺寸关系如图 7.34 所示。

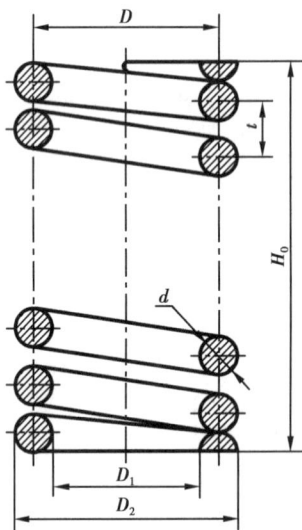

图 7.34　圆柱压缩弹簧参数

①簧丝直径 d:弹簧的钢丝直径。

②弹簧外径 D_2:弹簧的最大直径。

③弹簧内径 D_1:弹簧的最小直径。

④弹簧中径 D:弹簧的平均直径。

⑤有效圈数 n:自由状态下保持相等节距的圈数。

⑥支承圈数 n_2:为使压缩弹簧工作时端面受力均匀,工作平稳,在制造时需将弹簧两端并紧、磨平,这部分圈数只起支承作用,称为支承圈。支承圈有 1.5 圈、2 圈及 2.5 圈三种,常见的是 2.5 圈。

⑦总圈数 n_1:有效圈数与支承圈数之和,总圈数 $n_1 = n + n_2$。

⑧节距 t:有效圈中相邻两圈对应点间的轴向距离。

⑨自由高度 H_0:弹簧在不受外力作用时的高度,$H_0 = nt + (n_2 - 0.5)d$。

⑩展开长度 L:制造弹簧时钢丝的长度,$L \approx n_1 \sqrt{(\pi D_2)^2 + t^2}$。

7.6.2 圆柱螺旋压缩弹簧的规定画法

①螺旋弹簧在平行于轴线的视图中,其各圈的轮廓应画成直线。

②螺旋弹簧均可画成右旋,但对于左旋弹簧,不论画成左旋或右旋,一律要在"技术要求"中注出旋向。

③螺旋压缩弹簧的支撑圈要求两端并紧、磨平时,无论支承圈数多少,均按图 7.34 所示(有效圈数为整数,支承圈为 2.5 圈)的形式绘制,其实际支撑圈数应在"技术要求"中用文字说明。

④螺旋弹簧有效圈数多于四圈时,可以只画出两端的 1~2 圈(支承圈除外),中间部分省略不画,只用通过弹簧钢丝中心的两条点划线表示,且总高度可以缩短。

⑤在装配图中,被弹簧挡住的结构一般不画出,可见部分应从弹簧的外轮廓线或从弹簧钢丝剖面的中心线画起,如图 7.35(a)所示。

⑥在装配图中,当弹簧钢丝直径在图形中小于或等于 2 mm 时,其断面可涂黑表示,如图 7.35(b)所示;也允许采用示意画法,如图 7.35(c)所示。

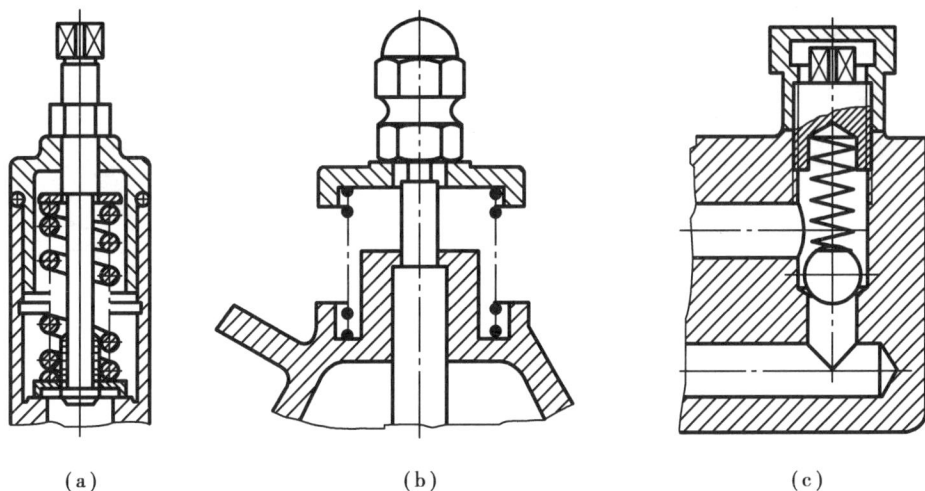

| (a) | (b) | (c) |

图 7.35　圆柱螺旋压缩弹簧在装配图中的画法

图 7.35

7.6.3 圆柱螺旋压缩弹簧的画图步骤

若已知弹簧的簧丝直径 d、弹簧中径 D、节距 t、有效圈数 n 和支撑圈数 n_2，可先算出自由高度 H_0，然后按如下步骤作图：

①以 D 和 H_0 为边长，画出矩形，如图 7.36(a) 所示；

②根据簧丝直径 d，画出两端的支撑圈，如图 7.36(b) 所示；

③根据节距 t，画出有效圈部分的圆，当有效圈数在 4 圈以上时，可省略中间圈，如图 7.36(c) 所示；

④按右旋方向作相应圆的公切线并在簧丝截面上画剖面线，完成后的圆柱螺旋压缩弹簧如图 7.36(d)(剖视图)和图 7.36(e)(视图)所示。

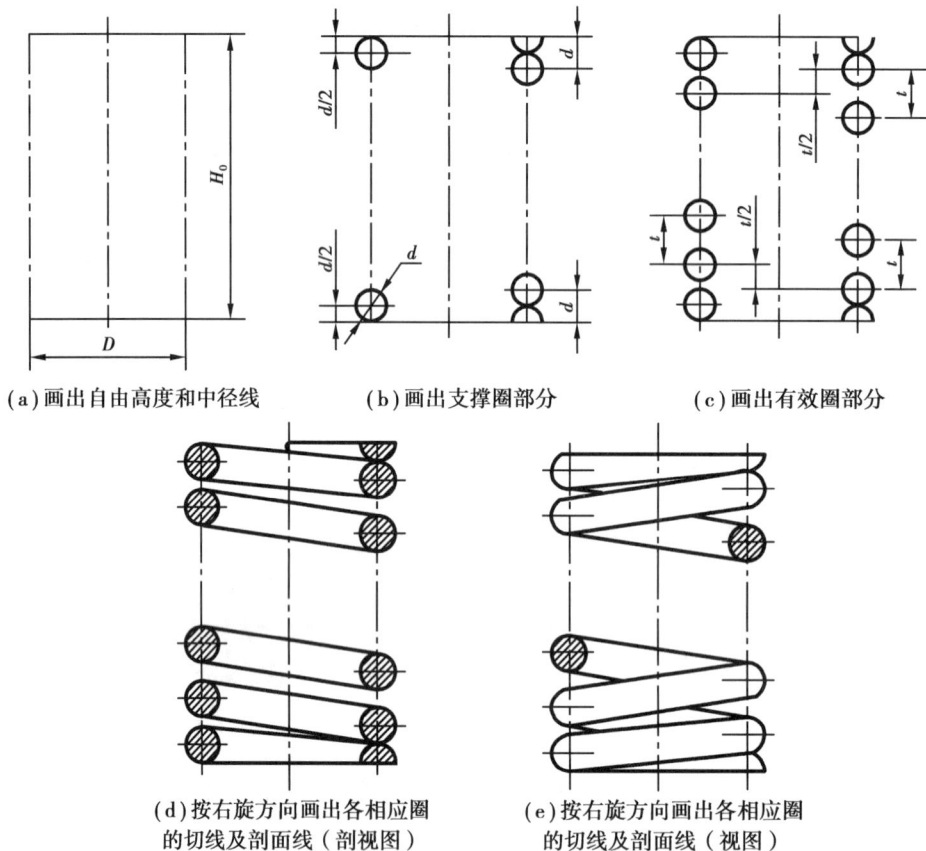

(a) 画出自由高度和中径线　　　(b) 画出支撑圈部分　　　(c) 画出有效圈部分

(d) 按右旋方向画出各相应圈
的切线及剖面线（剖视图）

(e) 按右旋方向画出各相应圈
的切线及剖面线（视图）

图 7.36　圆柱螺旋压缩弹簧的画图步骤

图 7.36

第 **8** 章

零件图

表达机器和零、部件的图样,统称为机械图样。机器是由若干部件和零件组成的,装配时,一般是把零件装配成部件,然后把有关的部件和零件装配成机器或成套设备。表达单个零件的图样称为零件图,表达机器或部件的图样称为装配图。本章主要介绍零件图的作用与内容,视图选择、尺寸标注、技术要求及读零件图等内容。

8.1 零件与部件的关系

机械产品(机器或部件)的设计、制造、检验、维修、管理等技术工作都必须通过机械图样来进行。在生产过程中,起指导作用的机械图样主要是零件图和装配图,是生产中的重要技术文件。图8.1和图8.2是球阀的轴测图和装配图。球阀是一种安装在管道中,用于启闭和调节流体流量的部件。在部件中每个零件都有各自的作用,如可起容纳、支承、传动、连接、定位、调整、密封和防松等作用中的一种或几种所用。

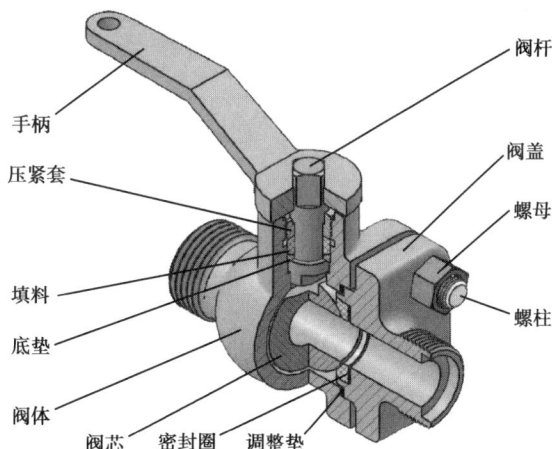

图 8.1 球阀轴测图

从图8.1和图8.2中可以看出阀体起支承、包容作用;阀杆起传动作用;阀盖、密封圈、填料和填料压紧套起密封作用;螺柱、螺母起连接作用。零件的结构形状是根据零件在部件中所起的作用和工艺上的要求设计的。为了保证装配和使用的要求,在同一部件中,相邻两零件或互相关联的零件之间的尺寸应相互协调,如在装配图中 $\phi14H11/h11$, $\phi50H11/h11$ 等。可见,零件与部件之间的关系是十分紧密的,零件是组成机器或部件的不可再拆分的基本单元。所以,在设计产品(机器或部件)时,一般先从总体考虑,设计工作原理示意图及装配示意图再画出装配图,然后再根据装配图设计零件,画出零件图。生产时,则按零件的材料及制造的数量等来备料,然后依据零件图设计零件的加工工艺路线,制造出零件,再按零件图进行检验,最后按装配图把合格的零件组装成产品(机器或部件)。

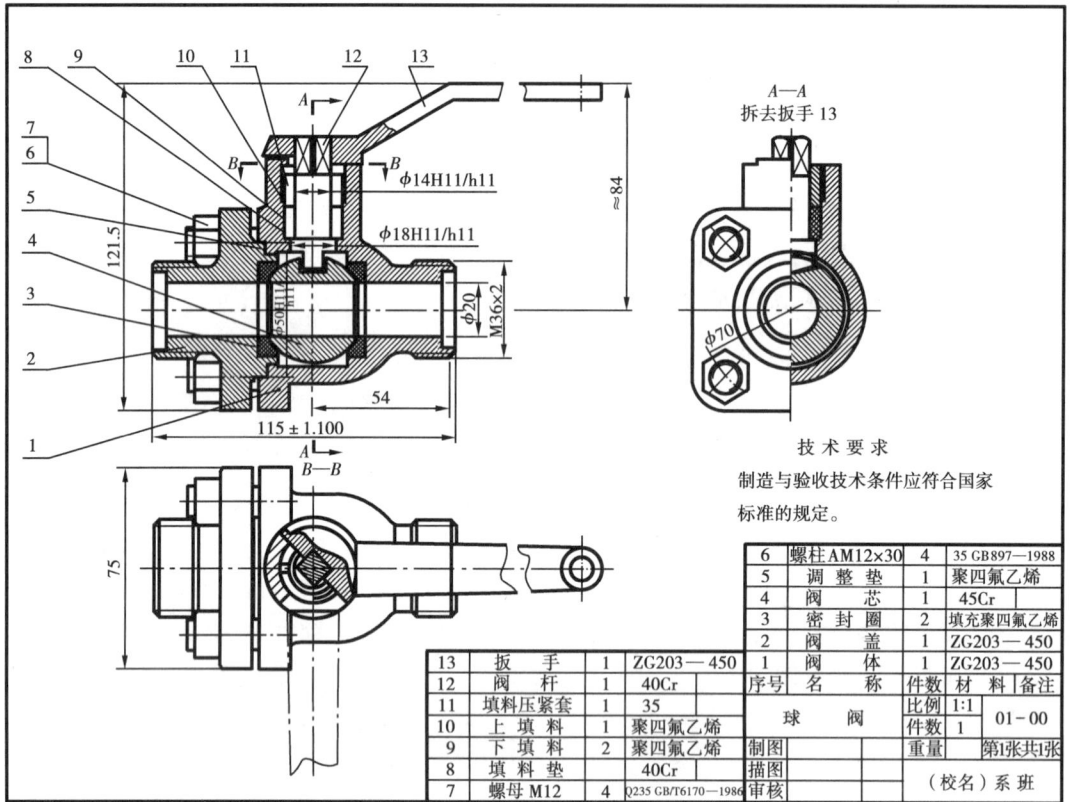

图 8.2　球阀装配图

8.2　零件的分类与零件图的内容

8.2.1　零件的分类

通过对球阀的分析,根据零件在部件中的作用可以将零件分为三种:

(1)一般零件

如阀体、阀盖、扳手等,这些零件的形状、结构、大小都必须按部件的性能和结构要求设计。按照零件的结构形状特点,一般零件可以分成轴套类、盘盖类、叉架类、箱体类等。一般

136

零件都要画出零件图。

(2)常用件

如齿轮、弹簧等,这类零件主要起传动和夹紧等作用,其部分结构及参数已经标准化,并有规定画法。常用件一般也要画出零件图。

(3)标准件

如螺栓、螺母、垫圈、键、销、滚动轴承、密封圈等,它们主要起零件间的连接、密封、定位和支撑等作用,它们的结构形状、规格、画法及标记等已标准化。对于标准件,只需根据已知的国家标准代号及规格大小,查阅有关标准,即能得到全部尺寸。标准件一般不必要画出零件图。

8.2.2　零件图的内容

直接指导制造和检验零件的图样是零件图。因此,零件图中必须包括制造和检验该零件所需要的全部信息。它不但要反映出设计者的设计思想,同时又要考虑到制造的可能性与合理性。图 8.3 是球阀部件中阀杆的零件图,可以看出,一张完整的零件图一般应包含如下内容:

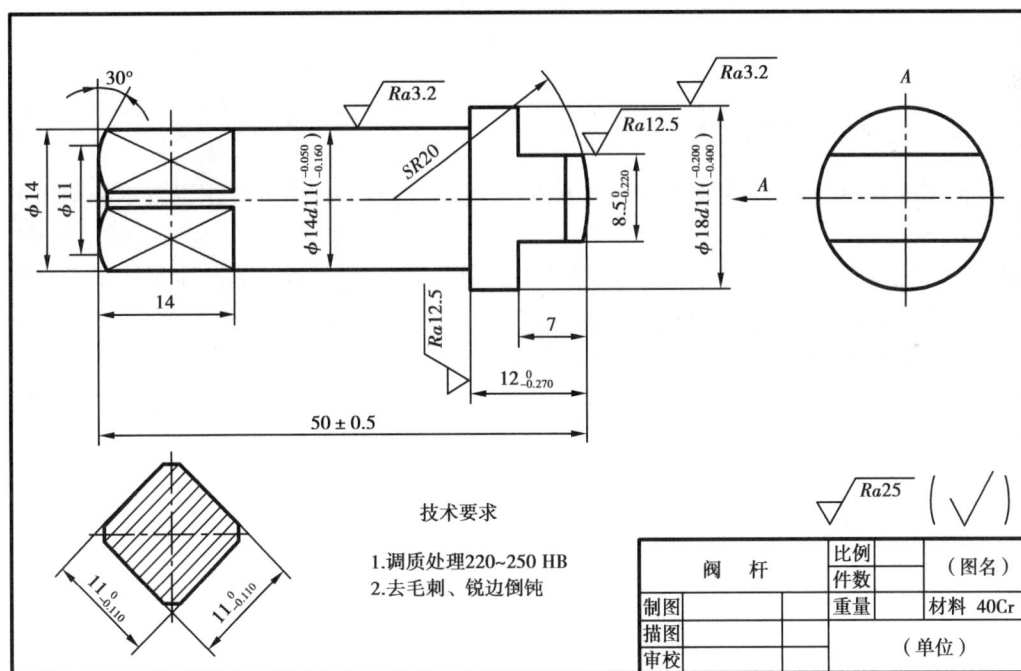

图 8.3　阀杆零件图

(1)一组视图

用于正确、完整、清晰和简洁地表达出零件内外形状结构的图形信息,可以采用前面学习过的机件各种表达方法,如视图、剖视图、断面图、局部放大图和简化画法等。

(2)完整尺寸

零件图中应正确、完整、清晰、合理地标注出制造和检验零件所需的全部尺寸信息。

(3)技术要求

零件图中必须用规定的代号、数字、字母和文字注解等说明制造和检验零件时在技术指标上应达到的要求,如表面粗糙度、尺寸公差、几何公差、材料及热处理、检验方法,以及其他特殊要求等。

(4)标题栏

标题栏应配置在图框的右下角。它一般由更改区、签字区、其他区、名称以及代号区等组成。填写的内容主要有零件的名称、材料、数量、比例、图样代号,以及设计、审核、批准者的姓名、日期等。标题栏的尺寸和格式已经标准化,如图1.3所示。本书则采用简化标题栏。

如图8.3所示的是阀杆的零件图。用三个视图表达,主视图为基本视图,有一个 A 向局部视图,一个移出断面图;一共标注了12个尺寸;标注了表面粗糙度和尺寸公差;标题栏也填写了主要内容。

在阀杆零件图中标注了尺寸公差及各表面的表面粗糙度等技术要求,并用文字注写了其他一些技术要求。

8.3 零件的视图选择及尺寸标注

8.3.1 零件图的视图选择

零件图的视图选择,应在深入细致地分析零件所在机器部件中的作用以及零件结构形状特点的基础上,选用适当的表达方法,完整、清晰、简洁地表达出零件的全部内外结构形状。视图选择的原则是:首先选择主视图,然后适当选配其他视图,以补充表达主视图中没有表达清楚的部分,同时也要考虑易于看图和画图简便。

(1)主视图的选择

主视图是零件图中最重要的视图,其选择的合理与否直接影响到画图、看图是否方便,以及其他视图的选择。因此,在选择主视图时,应注意以下原则:

1)形状特征原则

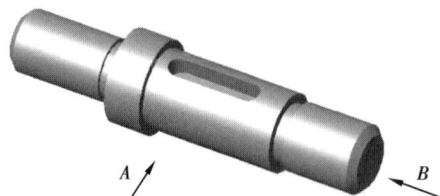

图8.4 轴

形状特征原则是确定主视图投射方向的依据。要选择能将零件各部分形状结构及其相对位置反映最清晰的方向,作为主视图的投射方向。如图8.4所示的轴,按箭头 A 方向进行投射所得到的视图,与按箭头 B 方向投射所得到的视图相比较,显然 A 投射方向要比 B 投射方向反映的形状特征好,因此,应以 A 投射方向作为主视图的投射方向,如图8.5(a)所示。

2)加工位置原则

加工位置是指零件在机床上加工时装夹所处的位置。主视图与加工位置一致,便于加工时看图。轴套类、盘盖类零件的主视图,一般按车削位置安放,即将轴线水平放置,如图8.5(a)所示。

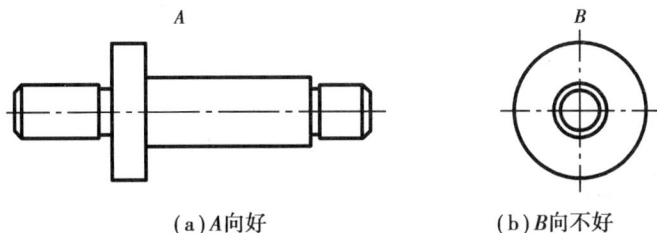

(a) A 向好　　　　　　　(b) B 向不好

图 8.5　轴的主视图选择

3）工作位置原则

工作位置是指零件安装在机器中工作时所处的位置。如支架类、箱体类零件,由于结构形状比较复杂,加工面较多,并且需要在各种不同的机床上加工,但安装在机器中的位置是固定不变的,因此,这类零件的主视图应按该零件在机器中的工作位置画出,便于装配时直接对照,有利于研究零件在装配体中的作用。

（2）其他视图的选择

在选定主视图后,还要适当地选择其他视图与之配合,才能把零件的内外结构形状确切地表达清楚。其他视图的确定应从以下几个方面考虑:

①根据零件复杂程度和结构特点,选用适量的视图(包括剖视图、断面图和局部放大图等)补充表达主视图所没有表达清楚的结构形状和各部分的相对位置。

②选用其他视图时,一般应优先考虑选用基本视图和在基本视图上作剖视,若基本视图不能满足要求或不便画图时,再考虑选用其他表达方法。

③在充分保证清晰、易懂、便于看图的前提下,尽量采用较少的视图,以免烦琐、重复,导致主次不分。

8.3.2　零件图的尺寸标注

（1）尺寸标注的要求

在零件图上标注尺寸,除了要符合前面所述的正确、完整、清晰的要求外,还要尽量考虑尺寸的合理性。所谓合理,即标注的尺寸能满足设计和加工工艺的要求,也就是既能使零件在部件(或机器)中很好地工作,又能使零件便于制造、测量和检验。

要做到尺寸标注得合理,需要较多的机械设计制造等方面的知识和实际加工经验,仅学习本课程是不够的。因此,这里对尺寸标注的合理性,只能作些粗浅的介绍和分析。

（2）合理标注尺寸应注意的几个问题

1）要正确地选用尺寸基准

为了能够做到合理,在标注尺寸时,应该对零件进行必要的形体分析、结构分析和工艺分析,恰当地选择好尺寸的基准,选择合理的标注形式。在标注零件的长、宽、高三个方向的尺寸时,每个方向要确定一个主要尺寸基准,从基准出发先标注定位尺寸,然后再标注定形尺寸。通常可选取的基准有:基准面——底板的安装面、重要的端面、装配结合面、零件的对称面等;基准线——回转体或回转面的轴线。

2）尺寸标注的形式

零件图上尺寸标注的形式有三种:坐标式、链状式和综合式。

①坐标式　零件上同方向的线性尺寸,都从同一基准注起,如图 8.6(a)所示。这样标注

尺寸,各尺寸之间的加工误差互不受影响,但零件在相邻两个坐标之间的那段尺寸(B)不易保证。

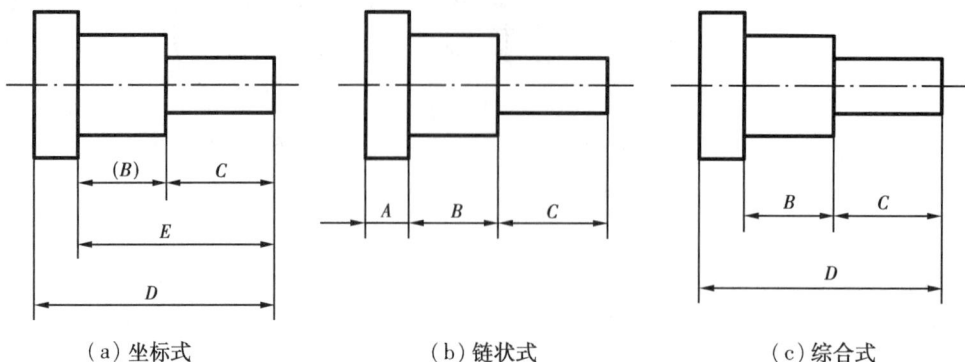

（a）坐标式　　　　　　　　（b）链状式　　　　　　　　（c）综合式

图8.6　尺寸标注形式

②链状式　零件上同方向的线性尺寸彼此首尾相接,前一尺寸的终点,即为后一尺寸的起点,并且各尺寸的基准各不相同,如图8.6(b)所示。这样标注尺寸,各段尺寸的误差互不影响,但各段尺寸误差影响总长尺寸D。

③综合式　零件上同方向的线性尺寸既有坐标式又有链状式,它是前两种形式的综合,如图8.6(c)所示。这样标注可将精度要求较高的尺寸直接注出,组成链状式,而把次要尺寸空出来不注,从而保证重要尺寸段的精度,这种标注形式的尺寸既能保证使用性能要求,又便于制造。

3）重要的尺寸直接标注

重要尺寸是指影响零件的加工质量或装配性能要求的尺寸,因此,重要尺寸应直接从主要基准标注,以便优先保证重要尺寸的精度要求。如图8.7(b)所示,注出B、C尺寸,由于加工误差,加工完成以后,A尺寸误差就会很大,所以尺寸A必须直接注出,如图8.7(a)所示。同理,安装时为保证轴承上两个$\phi6$孔与机座上的孔准确装配,两个$\phi6$孔的定位尺寸应该如图8.7(a)所示,直接注出中心距D,而不应如图8.7(b)所示,注出两个E。

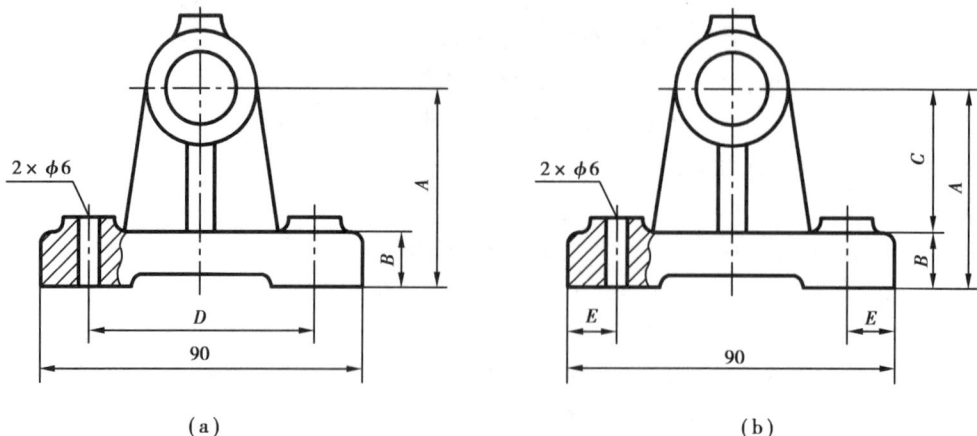

（a）　　　　　　　　　　　　（b）

图8.7　重要尺寸应直接标注

140

4)避免注成封闭尺寸链

零件同一方向的尺寸首尾相接,形成封闭尺寸链,如图 8.8(a)中,A、B、C、D 组成封闭尺寸链。

为了保证每个尺寸的精度要求,通常对尺寸精度要求最低的一环不注尺寸,这样既保证了设计要求,又降低了加工成本,如图 8.8(b)所示。

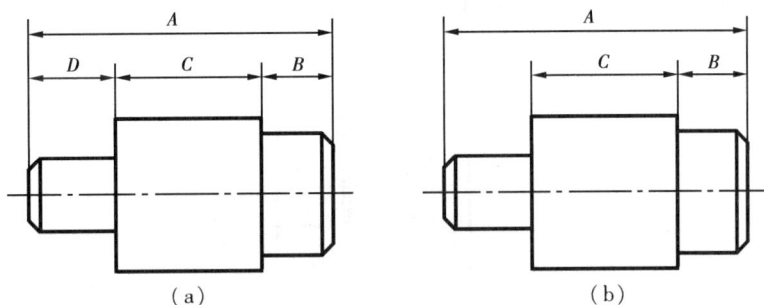

图 8.8　避免注成封闭尺寸链

5)同一结构的相关尺寸尽量集中标注

如图 8.9 所示的小轴上键槽的尺寸集中在两处(　　　　　　　45 和 A—A 断面图中的 12、35)标注,看起来就比较方便。

6)符合加工顺序

按加工顺序标注尺寸,便于看图、测量,且容易保证　　　

如图 8.9 所示的小轴,长度方向的尺寸除 51 属于设　　　要尺寸应单独标注外,其余都按加工顺序标注。图 8.10 表示了该零件在车床上的加工顺序,由此可以看出,图 8.9 的尺寸标注对于在加工过程中看图和测量都是方便的。

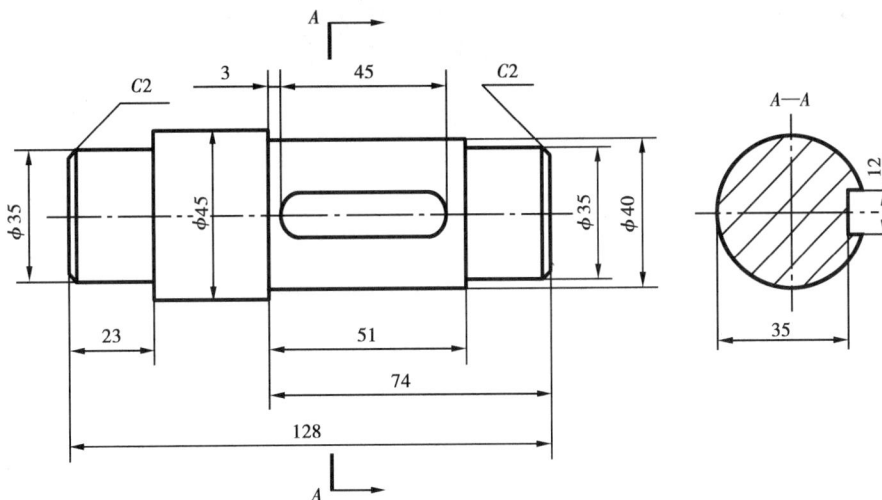

图 8.9　小轴

7)加工面和非加工面之间的尺寸标注

加工面和非加工面之间一般只注一个联系尺寸,如图 8.11(a)中的标注就不合理,而图 8.11(b)所示的尺寸就比较合理。

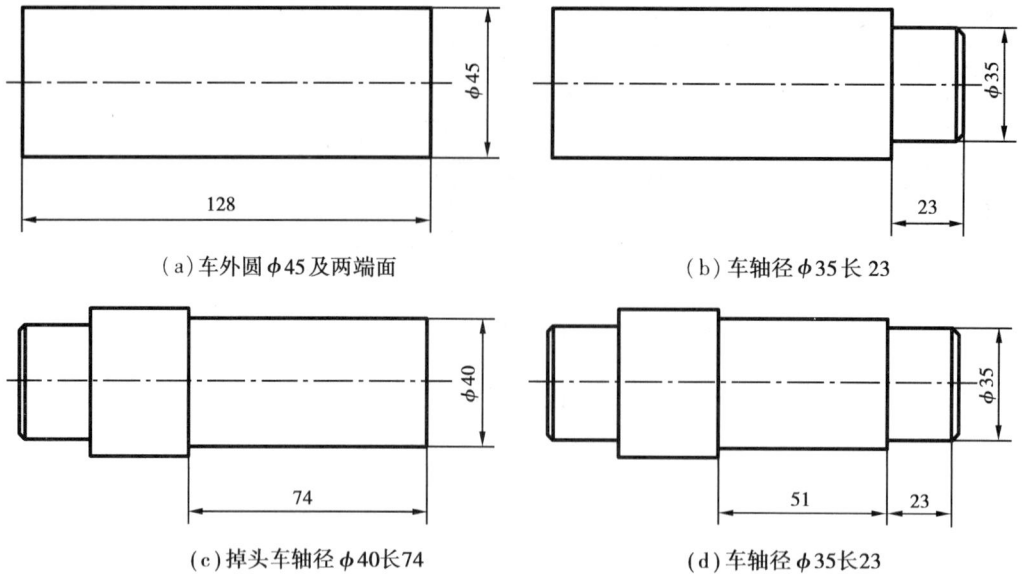

（a）车外圆φ45及两端面

（b）车轴径φ35长23

（c）掉头车轴径φ40长74

（d）车轴径φ35长23

图 8.10　小轴在车床上的加工工序

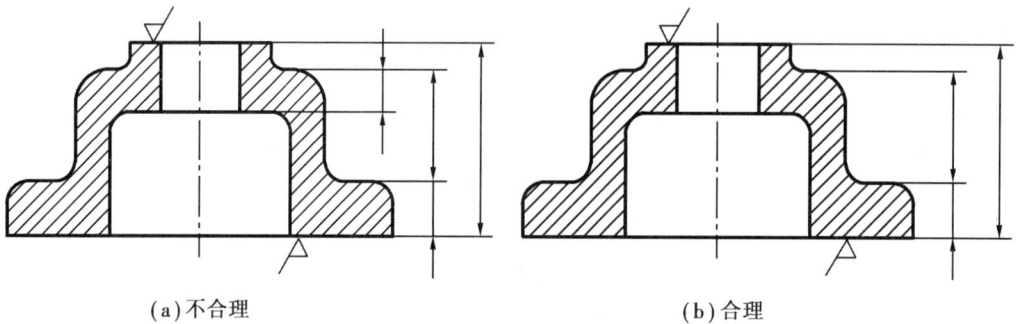

（a）不合理

（b）合理

图 8.11　加工面和非加工面

8.3.3　典型零件的视图表达与尺寸标注分析

（1）轴套类零件

1）结构特点

这类零件一般包括轴、衬套等零件，它们的结构特点：各组成部分多数是由直径大小不等的同轴圆柱、圆锥体所组成。根据设计和工艺要求，这类零件常带有圆角、倒角、键槽、退刀槽、越程槽等结构，如图 8.4 轴、图 8.12 泵轴零件图所示。

2）视图选择

①主视图的选择　因为轴套类零件主要在车床上加工，为了加工时看图方便，轴套类零件按加工位置安放，一般将轴线水平放置，把垂直于轴线的方向作为主视图的投射方向。这样既符合加工位置，同时又反映了轴类零件的主要结构特征和各组成部分的相对位置，如图 8.12 所示。

②其他视图的选择　对于轴的一些局部结构，常采用剖视图、断面图、局部视图、局部放大图等来表达。如图 8.12 所示泵轴零件图采用了两个移出断面和两个局部放大图，表达泵

轴上的键槽、通孔、砂轮越程槽和螺纹退刀槽等局部结构。泵轴的结构如图 8.13 所示。

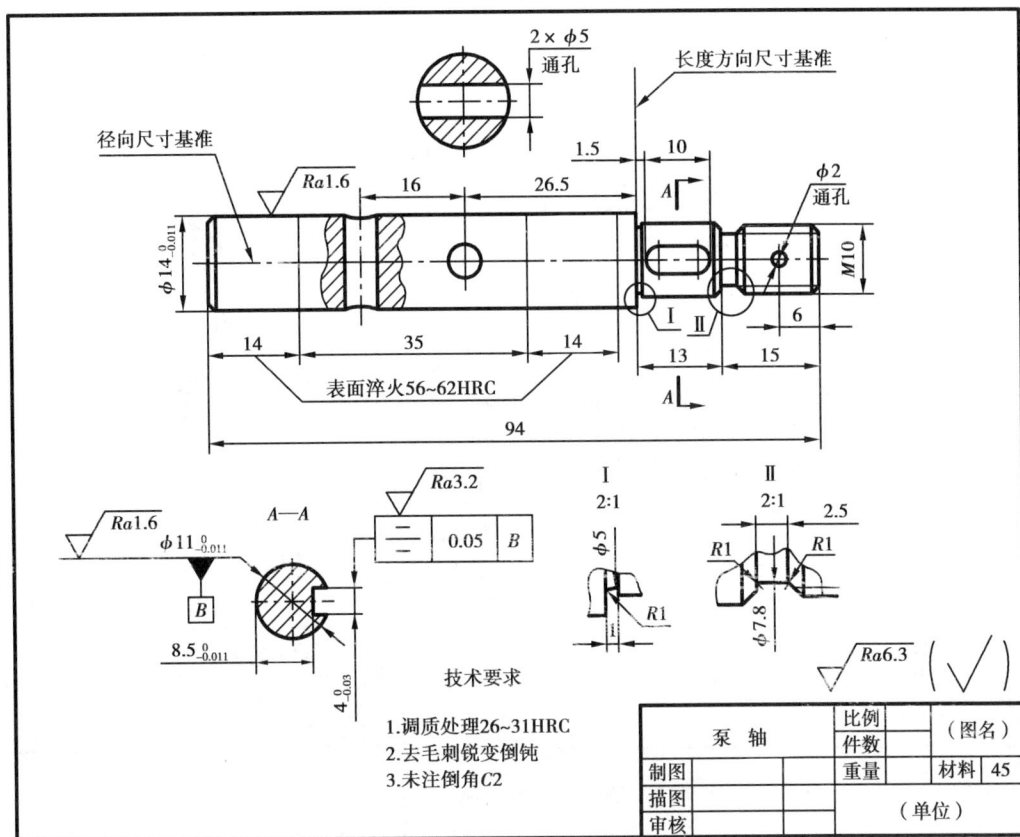

图 8.12　泵轴零件图

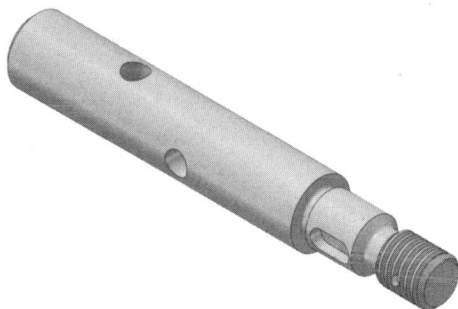

图 8.13　泵轴

套类零件通常是一种空心回转体零件,其主视图一般采用轴线水平放置的全剖视图表示,再用其他视图表达另一些结构形状,如图 8.14 所示的衬套零件图,该零件的结构如图 8.15 所示。套的一些局部结构,其表达方法与轴的表达方法相同。

根据轴套类零件的结构特点,常用的表达方法可归纳如下:

a.一般按加工位置将轴水平横放,平键槽朝前。通常采用垂直于轴线的方向作为主视图的投射方向。

b.常采用剖视图、断面图、局部剖视图、局部视图等表达方法表示键槽和孔等其他结构。

143

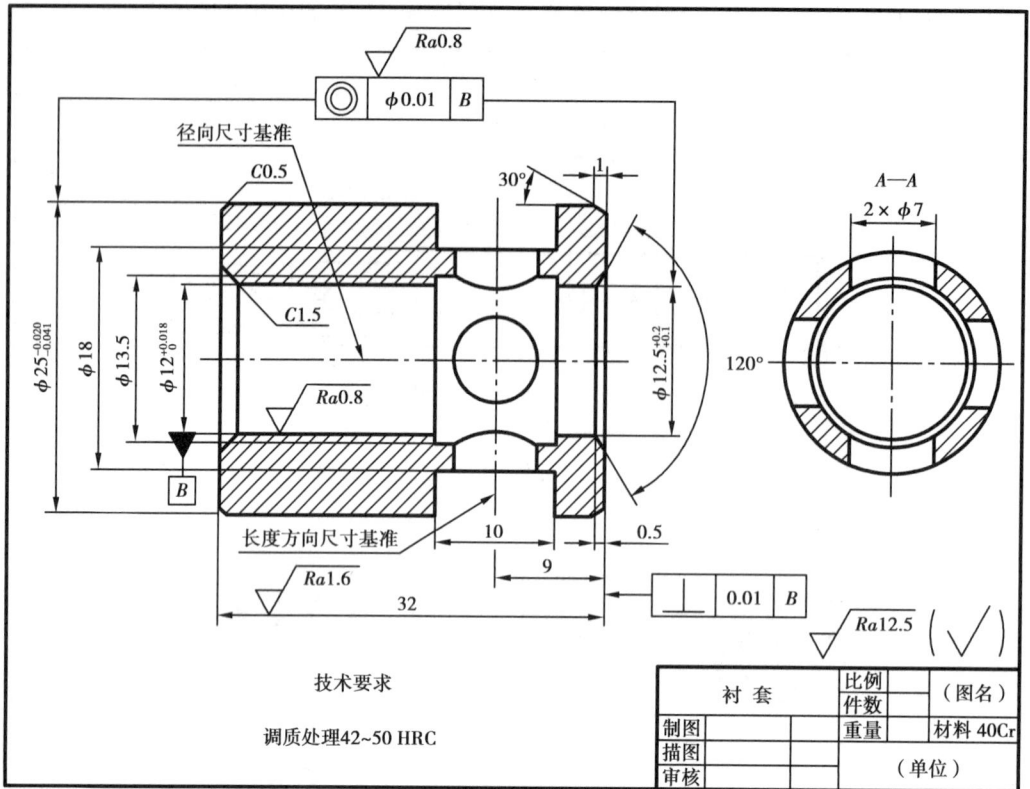

图 8.14　衬套零件图

图 8.15　衬套

c.采用局部放大图表达零件上细小结构的形状结构,并标注其详细尺寸。

3)尺寸标注

在标注轴套类零件的尺寸时,常以它的轴线作为径向的尺寸基准(高度方向和宽度方向的基准是同一轴线,称为径向尺寸基准)。由此注出如图 8.12 中所示的 $\phi14_{-0.011}^{0}$、$\phi11_{-0.011}^{0}$(见 A—A 断面)等。这样就把设计上的要求和加工时的工艺基准(轴类零件在车床上加工时,两端用顶针顶住轴的中心孔)统一起来了。而长度方向的基准常选用重要的端面、接触面(轴肩)或加工面等。如图 8.12 中所示的表面粗糙度为 Ra 为 6.3 的右轴肩,被选为长度方向的尺寸基准,由此注出 13、28、1.5 和 26.5 等尺寸;再以右轴端为长度方向的辅助基准,从而标注出轴的总长 94。

(2)盘盖类零件

1)结构特点

这类零件一般有端盖、阀盖、齿轮、链轮和凸轮等,它们的主体结构大多数是共轴线的回转体,其轴向尺寸较小而径向尺寸较大,与轴套类零件正好相反。通常还带有各种形状的凸缘、均布的圆孔(沉孔或螺孔)、轮辐、肋板等局部结构。

2）视图选择

①主视图的选择　盘盖类零件的加工主要是在车床上进行的,所以主视图常以轴线水平横放,垂直于轴线的方向作为投射方向,并作全剖视或半剖视,如图8.16所示的端盖的主视图。

②其他视图的选择　根据这类零件的结构特点,采用一个主视图,还不能清楚地表达零件的各部分形状。这就要增加其他视图,如左视图、右视图或俯视图,把零件的外形和均布结构表达出来。如图8.16所示就增加了一个左视图,以表达带圆角的方形凸缘和四个均布的台阶孔。

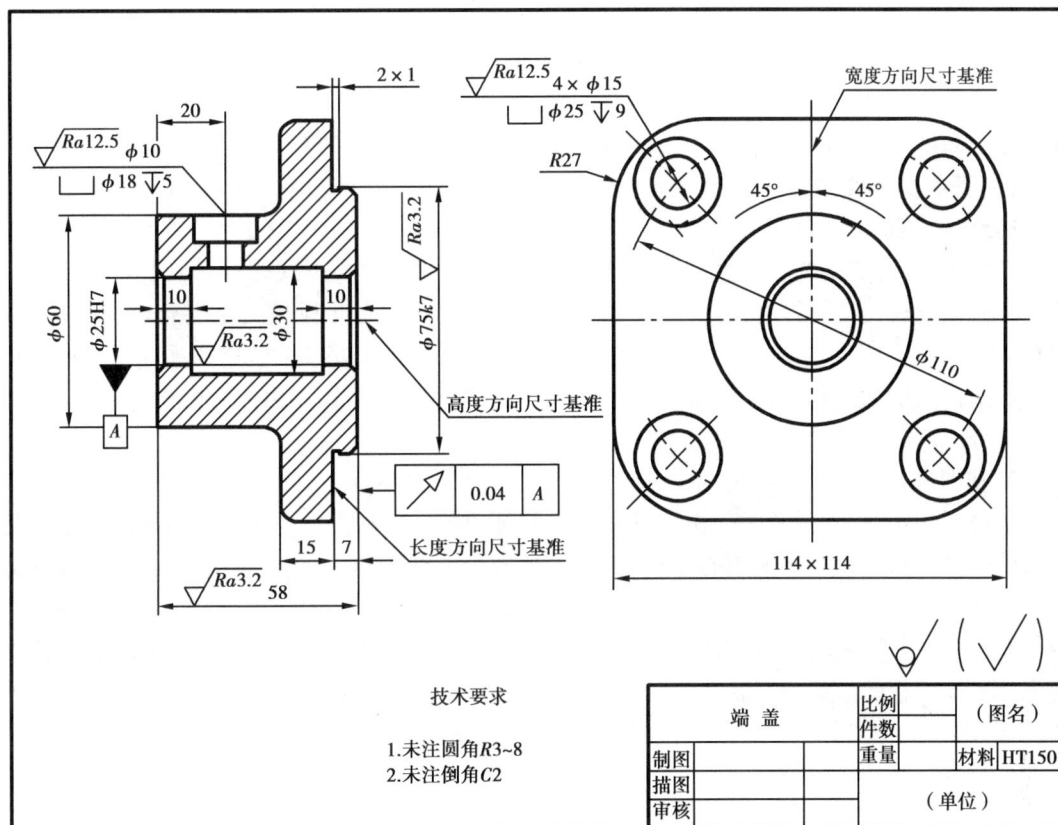

图8.16　端盖零件图

零件端盖的整体结构及内部结构,如图8.17所示。

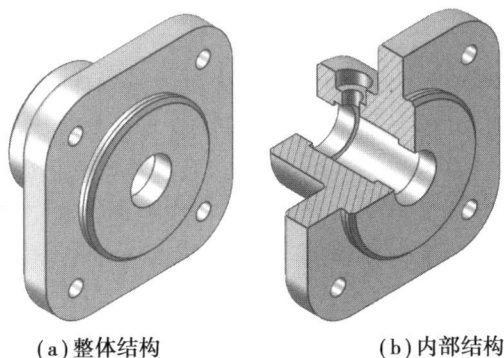

（a）整体结构　　　　　　　　　（b）内部结构

图8.17　端盖

通过以上分析,盘盖类零件的常用表达方法可归纳如下:

a. 这类零件若以车削为主,选择主视图时,一般将轴线放成水平位置。若不以车削为主,则可按工作位置来画图。

b. 一般采用两个基本视图,主视图常采用剖视图表示内部各组成部分的相对位置,另一视图表示零件的外形轮廓和螺孔、光孔、轮辐等的相对位置及其分布情况。

c. 用局部视图、断面图等表达一些局部结构。

3)尺寸标注

在标注盘盖类零件的尺寸时,若属于圆盘则常以通过轴孔的轴线作为径向尺寸基准,长度方向的尺寸基准常选用重要的端面或与其他零件的接触面。若不属于圆盘则常以上下对称面作为高度方向基准,前后对称面作为宽度方向尺寸基准,如图 8.16 所示。

(3)叉架类零件

1)结构特点

叉架类零件,如支架、挂轮架、拨叉、摇臂、连杆等。这类零件形式多样、结构复杂,常先由铸造或模锻制成毛坯,后经机械加工而成。叉架类零件一般有肋板、杆、筒、座以及铸(锻)造圆角、拔模斜度、凸台、凹坑等结构。随着零件的作用及安装到机器上位置的不同而具有各种形式的结构,且不像轴套类那样有规则,但多数叉架类零件的主体都由工作部分、安装部分和连接部分三部分组成。

2)视图选择

主视图的选择,主要考虑工作位置和形状特征,在基本视图上做适当的局部剖视来表达大部分结构形状。对其他视图的选择,常常需要两个或两个以上的基本视图,并且还要用适当的局部视图、断面图等表达方法来表达零件的其他一些局部结构。如图 8.18 所示的托架零件图,主视图表达了相互垂直的安装板、支撑板、支承孔以及夹紧用螺孔等结构。左视图主要表达了安装板的形状和安装孔的位置以及支撑板的宽度。为了表示夹紧螺孔部分的外形结构,采用了 B 向局部视图,采用移出断面表示了支撑板的断面形状。

3)尺寸标注

在标注叉架类零件的尺寸时,通常选用安装基面、主要回转面的轴线、对称平面或端面作为尺寸基准。尺寸标注如图 8.18 所示。

零件托架的整体结构如图 8.19 所示。

(4)箱体类零件

1)结构特点

箱体类零件是用来支承、包容、保护运动零件或其他零件的。一般来说,这类零件的形状、结构比前面三类零件复杂,而且加工位置多变。常见的箱体类零件有阀体、泵体、减速器箱体等零件。这类零件常具有内腔、壁、轴孔、肋以及起连接和固定作用的法兰凸缘、安装底板、螺孔、安装孔等结构。箱体类零件大都是先铸造成毛坯,再经过必要的机械加工而成,因而还具有铸造圆角、拔模斜度、凸台、凹坑等工艺结构。

2)视图选择

①主视图的选择 箱体类零件加工时要经过多道工序,各工序中的位置一般不一样,但箱体类零件在机器或部件中的安装位置是固定的。为了便于看图,常根据工作位置和形状特征选择主视图。为了表达内部结构,一般采用沿着零件的对称面或主要轴线剖开的剖视图。

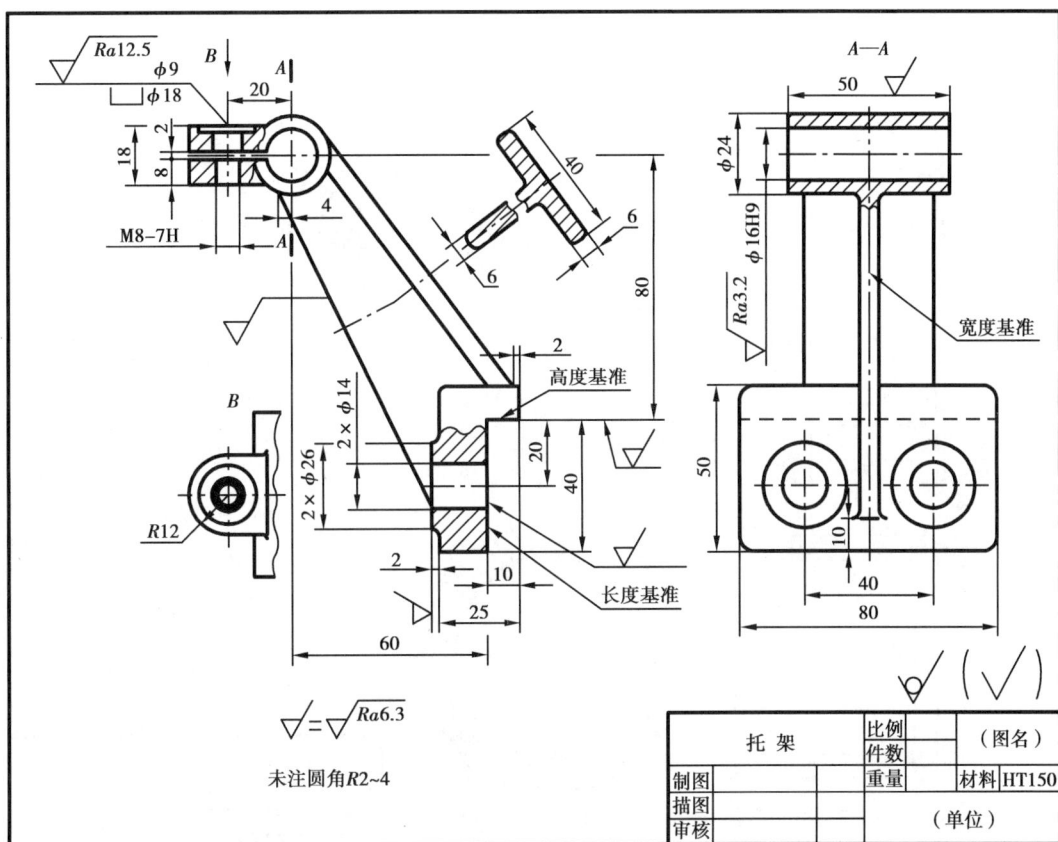

图 8.18　托架零件图

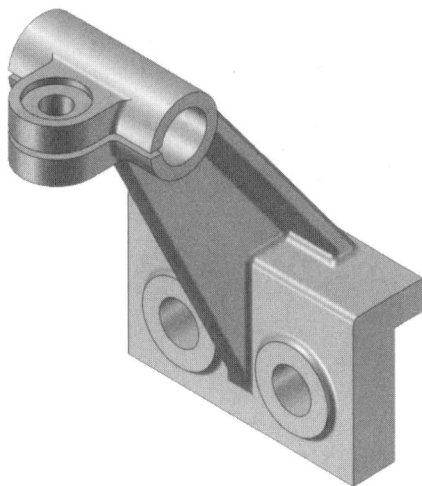

图 8.19　托架

②其他视图的选择　因为箱体类零件结构比较复杂,其基本视图往往超过三个。当主视图确定后,可灵活运用各种表达方法,根据实际情况采用适当的剖视、断面、局部视图和斜视图等多种表达方法,以清晰地表达零件的内外结构。如图 8.20 所示为某箱体零件的零件图。

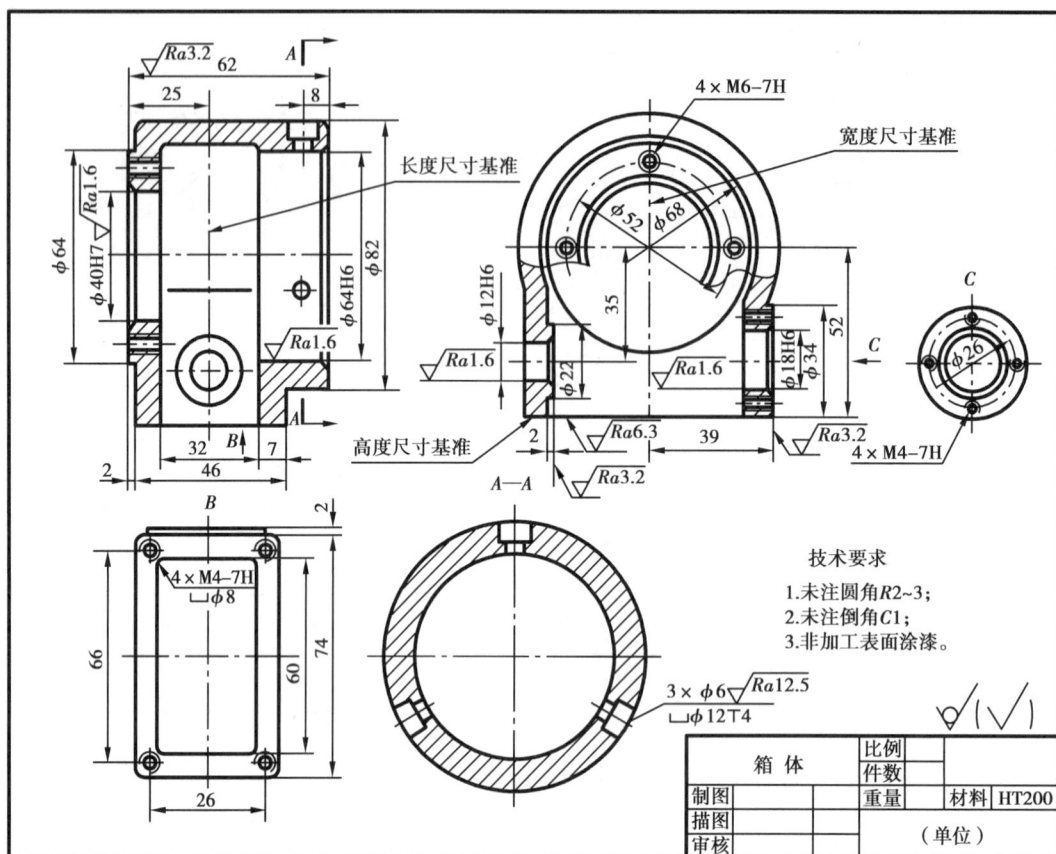

图 8.20 箱体零件图

零件箱体的整体结构如图 8.21 所示。

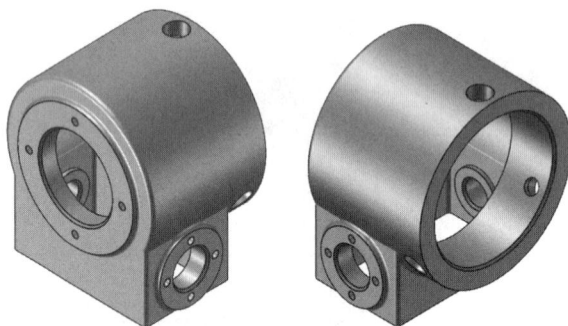

图 8.21 箱体

根据箱体类零件的结构特点,常用的表达方法如下:

a. 主视图可根据箱体的主要结构特征选择,常按其工作位置放置。

b. 一般常用三个或三个以上的基本视图,并适当地采用各种剖视方法表达出内部结构的形状,对零件的外形也要采用相应的视图表达清楚。

c. 对一些局部结构可采用局部视图、局部剖视图、斜视图、断面图等表达。

3)尺寸标注

在标注箱体类零件尺寸时,通常选用设计上要求的轴线、重要的安装面、接触面(或加工面)、箱体某些主要结构的对称面等作为尺寸基准。对于箱体上需要切削加工的部分,应尽可能按便于加工和检验的要求来标注尺寸。同一个方向有一个主要基准和多个辅助基准。尺寸标注如图 8.20 所示。

8.4 零件图中的技术要求

零件图中除有图形和尺寸外,还必须有制造和检验该零件时应该达到的质量要求,一般称为技术要求。它包括表面结构、极限与配合、形状位置公差、热处理、表面处理、零件材料以及加工检验的要求等项目。为了能够全面地认识零件图,本节仅对比较重要的内容作一些介绍。

8.4.1 表面结构

(1)表面结构的概念

表面结构是指零件表面的几何形态。零件表面在宏观下很光滑,但在微观下却呈现出高低不平的状况。这主要是在加工零件时,由于刀具在零件表面上留下的刀痕及切屑分裂时表面金属的塑性变形所形成的。零件的表面结构特征由表面粗糙度、表面波纹度和原始轮廓及表面缺陷等方面构成。其中,表面粗糙度常用于评定零件的表面质量,它对零件的配合性质、工作精度、耐磨性、抗腐蚀性、密封性、外观等都有影响。在保证机器性能的前提下,为获得相应的零件表面粗糙度,应根据零件的作用,选用恰当的加工方法,尽量降低生产成本。一般来说,凡零件上有配合要求或有相对运动的表面,表面粗糙度参数值要小。

(2)表面粗糙度的评定参数

零件表面粗糙度的评定参数有:轮廓算术平均偏差 Ra 和轮廓最大高度 Rz 两项评定参数,使用时优先选用评定参数 Ra。

1)轮廓算术平均偏差 Ra

如图 8.22(a)所示,在取样长度 l 内,轮廓偏距绝对值的算术平均值。用公式表示为:

$$Ra = \frac{1}{l}\int_0^l |y(x)|\,\mathrm{d}x \text{ 近似为 } Ra = \frac{1}{n}\sum_{i=1}^{n} |y_i|$$

Ra 的数值及取样长度 l 见表 8.1。

表 8.1 Ra 及 l, l_n 的选用值

$Ra/\mu m$	≥0.008~0.02	>0.02~0.1	>0.1~2.0	>2.0~10.0	>10.0~80
取样长度/mm	0.08	0.25	0.8	2.5	8.0
评定长度/mm	0.4	1.25	4.0	12.5	40
Ra(系列) /μm	0.008 0.010 **0.012** 0.016 0.020 **0.025** 0.032 0.040 **0.050** 0.063 0.080 **0.100** 0.125 0.160 **0.20** 0.25 0.32 **0.40** 0.50 0.63 **0.80** 1.00 1.25 **1.60** **2.0** 2.5 **3.2** 4.0 5.0 **6.3** 8.0 10.0 **12.5** 16 20 **25** 32 40 **50** 63 80 **100**				

注:①Ra 数值中黑体字为第一系列,应优先采用。

②l_n 是评定轮廓所必需的一段长度,一般为五个取样长度。

(a) 轮廓算术平均偏差 *Ra*

(b) 轮廓最大高度 *Rz*

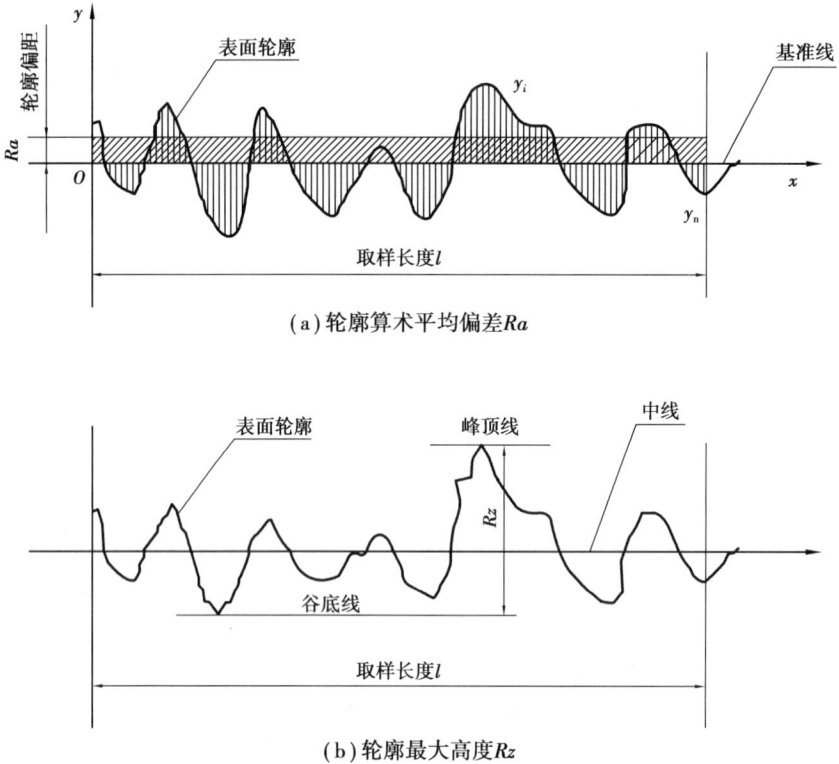

图 8.22　轮廓曲线和表面粗糙度参数

2) 轮廓最大高度 *Rz*

如图 8.22(b) 所示, 在取样长度 *l* 内, 轮廓峰顶线与轮廓峰底线之间的距离。

(3) 表面粗糙度的代号、符号及其标注

1) 表面粗糙度符号的含义

GB/T 131—2006 规定了表面粗糙度代号及其注法。图样上表示零件表面粗糙度的符号见表 8.2。

表 8.2　表面粗糙度的符号及其意义

符　号	意义及说明
	基本符号:表示表面可以用任何方法获得。当不加注粗糙度参数值或有关说明(例如,表面处理、局部热处理情况等)时,仅适用于简化代号注法
	基本符号加一短划:表示表面是用去除材料的方法获得。如车、铣、钻、磨、剪切、抛光、腐蚀、电火花加工、气割等
	基本符号加一小圆:表示表面是用不去除材料的方法获得。如铸、锻、冲压变形、热轧、冷轧、粉末冶金等,或是用于保持原供应状况的表面(包括保持上道工序的状况)

2）图样上表示表面粗糙度符号画法

表面粗糙度符号画法如图 8.23 所示。

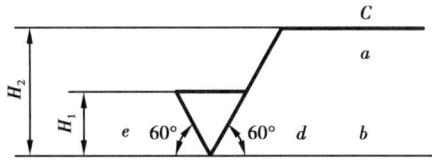

$H_1 = 1.4 \, h$（h 为字体高度）　$H_2 = 2H_1$

a——粗糙度高度参数代号及其数值，单位为 μm

b——第 i 个粗糙度高度参数值　c——加工方法，如"车""磨"等

d——加工纹理方向符号　e——加工余量，单位为 mm

图 8.23　表面粗糙度符号画法和注写位置

3）表面粗糙度的代号标注示例

表面粗糙度符号、代号一般标注在可见轮廓线、尺寸界线、引出线或它的延长线上。符号的尖端必须从材料外指向表面。在同一图样上，每一表面一般只标注一次符号、代号，并尽可能靠近有关尺寸线。当位置狭小或不便标注时，符号、代号可以引出标注。

表面粗糙度参数 Ra、Rz 在代号中用数值标注时，在参数值前需标注出相应的参数代号 Ra 或 Rz，标注示例见表 8.3。

表 8.3　表面粗糙度代号及含义示例

代　号	含　义
$\sqrt{Ra0.8}$	表示不允许去除材料，轮廓的算术平均偏差 Ra 的（单项）上限值为 0.8 μm
$\sqrt{Rz_{max}0.2}$	表示去除材料，轮廓最大高度 Rz 的最大值为 0.2 μm
$\sqrt{\begin{array}{l} U\,Ra_{max}3.2 \\ L\,Ra0.8 \end{array}}$	表示不允许去除材料，双向极限值，轮廓的算术平均偏差上限值为 3.2 μm，最大规则；下限值为 0.8 μm，默认规则
$\sqrt{\begin{array}{l} Ra_{max}3.2 \\ Rz12.5 \end{array}}$	表示任意加工方法，两个单项极限值：轮廓的算术平均偏差 Ra 最大值为 3.2 μm，最大规则；轮廓最大高度 Rz 的上限值为 12.5 μm，默认规则

(4) **图样上的表面粗糙度标注方法**

表面粗糙度在图样上的标注方法见表 8.4。

表 8.4　表面粗糙度要求标注示例

图例		
说明	表面粗糙度符号一般注在可见轮廓线、尺寸界线、引出线或它们的延长线上,且每个表面只标注一次;符号的尖端必须从材料外指向表面 　　表面粗糙度代号的注写和读取方向与尺寸的注写和读取方向一致	必要时也可用带箭头或黑点的指引线引出标注表面粗糙度要求
图例		
说明	圆柱和棱柱的表面粗糙度要求只标注一次	如果棱柱的每个表面有不同的表面粗糙度要求,则应分别单独标注
图例		
说明	在图形或标题栏附近对有相同表面粗糙度要求的表面用带字母的完整符号简化标注	在图形或标题栏附近对有相同表面粗糙度要求的表面用表面粗糙度基本符号或扩展符号的简化注法
	多个表面有共同要求的简化注法	

图例		
说明	表面粗糙度要求标注在几何公差框格的上方	在不致引起误解时,表面粗糙度要求标注在特征尺寸的尺寸线
图例		
说明	在圆括号内给出无任何其他标注的基本符号	在圆括号内给出不同的表面粗糙度要求
说明	有相同表面粗糙度要求的简化注法,如果在工件的多数(包括全部)表面有相同的表面粗糙度要求时,则其表面粗糙度要求可统一标注在图样的标题栏附近(不同的表面粗糙度要求应直接标注在图形中),有上述两种注法	
图例		
说明	零件上连续表面或重复要素(孔、齿、槽)的表面,其表面粗糙度代号只标注一次	对连续表面或用细实线连接不连续的同一表面其表面粗糙度符号、代号只需标注一次

续表

图例	
说明	由几种不同的工艺方法获得的同一表面,当需要明确每种工艺方法的表面粗糙度要求时,可按上图进行标注 图中:Ep 表示电镀;磨削工序仅对长为 50 mm 的圆柱表面有效

8.4.2 极限与配合

极限与配合,是零件图和装配图中的一项重要的技术要求,也是检验产品质量的技术指标之一。国家标准总局颁布了《线性尺寸公差 ISO 代号体系》(GB/T 1800.1—2020)、(GB/T 1800.2—2020)等标准。它们的应用几乎涉及了国民经济的各个部门,特别是对机械工业更具有重要的作用。

(1)公差与配合的基本概念

1)零件的互换性

在装配机器时,从一批规格相同的零件中任取一件,不经修配,就能装到机器上去,并能保证使用要求,零件具有的这种性质称为互换性。现代化的机械工业,要求机器零件具有互换性,这样,既能满足各生产部门广泛的协作要求,又能进行高效率的专业化生产。

2)尺寸公差

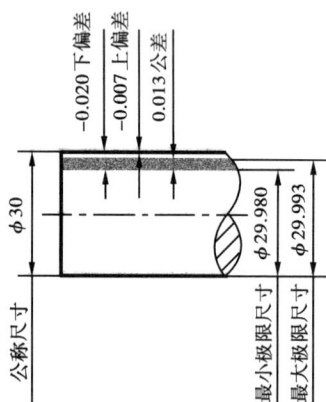

图 8.24 公称尺寸与极限尺寸

在零件的加工过程中,由于受到机床精度、刀具磨损、测量误差等诸多因素的影响,不可能把零件尺寸做得绝对准确。为保证零件的互换性,必须将零件的尺寸控制在允许的变动范围内,这个允许的尺寸变动量称为尺寸公差,简称公差。

有关尺寸公差的术语、定义和名词,以图8.24圆柱尺寸为例作简要说明。

①公称尺寸 $D(d)$ 设计给定的尺寸,如图8.24所示的 $\phi 30$。

②实际尺寸 零件制成后,通过测量所得的尺寸。

③极限尺寸 允许零件实际尺寸变化的两个极限值,其中较大的一个尺寸称为最大极限尺寸,较小的一个称为最小极限尺寸。

④尺寸偏差(简称偏差) 某一尺寸减去公称尺寸所得的代数差。尺寸偏差有上偏差、下

偏差(统称偏差)和实际偏差,即

$$上偏差 = 最大极限尺寸 - 公称尺寸$$

$$下偏差 = 最小极限尺寸 - 公称尺寸$$

如图 8.24 所示的轴:

$$上偏差 = 29.993 - 30 = -0.007;下偏差 = 29.980 - 30 = -0.020$$

国家标准规定用代号 ES 和 es 分别表示孔和轴的上偏差;用 EI 和 ei 分别表示孔和轴的下偏差。

实际尺寸减去公称尺寸的代数差称为实际偏差。

⑤尺寸公差(简称公差)　允许的尺寸变动量,即

$$公差 = 最大极限尺寸 - 最小极限尺寸$$

或

$$公差 = |上偏差 - 下偏差|$$

如图 8.24 所示的轴:

$$公差 = 29.993 - 29.980 = 0.013$$

或

$$公差 = |-0.007 - (-0.020)| = 0.013。$$

⑥零线　在公差带图(极限与配合)中确定偏差的一条基准线,即零偏差线。通常以零线表示公称尺寸。

⑦尺寸公差带(简称公差带)　公差带表示公差的大小和相对零线位置的一个区域。

图 8.25 表示了一对互相结合的孔和轴的基本尺寸、极限尺寸、偏差、公差的相互关系。为简化起见,一般只画出孔和轴的上、下偏差围成的方框简图,称为公差带图,如图 8.20(b)所示。在公差带图中,零线是表示公称尺寸的一条直线。

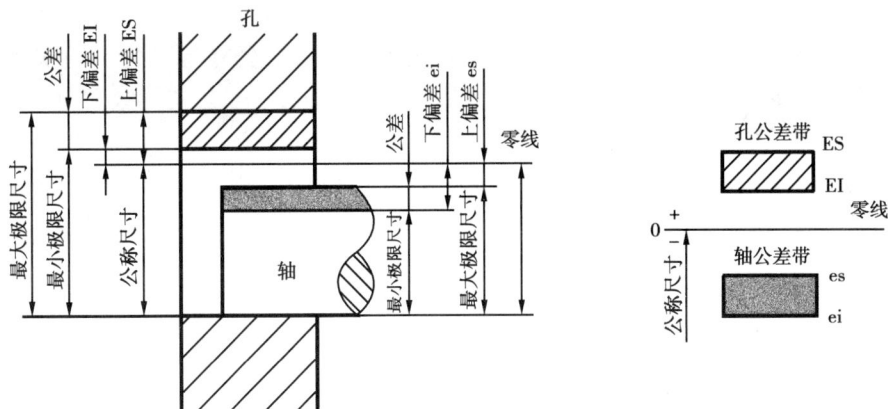

图 8.25　尺寸、尺寸偏差及公差带

(2)标准公差和基本偏差

为便于生产,实现零件的互换性及满足不同的使用要求,国家标准《极限与配合》规定了公差带由"标准公差"和"基本偏差"两个要素组成。标准公差确定公差带的大小,而基本偏差确定公差带的位置,如图 8.26 所示。

1)标准公差(IT)

标准公差的数值由公称尺寸和公差等级来决定,其中公差等级是确定尺寸精确程度的标记。标准公差分为 20 级,即 IT01,IT0,IT1,…,IT18。IT 表示公差,阿拉伯数字表示公差等级,

其尺寸精确程度从 IT01 到 IT18 依次降低。标准公差的具体数值见附表 6.1。

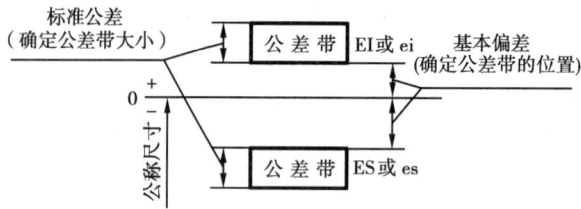

图 8.26　公差带大小及位置

2）基本偏差

基本偏差是国家标准"极限与配合"所列的,用以确定公差带相对零线位置的上偏差或下偏差,一般指靠近零线的那个偏差。当公差带在零线的上方时,基本偏差为下偏差;反之,则为上偏差,如图 8.26 所示。基本偏差共有 28 个,它的代号用拉丁字母表示,大写为孔,小写为轴。

基本偏差系列如图 8.27 所示。从基本偏差系列图中可以看出:孔的基本偏差 A ~ H 为下偏差,J ~ ZC 为上偏差;轴的基本偏差 a ~ h 为上偏差,j ~ zc 为下偏差;JS 和 js 的公差带对称分布于零线两边,孔和轴的上下偏差分别都是 +IT/2、−IT/2。基本偏差系列图只表示公差带的位置,不表示公差的大小,因此,公差带一端是开口,开口的另一端由标准公差限定。

基本偏差和标准公差,根据尺寸公差的定义有以下的计算式:

$$ES=EI+IT \quad 或 \quad EI=ES-IT$$
$$ei=es-IT \quad 或 \quad es=ei+IT$$

孔和轴的公差带代号用基本偏差代号与公差带等级代号组成。

例如:$\phi 40H7$,$\phi 40f6$

其中:H7——孔的公差带代号,H——孔的基本偏差代号,7—公差等级为 IT7（即为 7 级精度）,f7——轴的公差带代号,f——轴的基本偏差代号,6——公差等级 IT6（即为 6 级精度）,如图 8.28 所示。

附表 6.2、附表 6.3 分别摘录了 GB/T 1800.1—2020 规定的孔和轴的基本偏差数值。

（3）配合

公称尺寸相同的、相互结合的孔和轴公差带之间的关系,称为配合。

1）配合种类

根据使用要求的不同,孔和轴之间的配合有松有紧,因而国标规定,配合分三类,即间隙配合、过盈配合和过渡配合（见图 8.29）。

①间隙配合　孔与轴装配时,有间隙（包括最小间隙等于零）的配合。如图 8.29（a）所示,孔的公差带在轴的公差带之上。

②过盈配合　孔与轴装配时有过盈（包括最小过盈等于零）的配合。如图 8.29（b）所示,孔的公差带在轴的公差带之下。

③过渡配合　孔与轴装配时,可能有间隙或过盈的配合。如图 8.29（c）所示,孔的公差带与轴的公差带互相交叠。

在基本偏差系列中,A ~ H（a ~ h）用于间隙配合;J ~ N（j ~ n）用于过渡配合;P ~ N（p ~ zc）用于过盈配合。

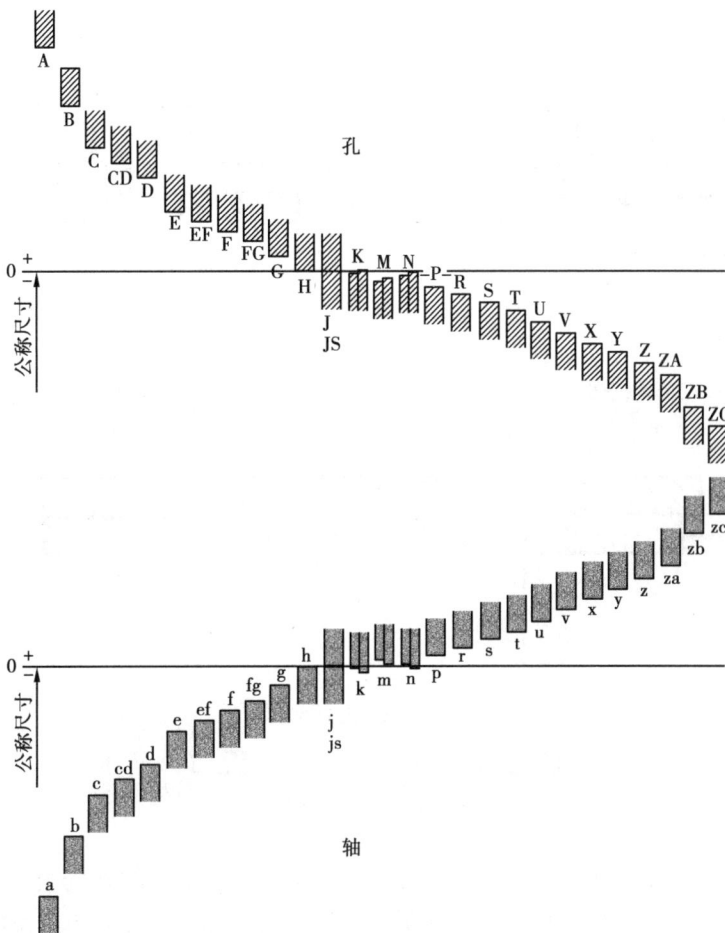

图 8.27　基本偏差系列

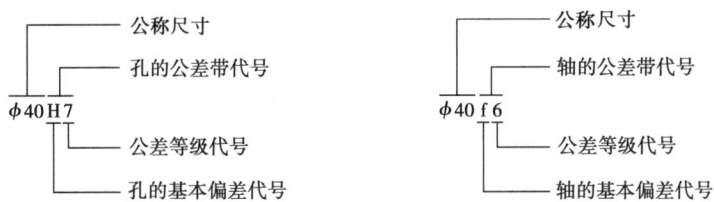

图 8.28　孔和轴的公差带代号及含义

2）配合制

在制造相互配合的零件时,使其中一种零件作为基准件,它的基本偏差一定,通过改变另一种非基准件零件的基本偏差来获得各种不同性质配合的制度称为配合制。根据生产实际的需要,国家标准规定了两种配合制:基孔制和基轴制。

①基孔制　基本偏差为一定的孔的公差带与不同基本偏差的轴的公差带形成各种配合的一种制度,如图 8.30(a)所示。基孔制中的孔称为基准孔,其基本偏差代号为 H,下偏差为零。

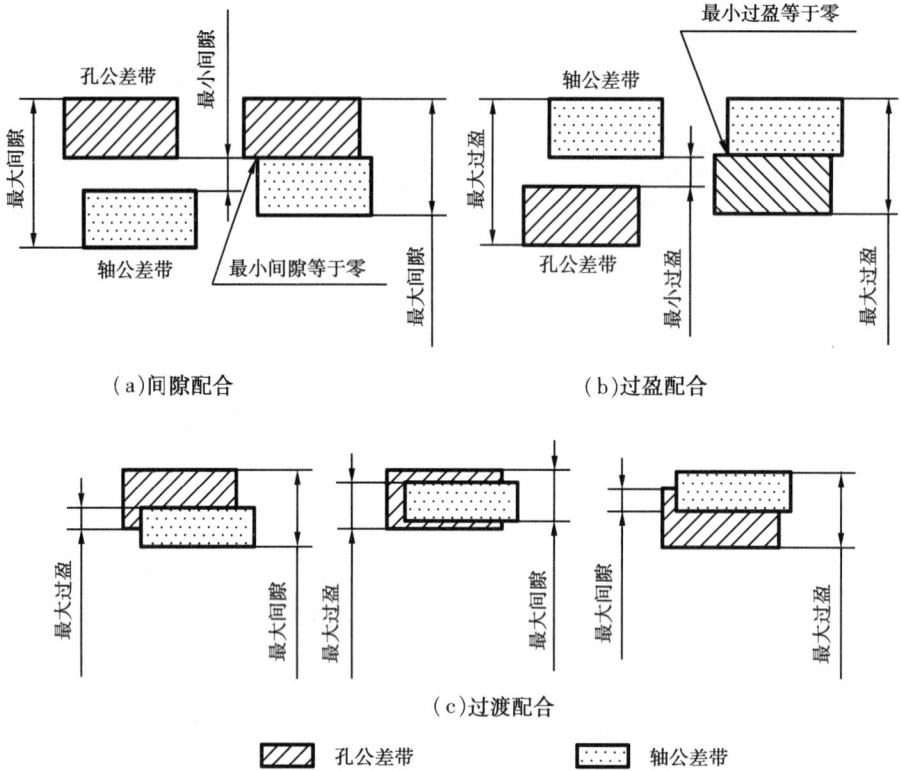

（a)间隙配合　　　　　　　　　　　　　（b)过盈配合

（c)过渡配合

孔公差带　　　　　　　　　　　　　轴公差带

图 8.29　配合的种类

②基轴制　基本偏差为一定的轴的公差带与不同基本偏差的孔的公差带形成各种配合的一种制度,如图 8.30(b)所示。基轴制中的轴称为基准轴,其基本偏差代号为 h,上偏差为零。

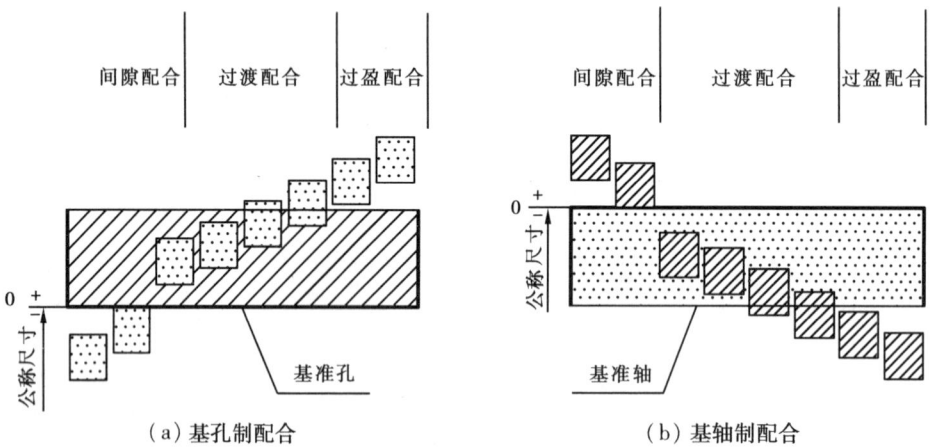

（a）基孔制配合　　　　　　　　　　　　（b）基轴制配合

图 8.30　配合制

3)配合代号

配合代号由孔和轴的公差带代号组成,写成分数形式,分子为孔的公差带代号,分母为轴的公差带代号。凡是分子中含 H 的为基孔制配合,凡是分母中含 h 的为基轴制配合。

例如 $\phi25H7/g6$ 的含义是指该配合的公称尺寸为 $\phi25$、基孔制的间隙配合,基准孔的公差带为 H7(基本偏差为 H,公差等级为 7 级),轴的公差带为 g6(基本偏差为 g,公差等级为 6 级)。

例如 $\phi25N7/h6$ 的含义是指该配合的公称尺寸为 $\phi25$、基轴制过渡配合,基准轴的公差带为 h6(基本偏差为 h,公差等级为 6 级),孔的公差带为 N7(基本偏差为 N,公差等级为 7 级)。

(4)极限与配合的标注及查表

1)在装配图上的标注方法

在装配图上标注极限与配合,采用组合式注法,如图 8.31(a)所示。它是在基本尺寸的后面用分数形式表示,分子为孔的公差带代号,分母为轴的公差带代号。

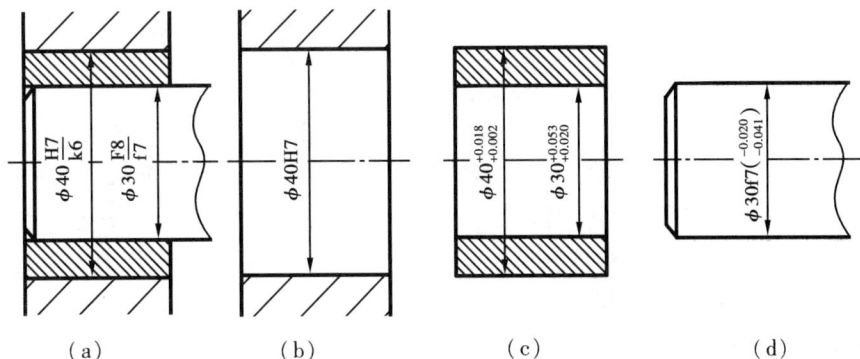

图 8.31　在图样上极限与配合的标注方法

2)在零件图上的标注方法

在零件图上标注公差的方法有三种形式:①只注公差带代号,如图 8.31(b)所示;②只注极限偏差数值,如图 8.31(c)所示;③注出公差带代号及极限偏差数值,如图 8.31(d)所示。

【例 8.1】　查表写出 $\phi18H8/f7$ 的极限偏差数值。

解　对照配合代号可知 H8/f7 是基孔制配合,其中 H8 是基准孔的公差带代号;f7 是配合轴的公差带代号。

$\phi18H8$ 基准孔的极限偏差,可由附表 6.2 中查得。在表中由基本尺寸大于 10 至 18 的行和公差带 H8 的列相交处 $^{+27}_{0}$(即 $^{+0.027}_{0}$ mm),这就是基准孔的上下偏差。因此,$\phi18H8$ 可写成 $\phi18^{+0.027}_{0}$。

$\phi18f7$ 配合轴的极限偏差,可由附表 6.3 中查得。在表中由基本尺寸大于 14 至 18 的行和公差带 f7 的列相交处 $^{-16}_{-34}$(即 $^{-0.016}_{-0.034}$ mm),这就是配合轴的上下偏差。因此,$\phi18f7$ 可写成 $\phi18^{-0.016}_{-0.034}$。

8.4.3　几何公差简介

零件加工后,不仅存在尺寸误差,而且会产生几何形状及相互位置的误差。如图 8.32(a)所示的圆柱体,即使在尺寸合格时,也有可能出现一端大、另一端小或中间细两端粗等情况,其截面也有可能不是圆形,这种现象属于形状误差。再如图 8.32(b)所示的阶梯轴,加工后可能出现各轴段的轴线不在同一条直线的情况,这种现象属于位置误差。

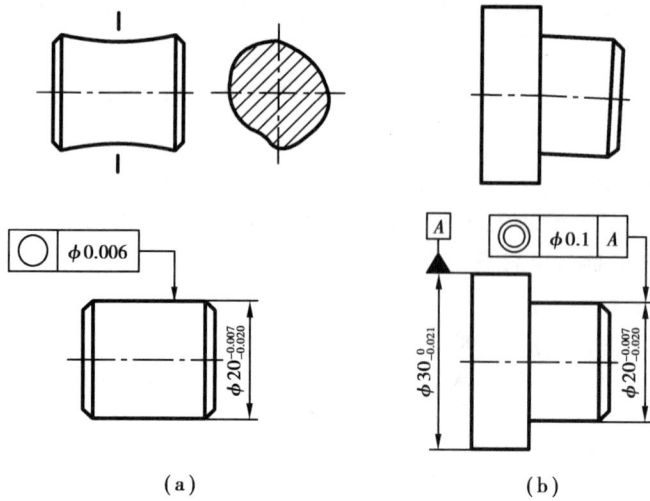

图 8.32　几何公差

由于形状和位置误差过大,会影响机器的工作性能,因此,对精度要求高的零件,除了应保证尺寸公差外,还应控制其形状和位置公差。形状公差是指实际形状对理想形状的允许变动量。位置公差是指实际位置对理想位置的允许变动量。两者简称形位公差。通常将形状公差和位置公差合称为几何公差。

(1)几何公差的代号

国家标准 GB/T 1182—2018 规定用代号来标注形状和位置公差。在实际生产中,当无法用代号标注形位公差时,允许在技术要求中用文字说明。

形位公差代号包括:形位公差各项目的符号(表8.5),形位公差框格及指引线,形位公差数值和其他有关符号,以及基准代号等。这些内容可参阅图8.33以及图中的说明。框格内字体的高度 h 与图样中的尺寸数字等高。

表 8.5　**形位公差符号**

分　类	名　称	符　号	分　类		名　称	符　号
形状公差	直线度	─	位置公差	定向	平行度	//
	平面度	▱			垂直度	⊥
	圆　度	○			倾斜度	∠
	圆柱度	⌭		定位	同轴度	◎
	线轮廓度	⌒			对称度	═
	面轮廓度	⌓			位置度	⊕
				跳动	圆跳动	↗
					全跳动	⫽

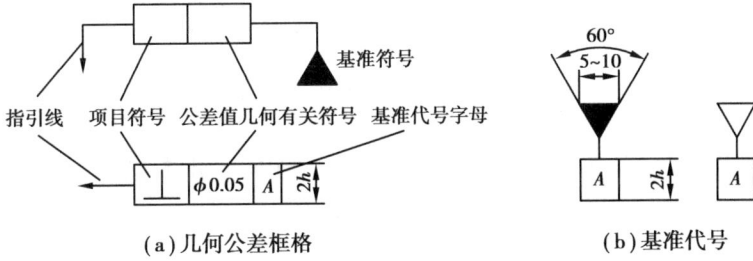

（a）几何公差框格　　　　　　　　（b）基准代号

图 8.33　几何公差代号和基准代号

（2）形位公差标注示例

如图 8.34 所示的是一根气门阀杆零件图,在图中所标注的各个形位公差代号含义的说明列于表 8.6 中。

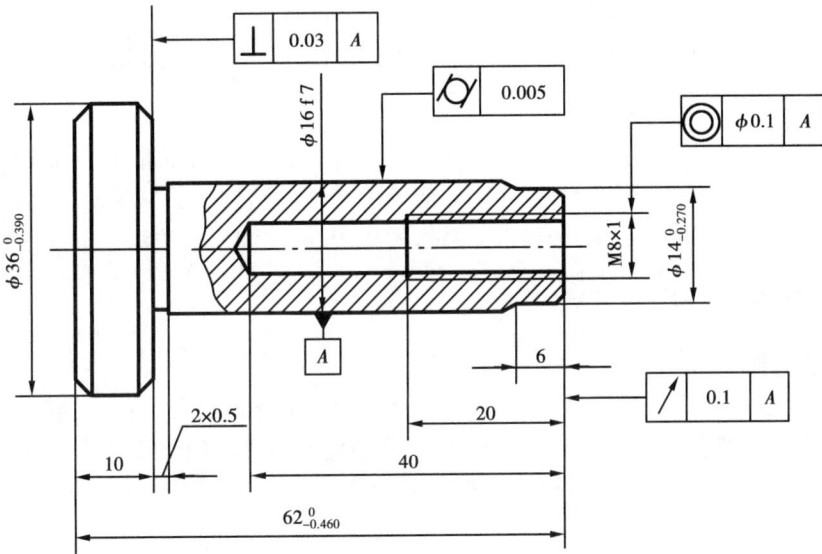

图 8.34　形位公差标注示例

表 8.6　标注示例说明

标注代号	含义说明
⌀ 0.005	$\phi16f7$ 的圆柱面的圆柱度公差为 0.005 mm
⊥ 0.03 A	$\phi36_{-0.390}^{0}$ 的右端面对 $\phi16f7$ 的轴线的垂直度公差为 0.03 mm
◎ $\phi0.1$ A	螺纹 M8×1—7H 的轴线对 $\phi16f7$ 的轴线的同轴度公差为 $\phi0.1$ mm
↗ 0.1 A	$\phi14_{-0.270}^{0}$ 的端面对 $\phi16f7$ 的轴线的端面圆跳动公差为 0.1 mm

续表

标注代号	含义说明
▼ A	基准为 $\phi16f7$ 的圆柱的轴线

从图中可以看出,当被测要素为线或面时,从框格引出的指引线箭头,应指在该要素的轮廓线或其延长线上;当被测要素是轴线时,应将指引线箭头与该要素的尺寸线对齐,如 M8×1 轴线的同轴度注法。当基准要素是轴线时,应将基准代号与该要素的尺寸线对齐,如基准 A。

8.5　零件常见结构的画法及尺寸标注

零件的结构形状主要是根据它在机器(或部件)中的作用所决定的,同时制造工艺对零件的结构也提出了要求。因此,在设计零件时,应该使零件的结构既要满足使用上的要求,还要便于制造。下面简要介绍零件的一些常见结构的作用、画法和尺寸注法。

8.5.1　零件上的铸造工艺结构

(1)铸造圆角

当零件的毛坯为铸件时,因铸造工艺的要求,铸件各表面相交的转角处都应做成圆角。铸造圆角可防止铸件浇铸时转角处的落砂现象及避免金属冷却时产生缩孔和裂纹。铸造圆角半径的大小必须与铸件壁厚相适应,一般取 R 为 3~5 mm,可集中在技术要求中统一注明。当相交表面中,有一个表面加工后,圆角就被切去,故应画成尖角,如图 8.35 所示。

(2)拔模斜度

用铸造的方法制造零件毛坯时,为了便于拔模,一般沿模样拔取方向作成约 1∶20 的斜度,叫做拔模斜度,如图 8.36(a)所示。因此,在铸件上也有相应的拔模斜度,这种斜度在图上可以不必标注,也不一定画出,如图 8.36(b)所示;必要时,可以在技术要求中用文字说明。

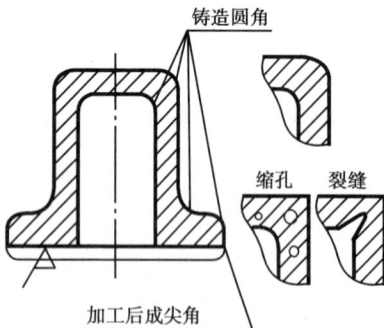

图 8.35　铸造圆角

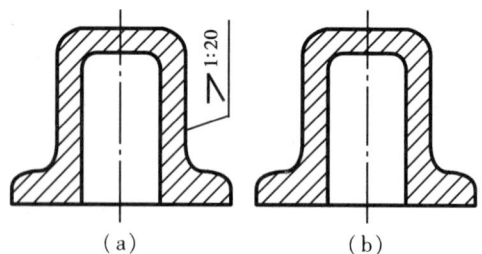

图 8.36　拔模斜度

（3）铸件壁厚

当铸件的壁厚不均匀时,铸件在浇铸后,因各处金属冷却速度不同,将产生裂纹和缩孔现象。因此,铸件的壁厚应尽量均匀,如图 8.37（a）所示;当必须采用不同壁厚连接时,应采用逐渐过渡的方式,如图 8.37（b）所示。铸件的壁厚尺寸一般采用直接注出。

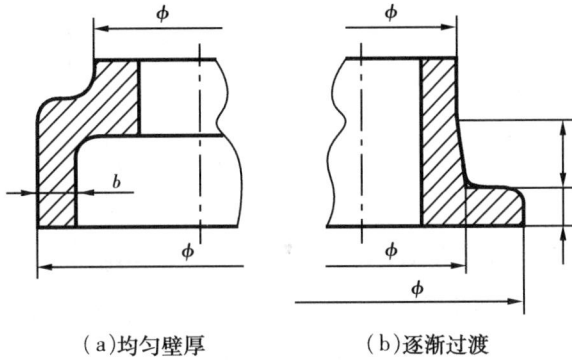

（a）均匀壁厚　　　　　　（b）逐渐过渡

图 8.37　铸件壁厚

8.5.2　零件上的机械加工工艺结构

（1）圆角和倒角

1）圆角

为了在轴肩处避免应力集中,阶梯轴和孔应以圆角过渡。圆角的尺寸可由有关标准查得（见附表 5.1）。圆角的画法和尺寸的标注形式,如图 8.38 所示。

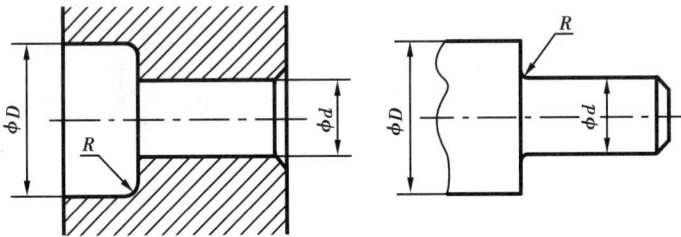

图 8.38　圆角

2）倒角

为了便于装配和操作安全,在轴和孔的端部一般都加工成倒角。轴和孔倒角的尺寸可由有关标准查得（见附表 5.1）。倒角的画法和尺寸的标注形式,如图 8.39 所示。

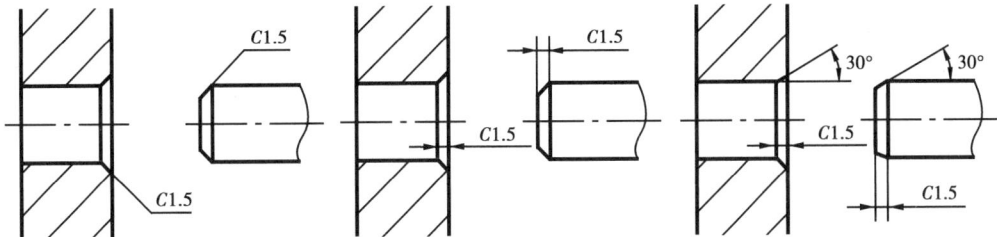

图 8.39　倒角

163

(2)退刀槽和砂轮越程槽

在零件切削加工时,为了便于退出刀具及保证装配时相关零件的接触面靠紧,在被加工表面台阶处应预先加工出退刀槽或砂轮越程槽。车削外圆时的退刀槽,其尺寸一般可按"槽宽×直径"或"槽宽×槽深"方式标注,如图8.40所示。磨削外圆或外圆和端面时的砂轮越程槽如图8.41所示,尺寸可查附表5.2。

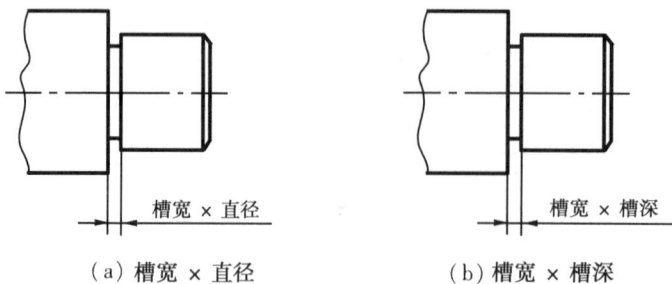

（a）槽宽 × 直径　　　　　　　　（b）槽宽 × 槽深

图8.40 退刀槽

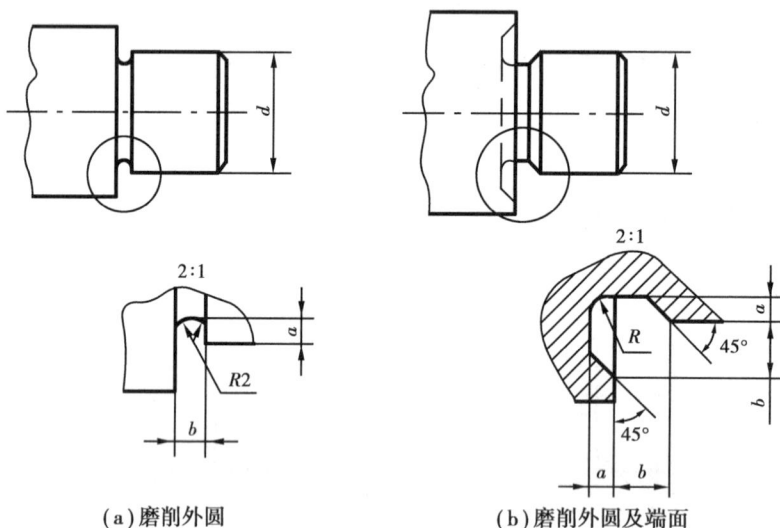

（a）磨削外圆　　　　　　　　（b）磨削外圆及端面

图8.41 砂轮越程槽

(3)钻孔结构

用钻头钻出的盲孔,在底部有一个120°的锥角,钻孔深度指的是圆柱部分的深度,不包括锥坑,如图8.42(a)所示。在阶梯形钻孔的过渡处,也存在锥角120°的内圆台,其画法及尺寸注法,如图8.42(b)所示。

用钻头钻孔时,要求钻头轴线尽量垂直于被钻孔的端面,以保证钻孔准确和避免钻孔歪斜或将钻头折断。图8.43表示了三种钻孔端面的正确结构。

(4)凸台和凹坑

零件上与其他零件接触的表面,一般都要进行加工。为了减少加工面积,并保证零件表面之间有良好的接触,常常在铸件上设计出凸台和凹坑。图8.44(a)、(b)是螺栓连接的支撑面,做成凸台或凹坑的形式;图8.44(c)是为了减少加工面积,而做成凹槽结构。

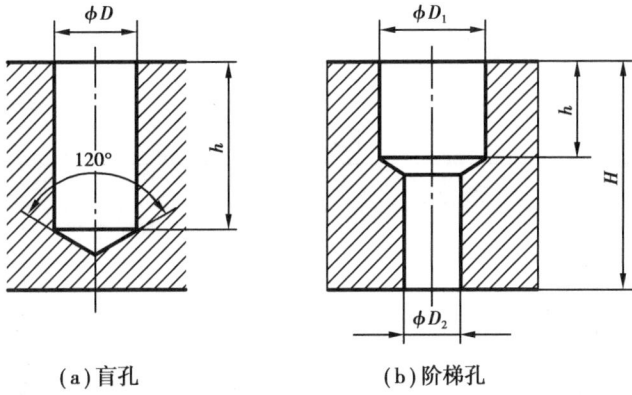

(a)盲孔　　　　　　　(b)阶梯孔

图 8.42　钻孔结构

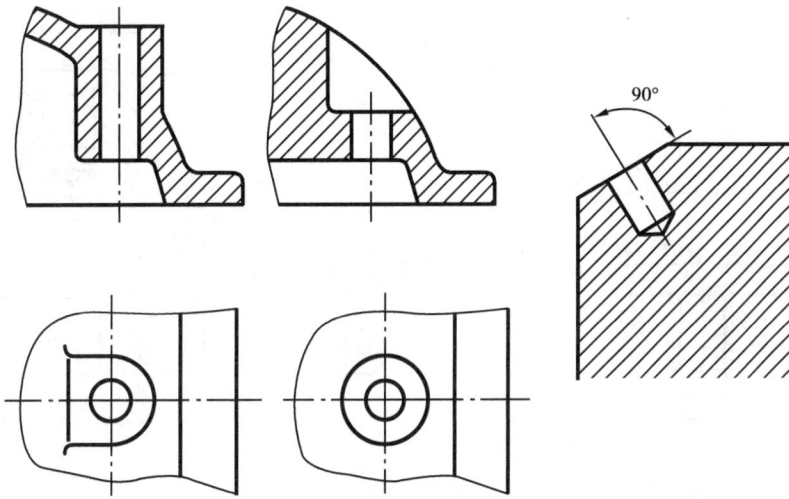

图 8.43　钻孔的端面

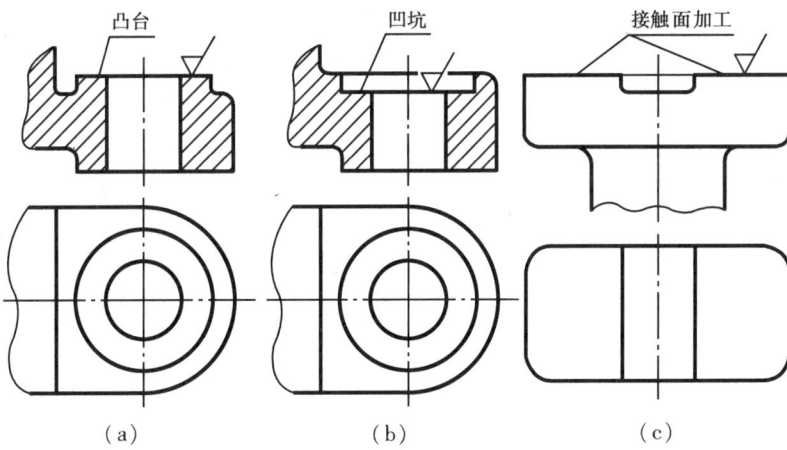

(a)　　　　　　　(b)　　　　　　　(c)

图 8.44　凸台和凹坑

8.5.3 零件常见结构的尺寸注法

常见典型结构的尺寸注法,见表8.7。

表8.7 常见孔的尺寸注法

类型	旁注法		普通注法
螺孔	3×M8—7H	3×M8—7H	3×M8—7H
	3×M8—7H▼10	3×M8—7H▼10	3×M8—7H 10
	3×M8—7H▼10	3×M8—7H▼10	3×M8—7H 10 12
沉孔	6×φ7 φ13×90°	6×φ7 φ13×90°	90° φ13 6×φ7
	8×φ6.4 φ12▼4.5	8×φ6.4 φ12▼4.5	φ12 4.5 8×φ6.4
	8×φ7 φ18	8×φ7 φ18	φ18 8×φ7

续表

<table>
<tr><th>类型</th><th>旁注法</th><th>普通注法</th></tr>
<tr><td>倒角的尺寸注法</td><td colspan="2">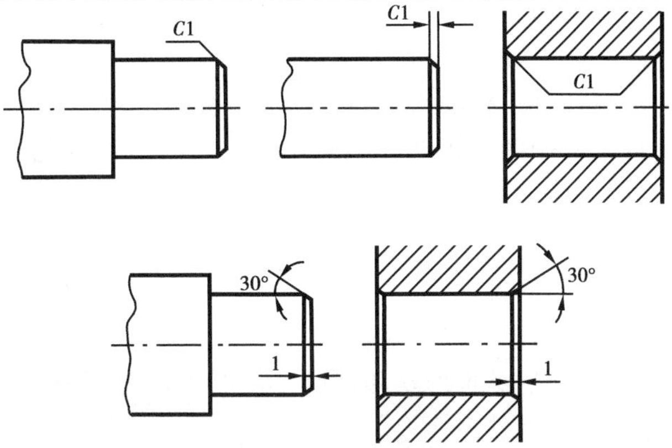C1
C1
C1
30°
1
30°
1</td></tr>
<tr><td>键槽的尺寸注法</td><td colspan="2">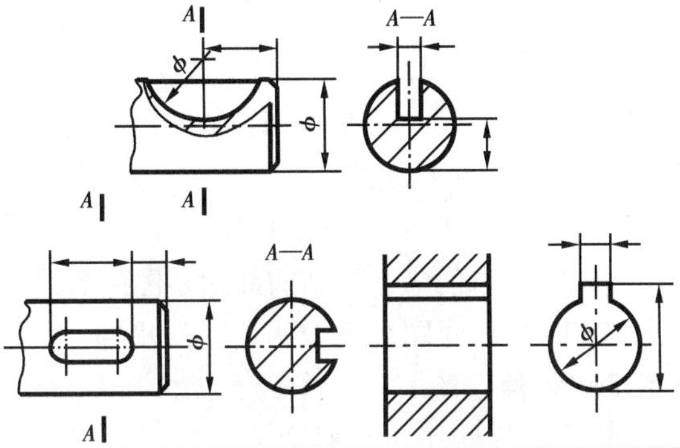A
A—A
ϕ
ϕ
A
A
A—A
ϕ
ϕ
A</td></tr>
<tr><td>对称结构的尺寸注法</td><td colspan="2">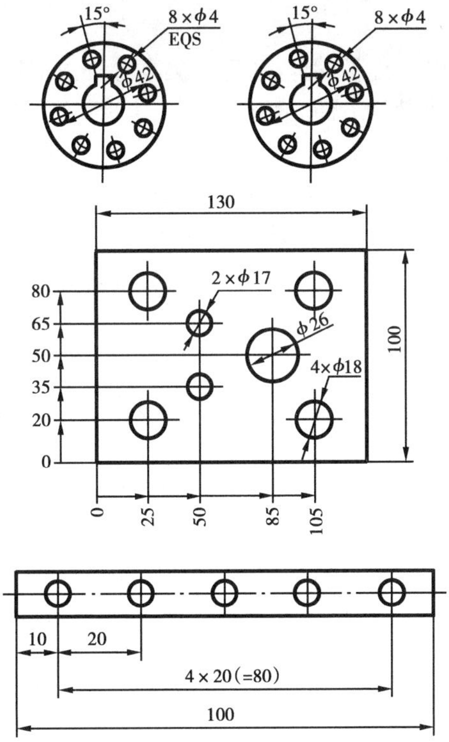15°
8×ϕ4
EQS
ϕ42
15°
8×ϕ4
ϕ42
130
2×ϕ17
80
65
ϕ26
50
4×ϕ18
35
20
0
100
0
25
50
85
105
10
20
4×20(=80)
100</td></tr>
</table>

8.6 读零件图

在生产实践中,从事技术工作的人员,必须具备一定的读图能力。在第 5 章曾介绍过读组合体的方法,这是读零件图的重要基础。本节主要介绍读零件图的方法和步骤。

8.6.1 读零件图的要求

读零件图时应达到以下的要求:
①了解零件的名称、材料和用途;
②了解组成零件各部分的结构形状和特点、功用、大小,以及它们之间的相对位置;
③了解零件的制造方法和技术要求。

8.6.2 读零件图的方法和步骤

读零件图的方法:以形体分析法为主,辅助以结构功能分析法。形体分析法在前面的组合体三视图部分中已经阐述,这里不再赘述。

在阅读零件图的过程中,重点在于分析视图、想象零件的结构形状,再对零件在的部件或机器中的作用分析,就可以明确零件上的每一处结构都和零件在部件或机器中作用密不可分。

图 8.45 是球阀阀体零件图,以此图为例说明读图的步骤。

(1)读标题栏,概括了解零件

读标题栏的目的,主要是对零件作一个概括的了解,如了解零件的名称、材料、数量和画图的比例等。

从标题栏可知,零件的名称是阀体,属箱体类零件。由 HT200 查阅附表 7.1 可知,材料是灰铸铁,该零件是铸件。数量是 1 件。画图比例是 1∶2,此图按缩小的比例画出。

(2)分析视图,明确表达重点

零件图一般是用一组视图表达该零件的结构形状的,每个视图只表达零件某一方向的形状和结构,除了一些简单的零件外,仅从一个视图上完全看出零件的结构形状是不可能的。因此,要将零件图中给出的一组视图结合起来看,要分清视图中采用了哪些表达方法,分析视图之间的联系等。

该阀体采用三个基本视图表达它的内外形状。主视图采用全剖视图,主要表达内部结构形状;俯视图采用基本视图,表达从上向下投影时的外形;左视图采用 B—B 半剖视图,补充表达内部形状及安装底板的形状。

阀体是球阀的主要零件之一,分析阀体的形体结构时,必须对照球阀的装配结构图进行(如图 8.2 所示)。读图时先从主视图入手,阀体左端通过螺柱和螺母与阀盖连接,形成球阀容纳阀芯的 $\phi43$ 空腔,左端的 $\phi50H11$ 圆柱形凸缘相配合;阀体空腔右侧 $\phi35H11$ 圆柱形槽用来放置密封圈;阀体右端有用于连接系统中管道的外螺纹 M36×2,内部阶梯孔 $\phi28.5$、$\phi20$ 与空腔相通;在阀体上部的 $\phi36$ 圆柱体中,有 $\phi26$、$\phi22H11$、$\phi18H11$ 的阶梯孔与空腔相通,在阶梯孔内容纳阀杆、填料压紧套;阶梯孔顶端 90°扇形限位凸块(对照俯视图),用来控制扳手和阀杆的旋转角度。

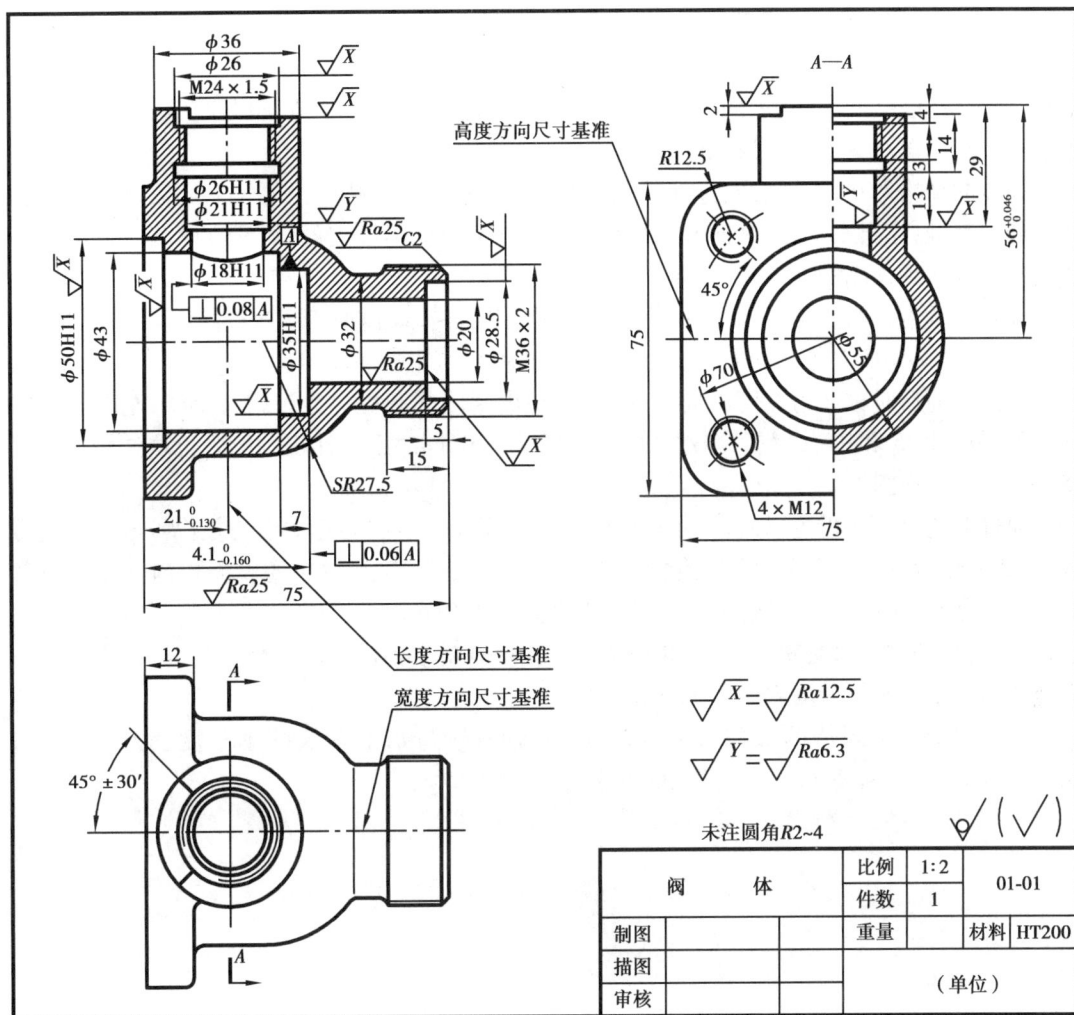

图 8.45 阀体零件图

通过上述分析,对于阀体在球阀中与其他零件之间的装配关系比较清楚了。然后再对照阀体的主、俯、左视图综合想象它的形状;球形主体结构的左端是方形凸缘;右端和上部都是圆柱形凸缘,凸缘内部的阶梯孔与中间的空腔相通。阀体的完整结构及内部结构如图 8.46 所示。

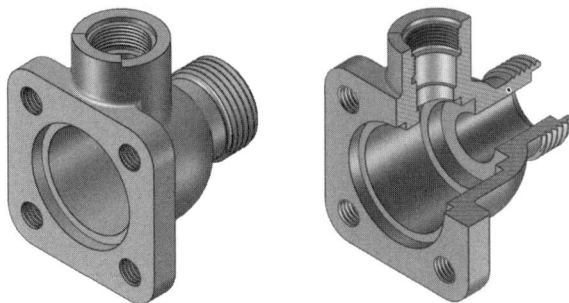

图 8.46 阀体

(3)分析尺寸,弄清技术要求

零件图上标注的尺寸,特别是一些主要尺寸,以及表面粗糙度、尺寸公差及其他一些技术要求,都是保证零件设计要求的。只有弄清它们,才能进行加工制造,也只有认真分析尺寸,才能进一步加深对零件结构形状的印象。

阀体的结构形状比较复杂,标注的尺寸很多,这里仅分析其中主要尺寸。以阀体水平轴线为径向基准,注出水平方向的径向直径尺寸 $\phi50H11$、$\phi35H11$、$\phi20$ 和 M36×2 等。同时还要注出水平轴线到顶端的高度尺寸 $56^{+0.460}_{0}$(在左视图上)。

以阀体垂直孔的轴线为长度方向尺寸基准,注出铅垂方向的径向直径尺寸 $\phi36$、M24×1.5、$\phi22H11$、$\phi18H11$ 等。同时,还要注出铅垂孔轴线与左端面的距离 $21^{0}_{-0.130}$。

以阀体前后对称面为宽度方向尺寸基准,注出阀体的圆柱体外形尺寸 $\phi55$,左端面方形凸缘外形尺寸 75 和 75,以及四个螺孔的定位尺寸 $\phi70$,同时还要注出扇形限位块的角度尺寸 45°±30′(在俯视图上)。

通过上述尺寸分析可以看出,阀体中的一些主要尺寸多数都标注了公差代号或偏差代号数值,如上部阶梯孔($\phi22H11$)与填料压紧套有配合关系,与此对应的表面粗糙度要求也较高,Ra 值为 6.3 μm;阀体左端和空腔右端的阶梯孔 $\phi50H11$、$\phi35H11$ 分别与密封圈有配合关系,因为密封圈的材料是塑料,所以相应的表面粗糙度要求稍低,Ra 值为 12.5 μm。零件上不太重要的加工表面粗糙度 Ra 值为 25 μm。

主视图中对于阀体的形位公差要求是:空腔右端与水平轴线的垂直度公差为 0.06;$\phi18H11$ 圆柱孔相对 $\phi35H11$ 圆柱孔的垂直度公差为 0.08。

第9章

装配图

9.1　装配图的作用与内容

表达机器或部件的图样,称为装配图。它表示机器或部件的结构形状、装配关系、工作原理和技术要求。

装配图是生产中重要的技术文件。在设计过程中,一般是根据设计要求画出装配图,再根据装配图绘制零件图;在装配过程中,则根据装配图把零件装配成机器或部件;在使用或维修机器时,装配图又是安装、调试、操作和检修机器或部件的重要参考资料。

图9.1是一台齿轮油泵的轴测装配图,图9.2是齿轮油泵的装配图。根据装配图的作用,一张完整的装配图应具有下列内容:

(1)一组图形

用一组图形(包括视图、剖视图、断面图等)表达机器或部件的主要形状、结构、工作原理、传动路线及各零件间的相对位置和装配关系、连接方式、运动状况等。在如图9.2所示的齿轮油泵的装配图中选用了两个基本视图(全剖的主视图、半剖的左视图)。

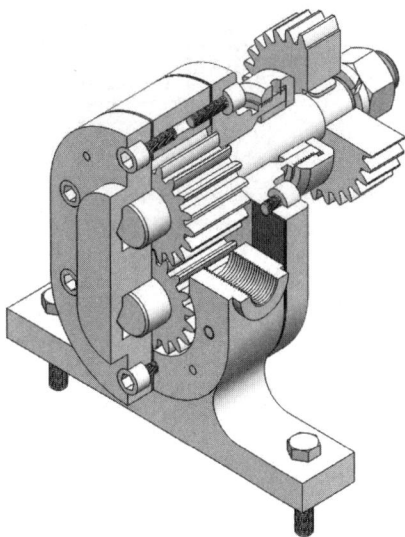

图9.1　齿轮油泵装配轴测图

(2)必要的尺寸

装配图上应注出表示机器或部件的性能、规格外形大小以及装配、检验、安装时所需的各类尺寸。

(3)技术要求

用文字或符号说明机器或部件的性能、装配、安装、检验和调试等方面的要求。

图9.2

171

技术要求

1. 齿轮安装后，用手转动传动齿轮时，应灵活旋转；
2. 两齿轮轮齿的啮合面占齿长的 3/4 以上。

17	螺母 M6	2	Q235	GB6170－1986					
16	螺栓 M6×30	2	Q235	GB5782－1986	10	压紧螺母	1	35	
15	螺钉 M6×16	12	35	GB7085－1986	9	填料压盖	1	ZCuSn5PbZn5	
14	键 5×10	1	45	GB1096－1979	8	密封圈	1	橡胶	
13	螺母 M12×1.5	1	35	GB6171－1986	7	右端盖	1	HT200	
12	垫圈 12	1	65Mn	GB859－1987	6	泵体	1	HT200	
11	传动齿轮	1	45	m=2.5,z=20	5	垫片	2	纸	
					4	销 A5×18	4	45	GB119－1986

3	传动齿轮轴	1	45	m=3,z=9
2	齿轮轴	1	45	m=3,z=9
1	左端盖	1	HT200	
序号	名　称	件数	材料	备注
		比例		09.04.00
齿轮油泵		重量		
制图		共　　张 第　　张		
描图		（学　　校）		
审核				

图 9.2　齿轮油泵装配图

（4）零部件序号、明细栏和标题栏

装配图应对组成零部件编写序号、并在明细栏中依次填写序号、名称、数量、材料等。标题栏包含机器或部件的名称、规格、比例、图号等。

9.2　装配图的表达方法

从图 9.2 可以看出，表达部件与表达零件的方法基本相同，都是通过各种视图、剖视图和断面图等来表示的，因此，表达零件所采用的各种方法也同样适用于表达部件。此外，为表达部件（或机器）的工作原理和装配、连接关系，在装配图中还有一些规定画法和特殊的表达方法。

9.2.1　规定画法

为了在装配图中易于区分零件，并便于清晰地表达零件间的装配关系，画装配图时应遵守以下规定（图 9.3）。

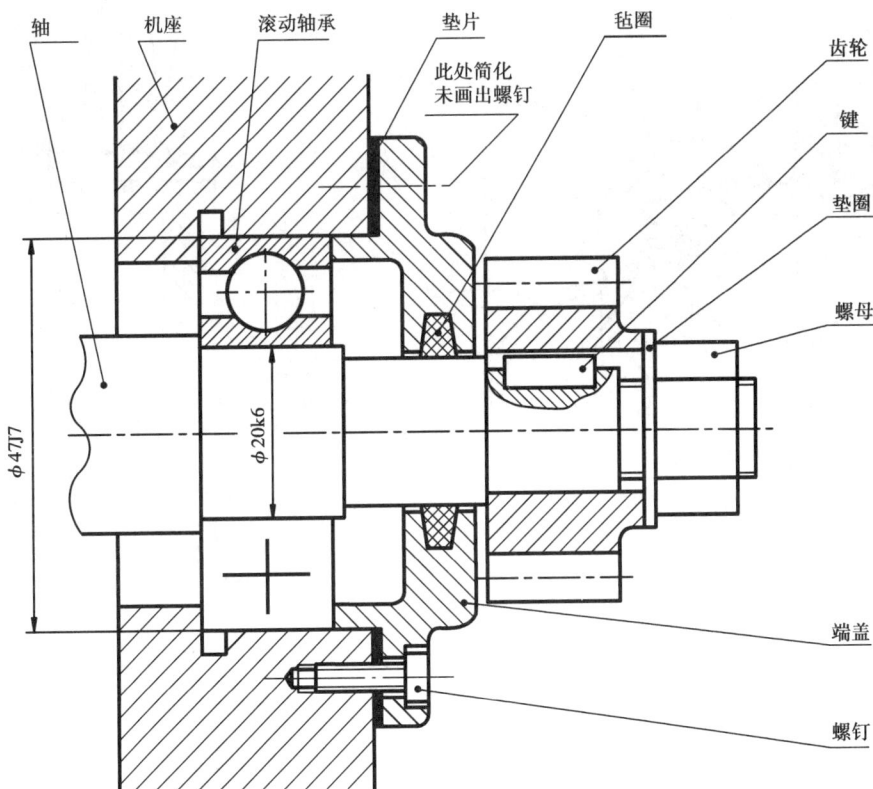

图 9.3　规定画法

①两相邻零件的接触表面和配合表面只画一条线；非接触表面和非配合表面即使间隙很小，也应画两条线。

②两相邻零件的剖面线要有所区别，方向相反，或者方向一致但间隔不等。同一零件在

各个视图中的剖面线方向和间隔必须一致。

当零件厚度在 2 mm 以下,剖切时允许以涂黑来代替剖面符号。

③对紧固件及实心零件如轴、手柄、连杆、拉杆、球、销、键等,当剖切平面通过其基本轴线或纵向对称面时,则这些零件均按不剖绘制。若需表明该零件上的某些内部结构,如键槽、销孔等,可采用局部剖视。

9.2.2 特殊画法

(1)沿结合面剖切或拆卸画法

在装配图中,可假想沿某些零件的结合面剖切。如图 9.2 所示的左视图(B—B 剖视图),即是沿泵体和垫片的结合面剖切而得到的。此时,在零件的结合面上不画剖面线,但剖切到的其他零件则仍须画出剖面线,如螺钉、销、齿轮轴等。

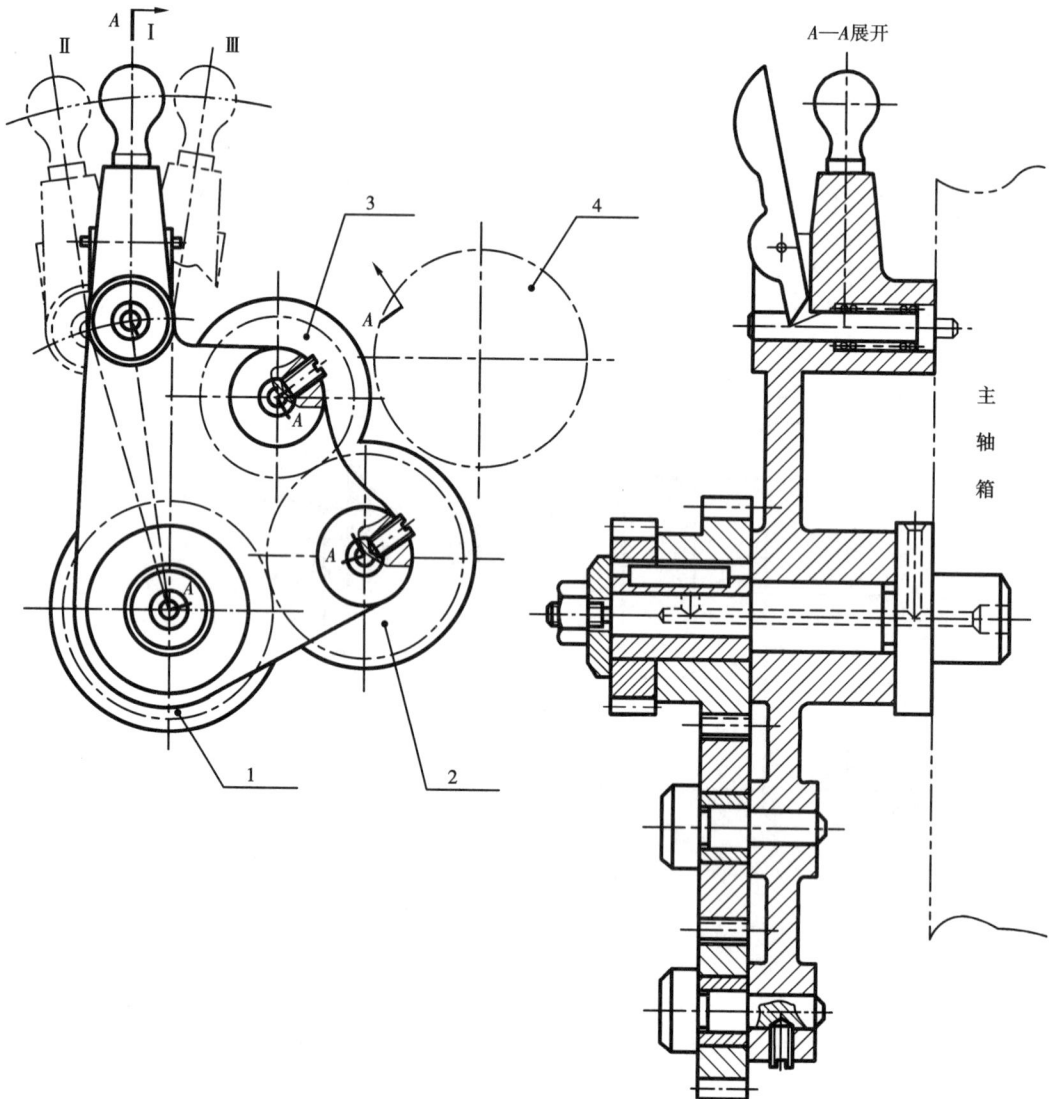

图 9.4 三星齿轮传动机构的展开画法

图 9.2 的左视图也可采用拆卸画法,假想将左端盖、垫片拆去后画出。需要说明时,可加注"拆去左端盖和垫片等"。

（2）假想画法

为了表示与本部件有装配关系,但又不属于本部件的其他相邻零部件时,可用细双点画线画出相邻零、部件的部分轮廓。如图 9.2 所示的左视图中,在下方用细双点画线画出了安装齿轮油泵的安装板。图 9.4 中用细双点画线画出主轴箱。

部件上某个零件的运动范围或运动极限位置,也可用细双点画线来表示。如图 9.4 所示的三星轮板处于极限位置Ⅱ、Ⅲ时用细双点画线来表示。

图 9.4

（3）展开画法

在装配图中,当多根轴的轴线相互平行而又不在同一平面内时,为表达各轴的装配关系及传动关系,可假想按传动顺序沿各轴线剖切,然后依次展开在同一平面上画出其剖视图,并标注"×—×展开",如图 9.4 所示。

（4）夸大画法

对薄片零件、细丝弹簧、微小间隔、较小的斜度和锥度等结构,可不按比例而采用夸大画出,如图 9.2 所示的垫片 5 的画法。

（5）简化画法

①装配图中若干相同的零件组如螺栓连接,可仅详细地画出一组或几组,其余只需用细点画线表示其装配位置,如图 9.5 所示。

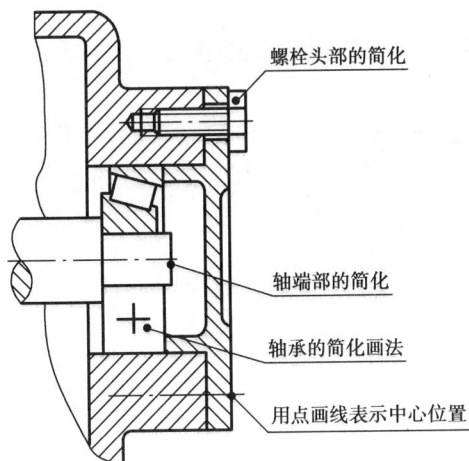

螺栓头部的简化

轴端部的简化

轴承的简化画法

用点画线表示中心位置

图 9.5　简化画法

图 9.5

②装配图中零件的工艺结构,如圆角、倒角、退刀槽等可不画出,螺栓头部、螺母等也可采用简化画法,如图 9.5 所示。

③在装配图中,当剖切平面通过某些标准产品的组合件或该组合件已由其他图形表示清楚时,则可只画出其外形。如图 9.5 中的滚动轴承,可只画出一半,另一半按规定示意画法画出。

9.3 装配图的尺寸标注

根据装配图的作用,在图上需要标注与机器或部件的性能、规格、装配、安装等有关的几类尺寸。

(1)规格性能尺寸

表示机器或部件性能(规格)的尺寸,在设计时就已经确定,是设计和选用该机器或部件的依据,如图9.2所示吸、压油口尺寸G3/8,它确定齿轮油泵的供油量。

(2)装配尺寸

包括保证有关零件间配合性质的尺寸、零件间相对位置的尺寸和装配时需要进行加工的有关尺寸等,如图9.2所示齿轮与泵体、齿轮轴与左右端盖的配合尺寸 $\phi 34.5H8/f7$、$\phi 16H7/h6$,两啮合齿轮的中心距 28.76 ± 0.016 等。

(3)安装尺寸

机器或部件安装时所需的尺寸,如图9.2所示与安装有关的尺寸70、65 等。

(4)外形尺寸

表示机器或部件的总长、总宽和总高的尺寸。它反映了机器或部件的大小,为包装、运输和安装提供参考,如图9.2所示齿轮油泵的总长、总宽和总高尺寸分别为118、85、95。

(5)其他重要尺寸

除上述四种尺寸外,在设计或装配时需要保证的其他重要尺寸,如运动零件的极限尺寸、主体零件的重要尺寸等。

必须指出,上述五类尺寸,并不是每张装配图上都全部具有的,并且装配图上的一个尺寸有时兼有几种意义。因此,应根据具体情况来考虑装配图上的尺寸标注。

9.4 装配图的零部件序号和明细栏

为了便于看图、组织生产及图纸管理,装配图中所有零、部件都必须编写序号,并在标题栏上方编制相应的明细栏。

9.4.1 编写零件序号的方法

序号是装配图中对各零件或部件按一定顺序的编号。编写零件序号的方法有两种:

①将装配图上的所有标准件的数量、标记按规定注写在图上,而将非标准件按顺序进行编号,如图9.15所示。

②将装配图上所有零件(包括标准件)按顺序进行编号,如图9.2所示。

9.4.2 序号标注中的一些规定

①同一装配图中相同的零、部件(即每一类零、部件)只编写一个序号,一般只标一次,必要时多处出现的相同零、部件允许重复标注,但应用同一序号。

②序号应注写在视图轮廓线的外边。常见形式有:在所指的零、部件的可见轮廓内画一圆点,并自圆点用细实线画出倾斜的指引线,在指引线的端部用细实线画一水平线或圆,然后将序号注写在水平线上或圆内,序号的字高应比尺寸数字大一号或两号,如图9.6(a)所示;也可直接在指引线附近注写序号,序号的字高比尺寸数字大两号,如图9.6(b)所示;对较薄的零件或涂黑的剖面,可在指引线末端画出箭头,并指向该部分的轮廓,如图9.6(c)所示。

③指引线相互不能相交;当通过有剖面线的区域时,指引线不应与剖面线平行;必要时,指引线可以画成折线,但只允许曲折一次,如图9.6(d)所示。

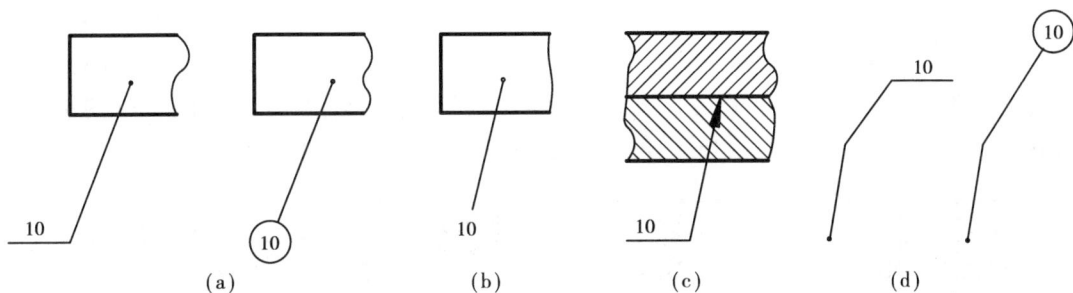

图9.6 零件序号的编写形式

④一组紧固件以及装配关系清楚的零件组,可采用公共指引线,如图9.7所示。

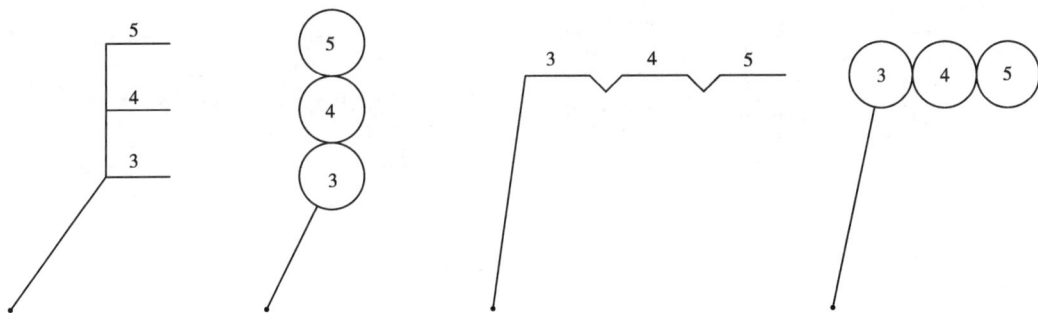

图9.7 公共指引线

⑤标准化的组件(如油杯、滚动轴承、电动机等)看成一个整体,在装配图上只编写一个序号。

⑥同一装配图中编注序号的形式应一致,且序号应沿水平或垂直方向按顺时针(或逆时针)方向顺次排列整齐,并尽可能均匀分布,如图9.2所示。

9.4.3 明细栏

明细栏是机器或部件中全部零、部件的详细目录,其内容与格式见图9.2。明细栏应画在标题栏的上方,并顺序地自下而上填写。如位置不够,可将明细栏分段平移画在标题栏的左方。在特殊情况下,装配图中也可以不画明细栏,而单独编写在另一张纸上。

明细栏的格式或编制,国家标准没有统一规定,应按各单位的具体规定进行。制图作业中建议采用如图9.2所示的格式。

9.5 装配工艺结构简介

在设计和绘制装配图的过程中,为保证机器和部件的性能,并给零件的加工和装拆带来方便,必须了解有关装配的工艺结构和常见装置。

(1)接触面和配合面的结构

当两个零件接触时,在同一方向(轴向或径向)上只应有一对接触面。如图9.8所示,(a)、(b)、(c)是平面接触,(d)是圆柱面接触;两零件间如有两个互相垂直的表面同时接触,则在其转角处应制出倒角、凹槽或倒圆。如图9.9所示,当轴和孔配合,且轴肩与孔的端面相互接触时,应在孔的接触端面制成倒角或在肩根部切槽,以保证两零件接触良好。

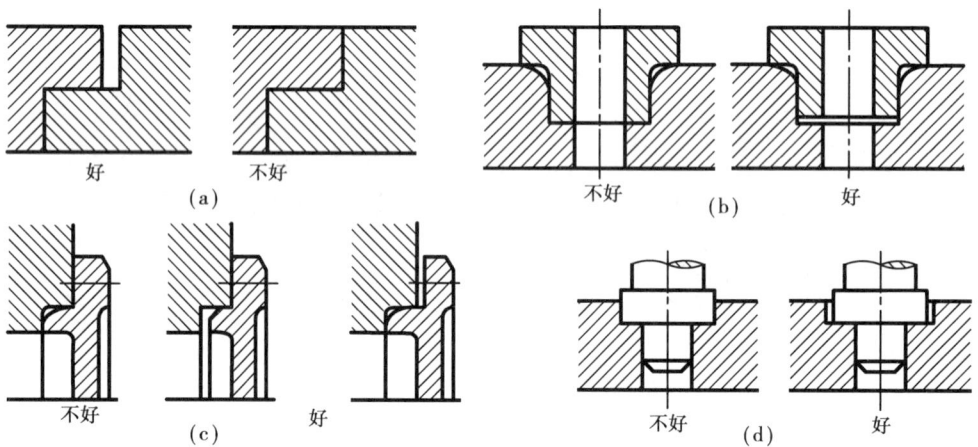

图9.8 两零件的接触面

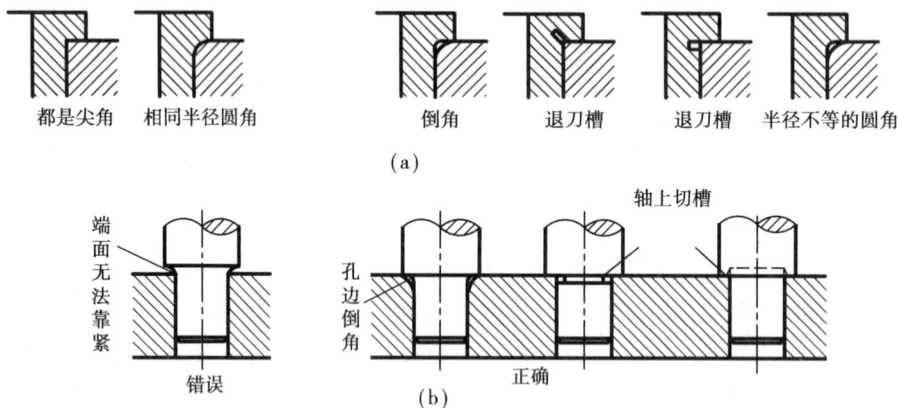

图9.9 两零件接触面转角处的结构

(2)螺纹连接的合理结构

为了装拆的方便与可能,必须留出扳手的活动空间(图9.10)和螺钉装拆空间(图9.11)。

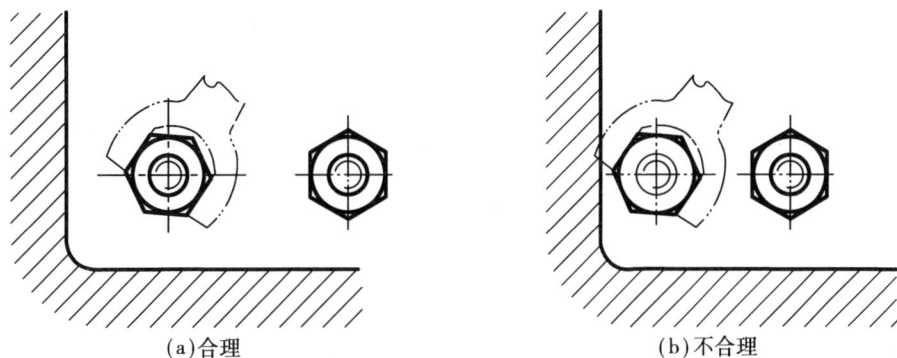

（a）合理　　　　　　　　　　　　　　　（b）不合理

图 9.10　螺纹连接中要留出扳手的活动空间

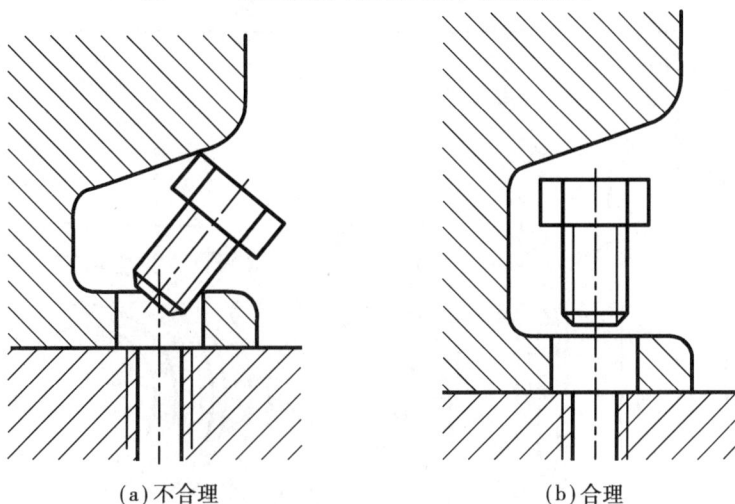

（a）不合理　　　　　　　　　　　　　（b）合理

图 9.11　螺纹连接中要留出螺钉装拆活动空间

9.6　装配图的画法

画装配图要清楚表达部件工作原理、零件间装配连接关系及部件中主要零件的形状、结构与作用。图 9.12 是一个球阀的轴测装配图，图 9.13 是球阀的零件图。现以球阀为例，介绍绘制装配图的方法和步骤。

9.6.1　装配图的视图选择

（1）了解和分析所画的部件

画装配图之前，必须对所画的对象有全面的认识，即了解部件的工作原理、传动路线、结构特点和各零件间的装配关系等。图 9.12 即图 9.15 中所示的球阀，是管路中用来启闭及调节流体流量的一种部件，它由 12 种零件组成。

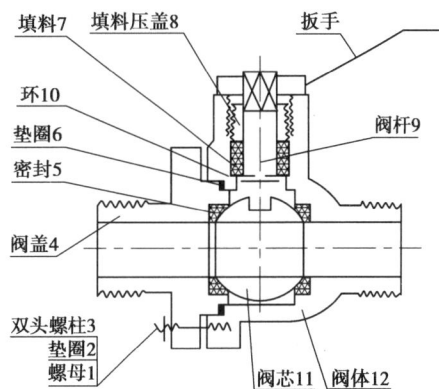

图 9.12　球阀装配示意图

1）球阀的工作原理

阀体 12 内装有阀芯 11，阀芯 11 上的凹槽与阀杆 9 的扁头榫接。当用扳手旋转阀杆 9 并带动阀芯 11 转动时，即可改变阀体通孔与阀芯通孔的相对位置，从而达到启闭及调节管路内流体流量的作用。为防止泄漏，由环 10、填料 7、压盖 8 和密封圈 5、垫圈 6 分别在两个部位组成密封装置。

2）零件间的装配关系

阀体 12 和阀盖 4 均带有方形凸缘，它们用四组双头螺柱（1、2、3）连接，并用适当厚度的垫圈 6 调节阀芯 11 与密封圈 5 之间的松紧程度。阀体的中心处装上阀芯，阀芯上端装有阀杆 9，并将阀杆扁头嵌入阀芯凹槽使两者相连。在阀体与阀杆之间的填料函内装入填料 7 并旋紧压盖 8。

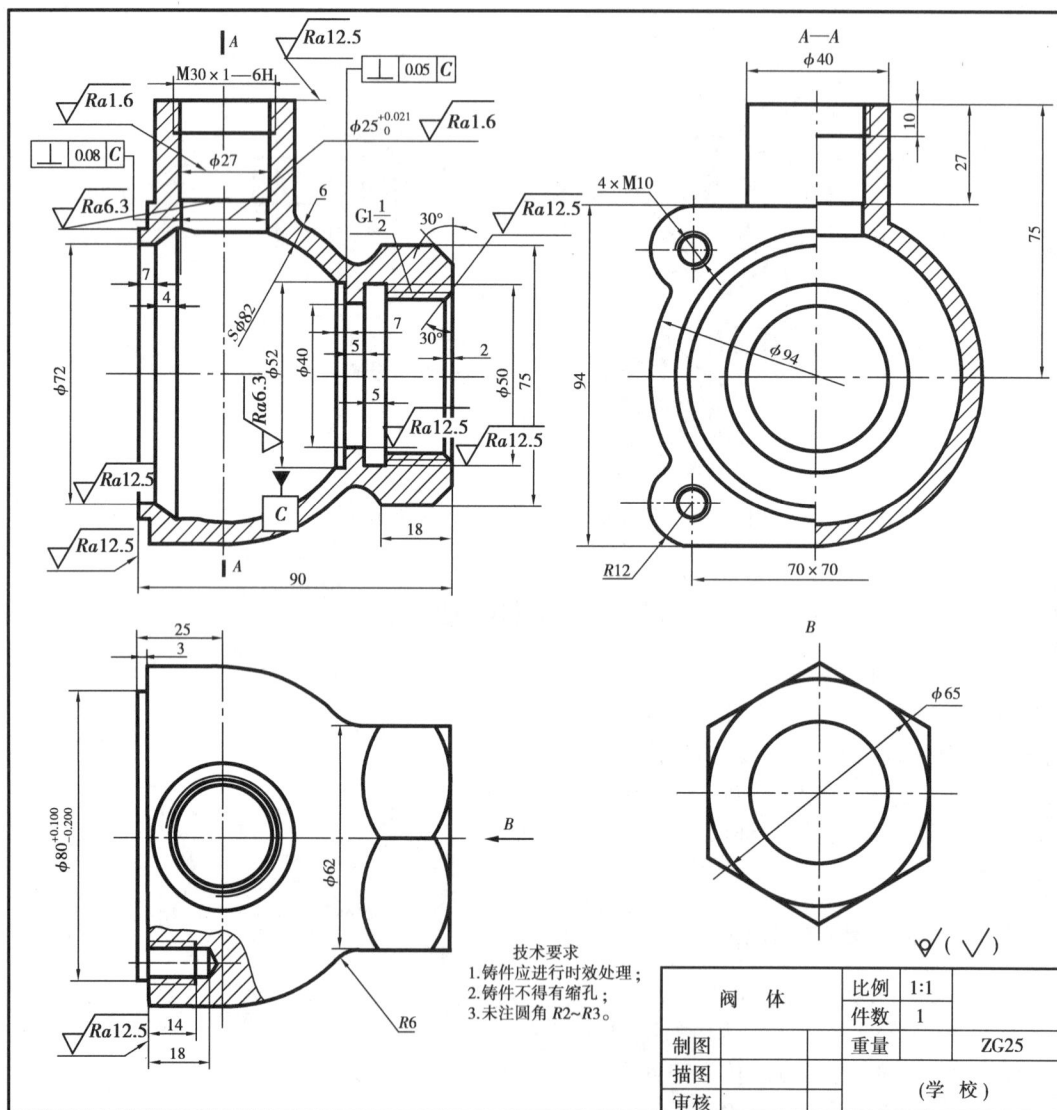

（a）阀体

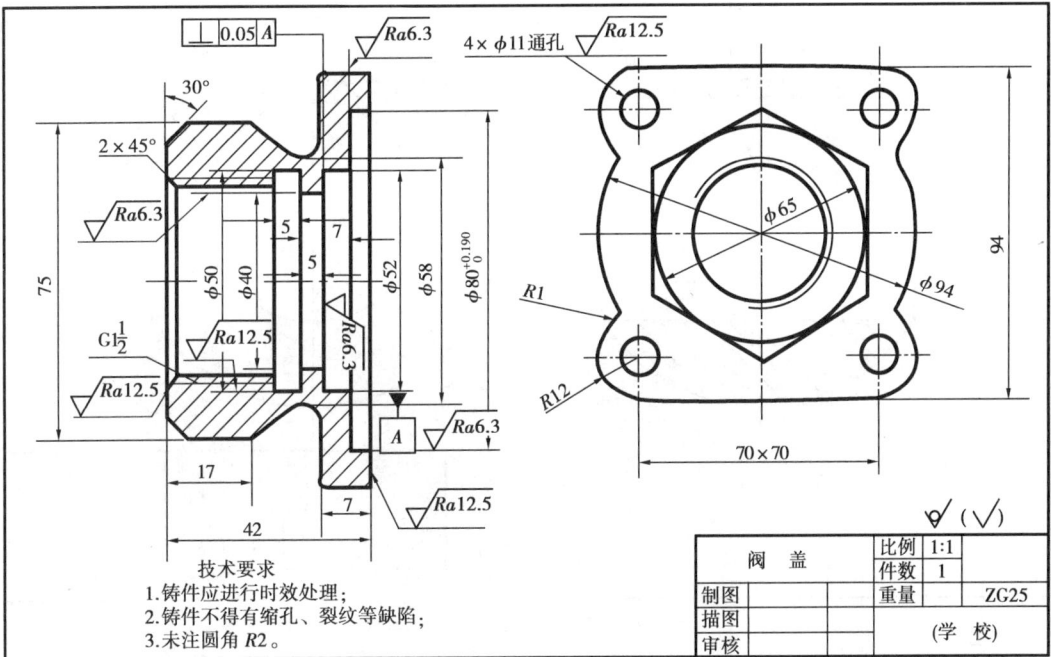

(b)阀盖

技术要求
1.铸件应进行时效处理;
2.铸件不得有缩孔、裂纹等缺陷;
3.未注圆角 R2。

阀　盖		比例	1:1	
		件数	1	
制图		重量		ZG25
描图		(学　校)		
审核				

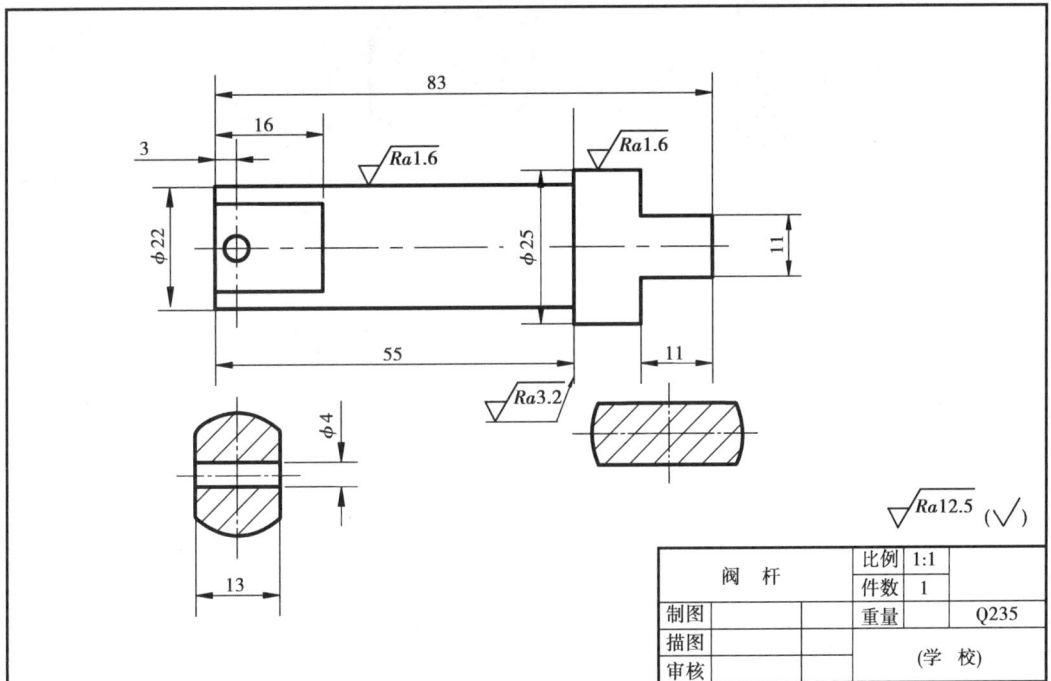

(c)阀杆

阀　杆		比例	1:1	
		件数	1	
制图		重量		Q235
描图		(学　校)		
审核				

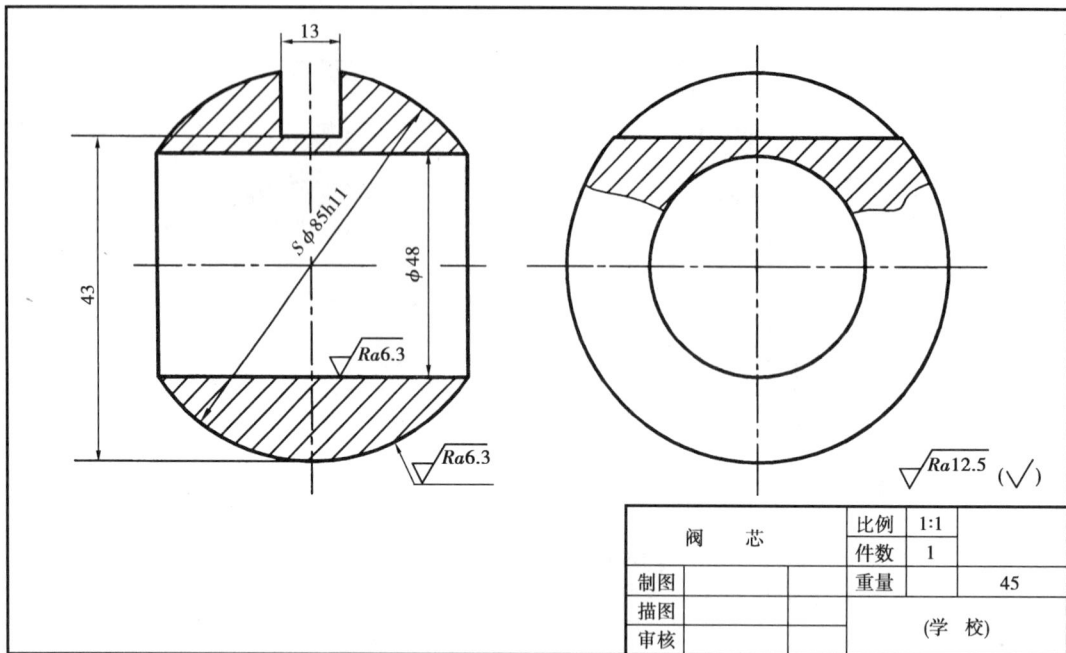

阀　芯	比例	1:1
	件数	1
制图	重量	45
描图	(学　校)	
审核		

（d）阀芯

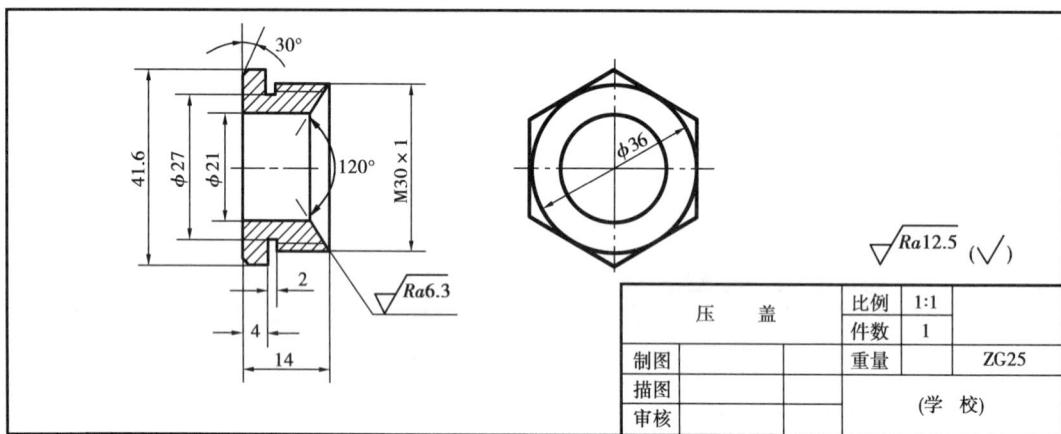

压　盖	比例	1:1
	件数	1
制图	重量	ZG25
描图	(学　校)	
审核		

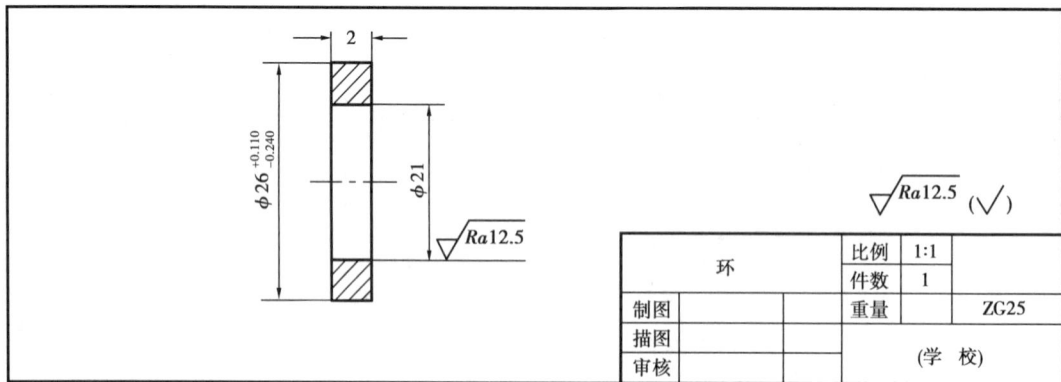

环	比例	1:1
	件数	1
制图	重量	ZG25
描图	(学　校)	
审核		

（e）压盖、环

图 9.13　球阀零件图

(2)确定部件的视图表达方案

装配图视图表达的基本要求是:应正确、清晰地表达出部件的工作原理、各零件间的相对位置及其装配关系以及零件的主要结构形状。一般来讲,选择表达方案时应遵循这样的思路:以装配体的工作原理为线索,从装配干线入手,用主视图及其他基本视图来表达对部件功能起决定作用的主要装配干线,兼顾次要装配干线,再辅以其他视图表达基本视图中没有表达清楚的部分,最后达到把装配体的工作原理和装配关系等正确、完整、清晰地表达出来。

1)装配图的主视图选择

①一般将部件按工作位置放置或将其放正,即使装配体的主要轴线、主要安装面等呈水平或铅垂位置。以便了解装配体的情况及与其他机器的装配关系。

②选择最能反映部件的工作原理、传动路线、零件间装配关系及主要零件的主要结构的视图作为主视图。因此,主视图大多要采用恰当的剖视图。

图 9.12 球阀的工作位置有多种情况,一般是将其通道放成水平位置。从对球阀各零件间装配关系的分析中可以看出,阀芯、阀杆、压盖等部分和阀体、密封圈、阀盖等部分为球阀的两条主要装配轴线,它们互相垂直相交。因此,使其通道成水平位置,以剖切面过该两装配轴线的全剖视图作为球阀的主视图。

2)确定其他视图

根据装配图表达的要求,针对在主视图中没有表达清楚的部分,选择合适的视图或剖视图。即考虑还有哪些装配关系、工作原理以及主要零件的主要结构还没有表达清楚,可灵活地选用局部视图、局部剖视或断面等来补充表达。

如图 9.15 所示的球阀中连接阀盖及阀体的螺柱分布、阀盖及阀体等零件的主要结构形状还没有完全表达清楚,于是选取左视图。根据球阀前后对称的特点,左视图采用半剖视图,可以补充表达阀体、阀芯和阀杆的结构形状。同时,在左视图的阀杆上端采用局部剖视图表达阀杆上的销孔结构。选用 $B—B$ 局部剖视图表达螺柱紧固件与阀体和阀盖的连接关系。

9.6.2　画装配图

①根据部件的大小、复杂程度、选取适当的比例及图幅大小,画出图框和标题栏、明细栏的外框。

②布置视图　估计各视图的大小,在适当位置画出各视图的作图基准线,即画出主体零件的主要轴线、中心线或对称线、基面或端面,确定出各视图的位置,如图 9.14 所示。布置视图时,要注意在视图之间为标注尺寸和编写序号留有足够的位置,并力求图面布置匀称、美观。

③画底稿　画图时一般应从主视图开始,几个视图配合进行,先画基本视图。从主体零件的主要轴线或中心线入手,先画主体零件的主要结构,再画与其有装配关系的零件轮廓,最后画细部结构及螺栓等紧固件。画剖视图时,从装配轴线由内向外逐个画出各个零件,也可由外向里画,视作图方便而定。图 9.14 表示了绘制球阀装配图底稿的画图步骤。

④底稿线完成后,检查、校核,画剖面线,标注尺寸,加深图线。

⑤编写零、部件序号,填写技术要求、明细栏、标题栏。完成后的球阀装配图如图 9.15 所示。

比例	1:1	共 张第 张		
重量		(学 校)		
球 阀				
制图				
描图				
审核				

比例	1:1	共 张第 张		
重量		(学 校)		
球 阀				
制图				
描图				
审核				

比例	1:1	共 张第 张		
重量		(学 校)		
球 阀				
制图				
描图				
审核				

比例	1:1	共 张第 张		
重量		(学 校)		
球 阀				
制图				
描图				
审核				

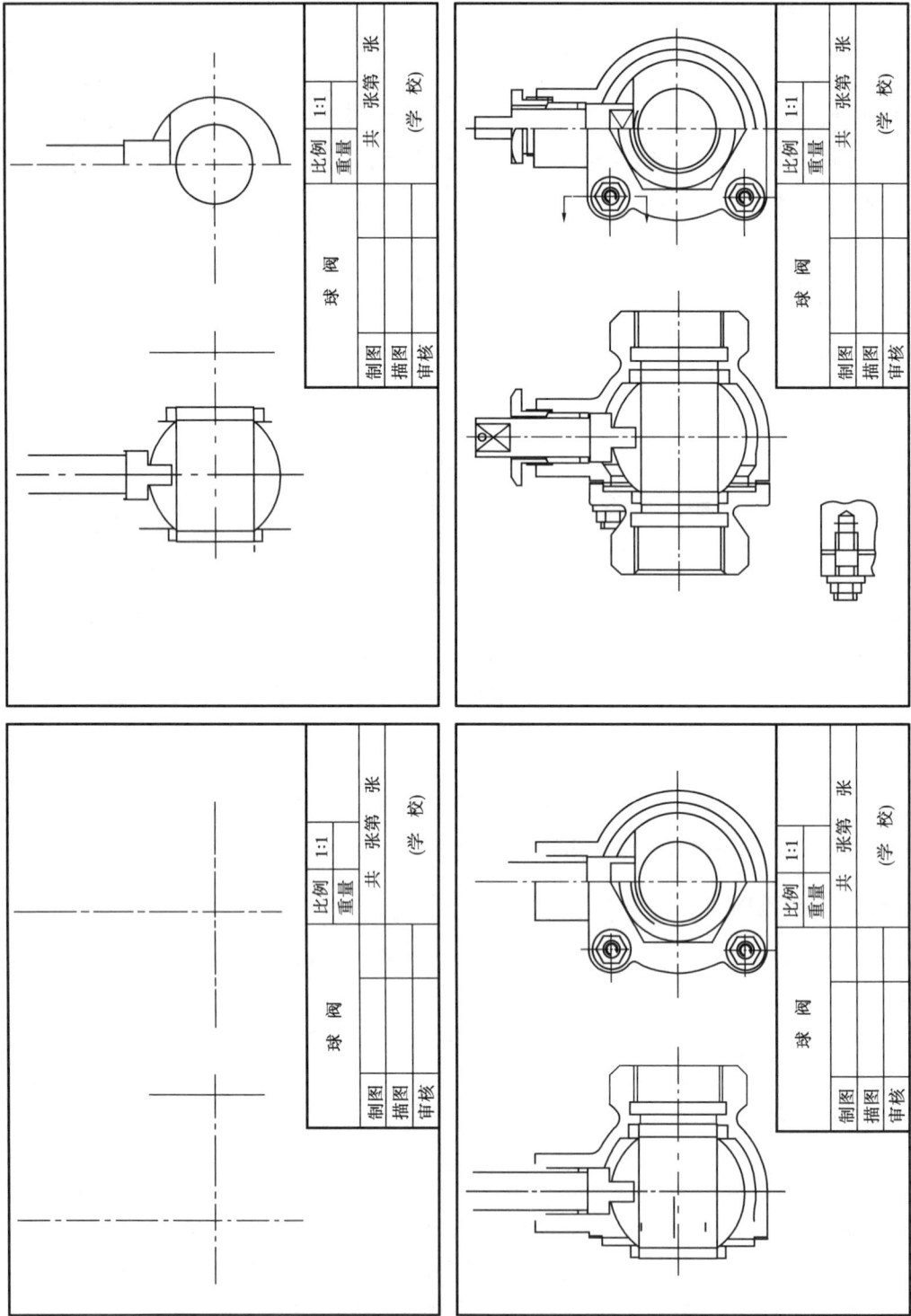

图 9.14　画球阀装配图底稿的步骤

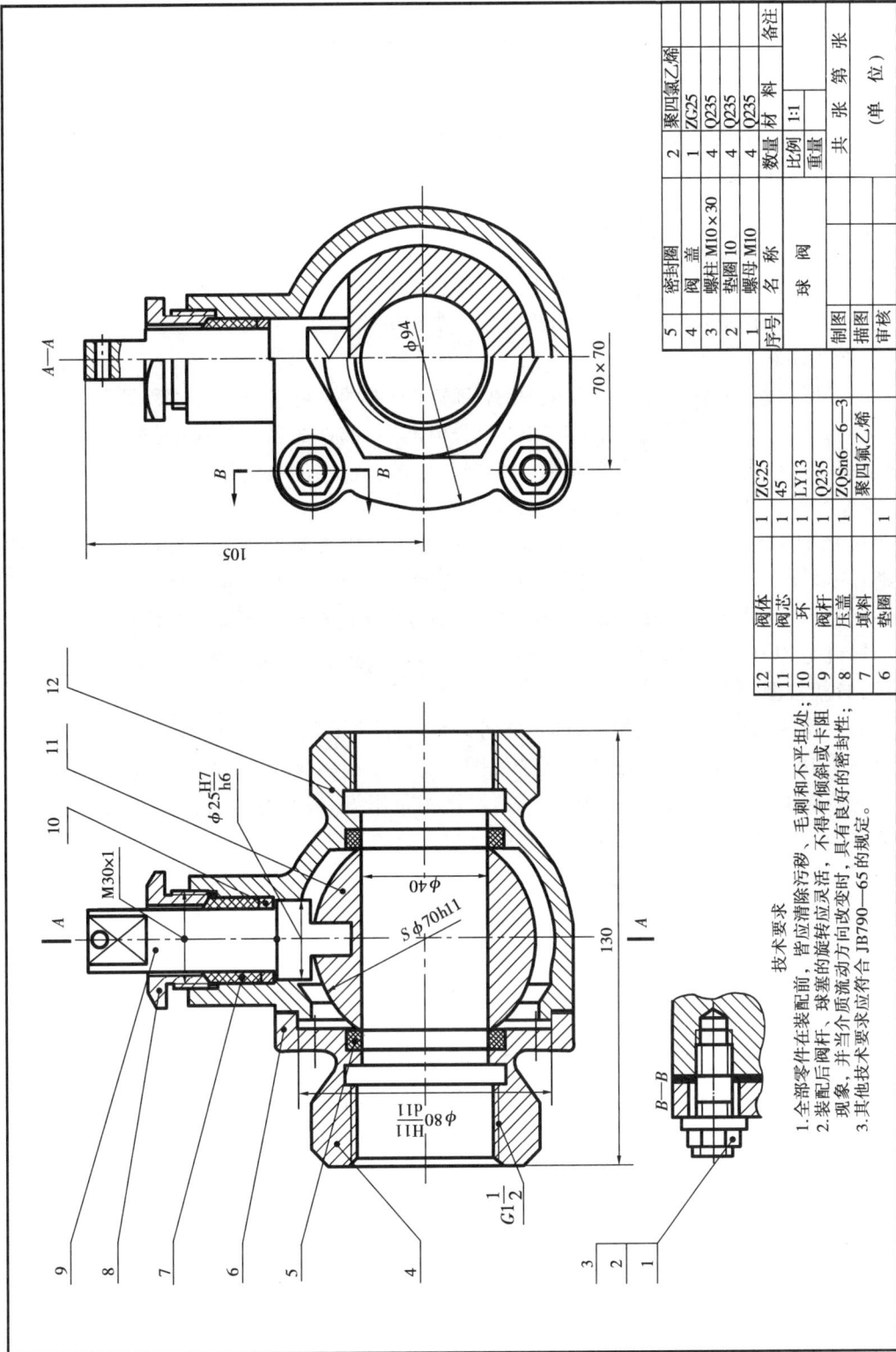

序号	名　称	数量	材　料	备注
5	密封圈	2	聚四氟乙烯	
4	阀盖	1	ZC25	
3	螺柱 M10×30	4	Q235	
2	垫圈 10	4	Q235	
1	螺母 M10	4	Q235	
序号	名　称	数量	材　料	备注

球　阀

比例　1:1
重量　　　　共　张　第　张
　　　　　　　（单　位）

制图
描图
审核

12	阀体	1	ZC25	
11	阀芯	1	45	
10	环	1	LY13	
9	阀杆	1	Q235	
8	压盖	1	ZQSn6-6-3	
7	填料	1	聚四氟乙烯	
6	垫圈	1		

图 9.15　球阀装配图

技术要求

1. 全部零件在装配前，皆应清除污垢、毛刺和不平坦处，不得有倾斜或卡阻现象，并当后阀杆、球塞的旋转应灵活。
2. 装配后阀杆、球塞动方向改变时，具有良好的密封性。
3. 其他技术要求应符合 JB790—65 的规定。

$\phi 94$

70×70

105

$A—A$

12
11
10
9
8
7
6
5
4
3
2
1

M30×1

$\phi 25\frac{H7}{h6}$

$\phi 40$

$S\phi 70h11$

130

$\phi 80\frac{H11}{h11}$

$G1\frac{1}{2}$

$B—B$

9.7　装配图的阅读

阅读装配图,主要是了解机器或部件的用途、工作原理、各零件间的连接关系和装拆顺序,以便正确地进行装配、使用和维修。

9.7.1　读装配图的方法和步骤

装配图比较复杂,因而读懂装配图需要一个由浅入深逐步分析的过程。现以图 9.16 所示的镜头架装配图为例,介绍读装配图的一般方法和步骤。

(1)概括了解

首先看标题栏、明细栏及有关说明,从中了解该部件的名称、用途、零件种类及大致组成情况。再初览全部图形,了解标准零、部件和非标准零、部件的名称与数量;对照零、部件序号,在装配图上查找这些零、部件的位置。根据装配图上视图的表达情况,找出各个视图、剖视、断面等配置的位置及投影方向,搞清各视图的表达重点。

图 9.16 所示的装配图是镜头架,它是电影放映机上用来放置放映镜头和调整焦距使图像清晰并锁紧镜头的一个部件。从图中可以看出,镜头架由 10 种零件(6 种非标准件和 4 种标准件)组成。其外形尺寸为:112.25、60、99,可知镜头架的体积并不大。组成镜头架各零件选用的材料是 ZL102(铸造铝合金)、LY12(硬铝)、Q235(碳素结构钢)等。

(2)分析视图

了解各视图、剖视、剖面的投影方向、剖切平面位置,并弄清其表达意图。

由图 9.16 看出,镜头架装配图由两个视图表达。主视图用 A—A 阶梯剖视图,它反映了镜头架的装配关系和工作原理、传动方式等;左视图采用 B—B 局部剖视图,用以表达镜头架的安装结构、外形轮廓,以及调节齿轮 5 与内衬圈 2 上的齿条相啮合的情况。

(3)分析装配关系和工作原理

根据视图的布置,弄清各图形的相互关系和作用,分析装配关系、工作原理、各零件间的定位连接方式等。

镜头架的主视图完整地表达了它的装配关系。从图 9.16 中可以看出,所有零件都装在主要零件架体 1 上,并由两个销和两个螺钉在放映机上定位、安装。架体 1 上 $\phi70$ 的大孔中套有能前后移动的内衬圈 2。架体 1 上 $\phi22$ 的水平圆柱孔是一条主要装配干线,其内装有锁紧套 6,它们是 $\phi22H7/g6$ 的间隙配合。锁紧套 6 内装有调节齿轮 5,它们的配合分别为 $\phi25H11/c11$ 和 $\phi6H8/f7$ 的间隙配合。螺钉 M3×12 用来调节齿轮 5 的轴向定位。锁紧套 6 右端的外螺纹处,装有垫片 3 和锁紧螺母 4,当螺母旋紧时,则将锁紧套 6 拉向右移,锁紧套 6 上的圆柱面槽就迫使内衬圈 2 收缩而锁紧镜头。在内衬圈 2 上有一个轴向通槽,使内衬圈 2 就像一个开口弹簧一样,以便收缩和放松镜头。内衬圈 2 下面外圆柱面上作有齿条,它与调节齿轮 5 相啮合,当调节齿轮 5 转动时,就能带动内衬圈 2 前后移动,从而达到调节焦距的目的。焦距调整好后,旋紧锁紧螺母 4,使锁紧套 6 右移迫使内衬圈 2 收缩定位。

(4)分析零件

从主要零件开始,弄清各零件的结构形状。首先由零件的序号找出它的名称、件数及其

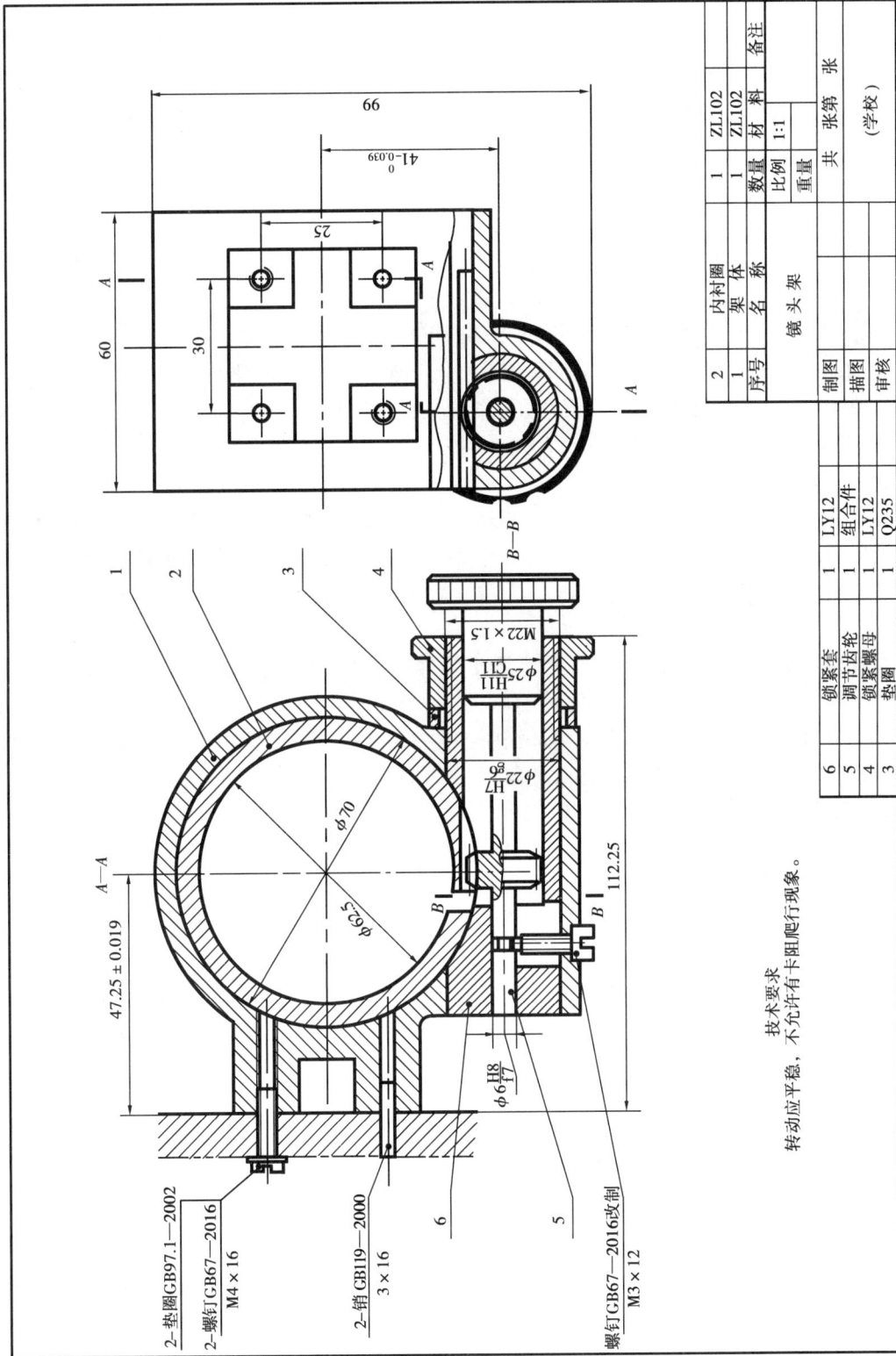

图 9.16　镜头架装配图

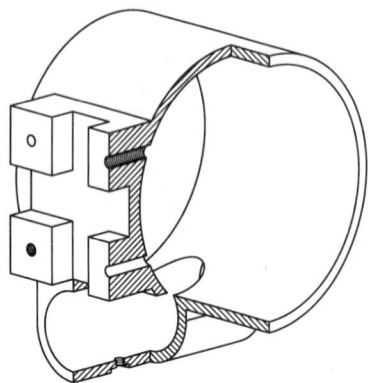

图 9.17　架体的结构形状

在各视图上的反映,再根据剖面线和投影关系,分析该零件的形状。

如图 9.16 中架体 1 是镜头架上的主体零件,根据序号和剖面线的方向,可确定它在主视图的范围,再根据投影关系找出它在左视图中的投影。这个架体主要是由一大一小相互垂直偏交的两个圆筒组成,它们的圆柱孔内壁相交贯通,大圆筒中装入带齿条的内衬圈 2,小圆筒内装入锁紧套 6。为了使架体 1 在放映机上定位、安装,在大圆筒外壁的左侧伸出一个四棱柱,并在这个四棱柱的左端面上,分别设置有螺纹通孔和圆柱销孔的四个方形凸台。小圆筒的下部是半个圆柱体,上部是前后壁与半圆柱面相切的四棱柱。在小圆筒的下部半圆柱壁上,有一个带锪平沉孔的螺纹通孔,它与用来使调节齿轮轴向定位的螺钉旋合。最后想象出架体 1 的结构形状,如图 9.17 所示。

(5)归纳总结

在上面分析的基础上,对部件的工作原理、装配关系和装拆顺序、表达方案、尺寸标注和技术要求等方面进行归纳总结,从而加深对部件的全面认识,获得对部件的完整概念。

9.7.2　由装配图拆画零件图

在部件设计时,要先画出装配图,然后画出零件图。由装配图拆画零件图,简称"拆图"。拆图时,首先要看懂装配图,将所画零件的形状尽可能分析清楚。然后确定零件的表达方案,最后画出零件工作图,其内容和要求与前面所述的零件工作图完全相同。下面以镜头架架体为例,说明拆画零件图的步骤和应注意的问题。

(1)确定零件形状

首先,应对所拆零件的作用进行分析,然后分离该零件(即把该零件从与其组装的其他零件中分离出来),并根据分析补齐所缺的轮廓线。如对镜头架的架体,先从装配图的各视图中分离出架体的轮廓,如图 9.18(a)所示;然后根据前面对架体的分析,补画出图中所缺的图线,如图 9.18(b)所示。

由于装配图主要表达零件间的装配关系,对每个零件的形状和详细结构表达不一定完全,因此,在拆图时应根据零件的作用、结构知识等重新设计确定。同时,对装配图中省略的工艺结构,如铸造圆角、倒角、退刀槽等,也应补充画出。

(2)确定视图的表达方案

因为装配图的视图表达方案主要从表达部件的工作原理和装配关系来考虑的,因此,零件图的表达方案不应简单地照抄装配图,而应根据零件图的要求重新考虑。

从图 9.18(b)架体的零件图可以看出:主视图既表达了一个方向的外轮廓形状,还由于采用阶梯剖而清晰地显示出了内部的结构特征;左视图上,由于需要表达小圆筒的形状特征,左视图采用局部剖,剖出大圆筒内壁的最下轮廓线,则可清晰、完整地表达内外形状,如图 9.19 所示。

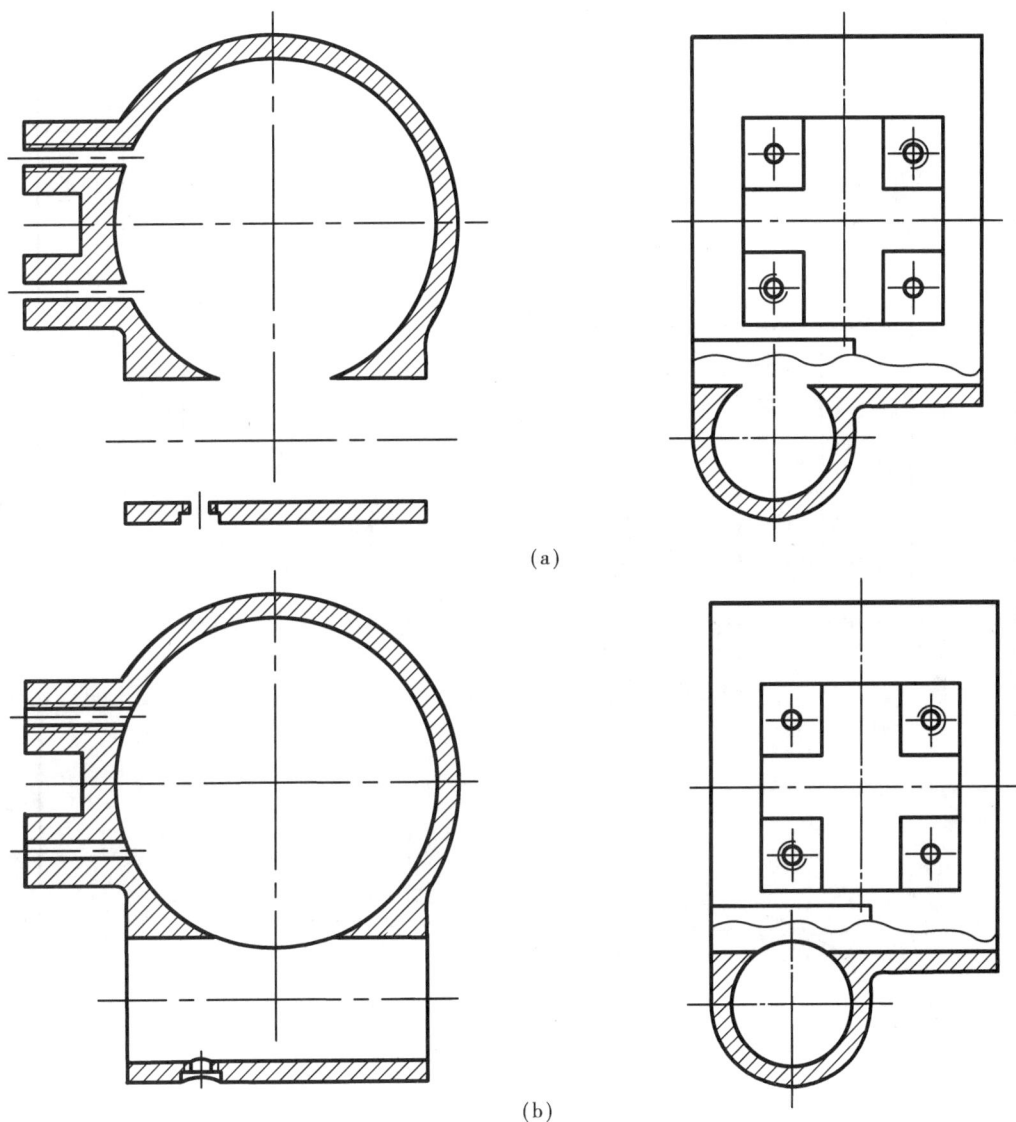

(a)

(b)

图 9.18 架体零件图的拆画方法

(3) 确定零件尺寸

装配图上零件的尺寸是不完全的,拆图时应根据不同情况分别处理,其处理方法有:

①抄注 在装配图中已标注出的尺寸,往往是较重要的尺寸,这些尺寸一般都是装配体设计的依据,也是零件设计的依据。在拆面其零件图时,这些尺寸不能随意改动,要完全照抄。对于配合尺寸,就应根据其配合代号,查出偏差数值,标注在零件图上。如图 9.19 中的 47.25±0.019、ϕ70、ϕ22H7、30、25 等尺寸。

②查找 螺栓、螺母、螺钉、键、销等,其规格尺寸和标准代号,一般在明细栏中已列出,其详细尺寸可从相关标准中查得,如图 9.19 中的尺寸 2×M4、2×ϕ3。

螺孔直径、螺孔深度、键槽、销孔等尺寸,应根据与其相结合的标准件尺寸来确定。

按标准规定的倒角、圆角、退刀槽等结构的尺寸,应查阅相应的标准来确定。

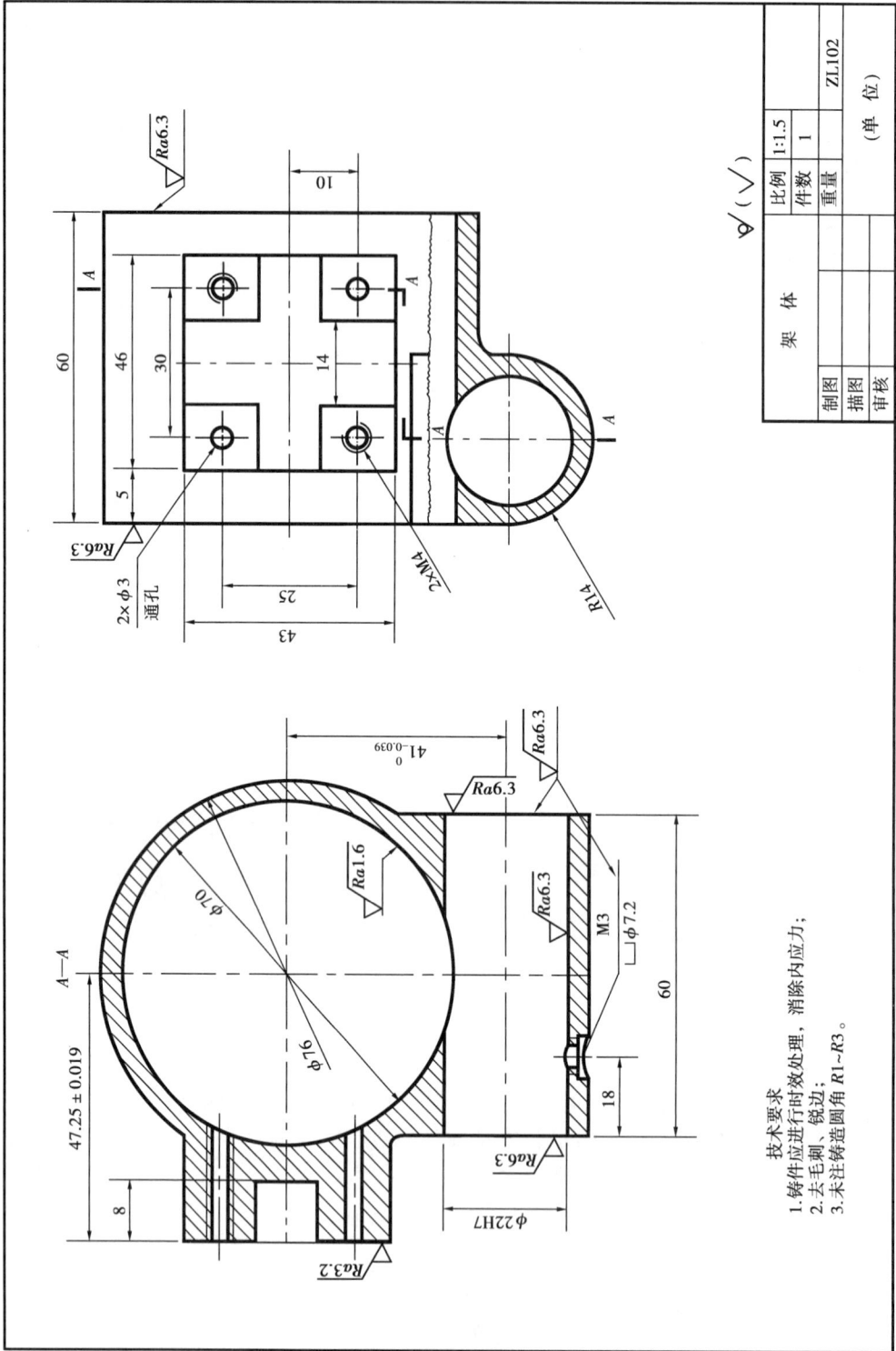

图 9.19 由镜头架装配图拆画架体零件图

技术要求
1. 铸件应进行时效处理, 消除内应力;
2. 去毛刺、锐边;
3. 未注铸造圆角 R1~R3。

架 体

ZL102

比例 1:1.5
件数 1
重量

(单位)

制图
描图
审核

③计算　某些尺寸数值,应根据装配图所给定的尺寸,通过计算确定。如齿轮轮齿部分的分度圆尺寸、齿顶圆尺寸等,应根据所给的模数、齿数及有关公式来计算。

④量取　在装配图上没有标注出的其他尺寸,可从装配图中按比例量取,并圆整为整数或符合标准尺寸系列。

另外,在标注尺寸时应注意,有装配关系的尺寸应相互协调。如配合部分的轴、孔,其基本尺寸应相同。其他尺寸也应相互适应,使之不致在零件装配时或运动时产生矛盾,或产生干涉、咬卡现象。如图 9.19 中架体在放影机上安装、定位尺寸 25、30,应与放影机上相关尺寸一致。

(4)注写技术要求

零件表面粗糙度、尺寸偏差等技术参数,应根据装配图的技术要求,结合零件的作用、加工情况,用类比法参照同类产品的有关资料以及已有的生产经验进行综合确定。架体的各项技术要求见图 9.19。

(5)校核

最后,对图纸进行全面校核、检查,完成架体的零件图,如图 9.19 所示。

第 *10* 章
计算机绘图基础

计算机绘图是指应用计算机及其图形输入、输出设备等硬件和相关绘图软件来处理图形信息，从而实现图形的生成、显示及输出的一种绘图方法。

AutoCAD 是美国 Autodest 公司开发的一款微机绘图软件系统，自 1982 年 11 月推出以来，经过多次版本升级，已成为集二维绘图、三维造型于一体的交互式绘图软件，是目前在微机上应用最广泛的通用图形软件之一，其显著特点如下：

①提供多种用户接口，具有友好的用户界面；

②具有强大的二维绘图和图形编辑功能；

③具有开放的体系，提供二次开发接口，可通过内置的 Autolisp 语言或 VBA 进行二次开发，扩展其功能；

④支持 IGES、DXF 等图形标准，便于与其他 CAD 系统或 CAPP/CAM 系统交换数据；

⑤具有三维造型功能。

本章以 AutoCAD 2010 中文版为蓝本，介绍其基本操作、图形绘制和图形编辑功能，并通过工程图样的绘图实例，讲述 AutoCAD 二维绘图的基本方法及步骤。

10.1　AutoCAD 操作基础

10.1.1　用户界面

启动 AutoCAD 后，将出现如图 10.1 所示的 AutoCAD 工作界面。

AutoCAD 2010 的用户界面主要由标题栏、快捷工具栏、工具选项卡、面板、命令行、绘图区和状态栏等组成。

（1）应用程序组

单击应用程序组按钮。在打开的应用程序菜单中可以搜索命令以及快速访问创建、打开、保存、核查、修复和清除以及打印和发布文件。

（2）标题栏和快捷工具栏

标题栏中间显示软件的名称 AutoCAD 2010 和当前编辑的图形文件名称。在标题栏左侧是快捷工具栏,包含文件新建、打开、保存、操作撤销、操作重做和打印等按钮,右侧有命令联机帮助搜索。

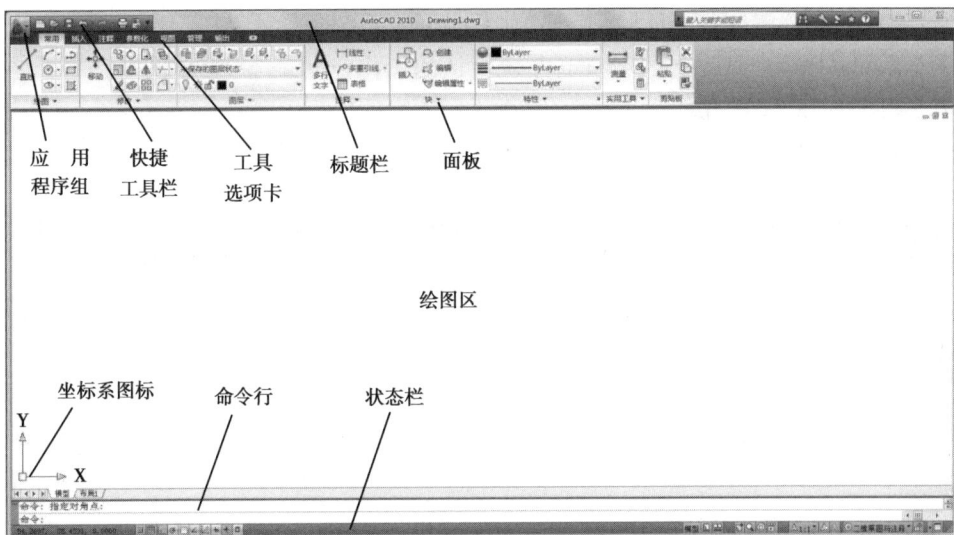

图 10.1　AutoCAD 2010 用户界面

(3) 工具选项卡和面板

在"二维草图与注释"工作空间下选项卡有常用、插入、注释、参数化、视图、管理、输出七项。每个选项卡下含有多个面板,如"常用"选项卡下就有绘图、修改、图层、注释、块、特性、实用工具和剪切板八个面板。利用不同选项卡中面板上的按钮,可以满足各种操作需要。

当鼠标光标移到快捷工具栏和面板上的按钮上时,在光标旁边会显示此按钮的名称和简要说明。

(4) 绘图区

绘图区是绘制和编辑图形的区域。其右上角有当前文档窗口的控制按钮及滚动条,用来控制窗口的打开、关闭、最大化、最小化、还原及平移绘图区中的显示内容,具体操作方法和 Windows 对应操作相同。在绘图区左下角显示当前使用的坐标系类型及坐标原点,以及 X、Y、Z 轴的方向等。默认情况下,坐标系为世界坐标系(WCS)。此外,在绘图区的左下方还有"模型"和"布局"选项卡,单击它们可以在模型空间和图纸空间之间来回切换。一般情况下,应在模型空间绘制和编辑图形。

(5) 命令行

命令行位于绘图窗口的底部,用于接受用户输入的命令,并显示系统的提示信息。

(6) 状态栏

状态栏用来反映 AutoCAD 当前的绘图状态,如光标的当前坐标等,还包含辅助绘图工具、导航工具以及用于快速查看和注释的工具等,如图 10.2 所示。

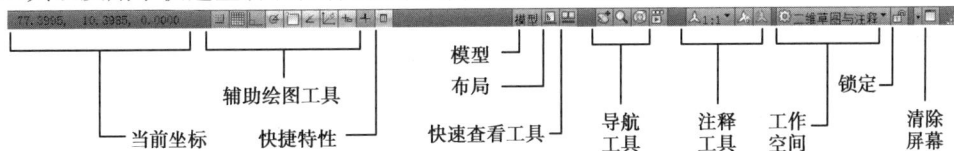

图 10.2　状态栏

193

通过辅助绘图工具(栅格捕捉工具、正交工具、极轴工具、对象捕捉工具和对象追踪工具),用户可以进行快速准确绘图。

通过工作空间按钮,用户可以切换自由工作空间。系统预置了"二维草图与注释""三维建模"和"AutoCAD 经典"三个工作空间,系统默认的工作空间是"二维草图与注释",本章主要讲述该空间的各种绘图操作。

"AutoCAD 经典"空间的界面与早期版本一致,如图 10.3 所示,适合 AutoCAD 老用户使用。

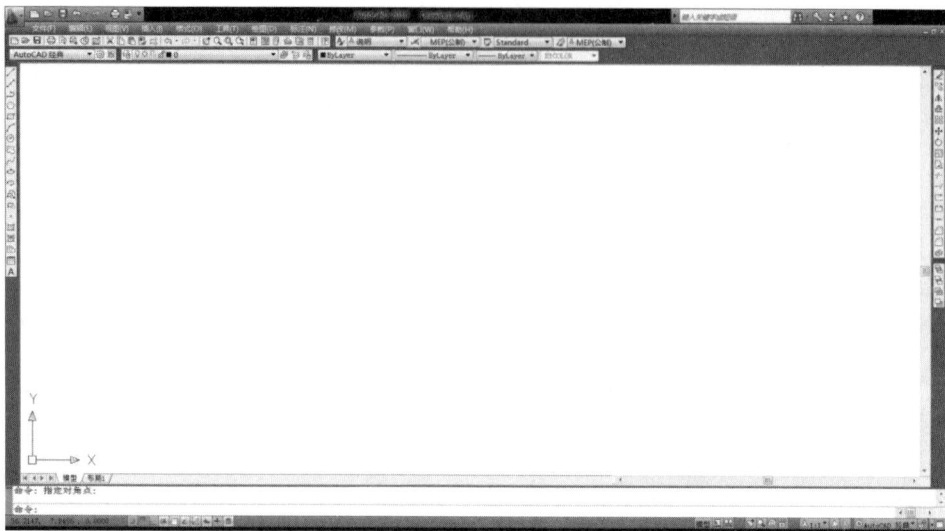

图 10.3 "AutoCAD 经典"工作空间界面

10.1.2 文件操作

在 AutoCAD 2010 中,图形文件管理包括创建新的图形文件、打开已有的图形文件、关闭图形文件,以及保存图形文件等操作。

(1)新建文件

单击应用程序组![]中的"新建"→"图形"菜单项,系统将弹出如图 10.4 所示的"选择样板"对话框,用户可选择绘图样板。

样板文件含有图形文件的多种格式设定,如单位制、绘图范围、文字样式、尺寸样式、图层设置等,其文件扩展名为".dwt"。AutoCAD 提供了多种样板文件,用户也可以根据需要自己建立样板文件。

当单击快捷工具栏上的新建文件![]按钮,系统会以默认样板"acadiso.dwt"为样板文件建立新图形文件。

(2)打开文件

单击应用程序组![]中的"打开"→"图形"菜单项,或单击快捷工具栏上的"打开"按钮![],系统将弹出如图 10.5 所示的"选择文件"对话框。利用此对话框,可以打开 AutoCAD 图形文件(*.dwg)、AutoCAD 图形交换文件(*.dxf)、AutoCAD 图形样板文件(*.dwt)和 AutoCAD 图形标准文件(*.dws)。

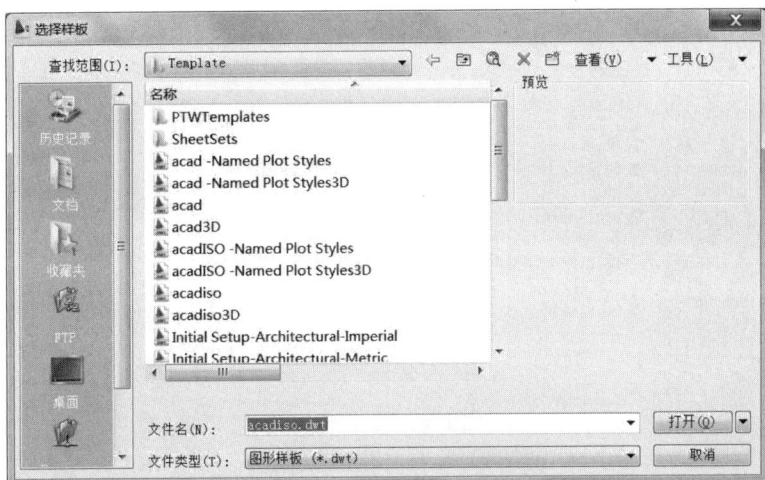

图 10.4　"选择样板"对话框

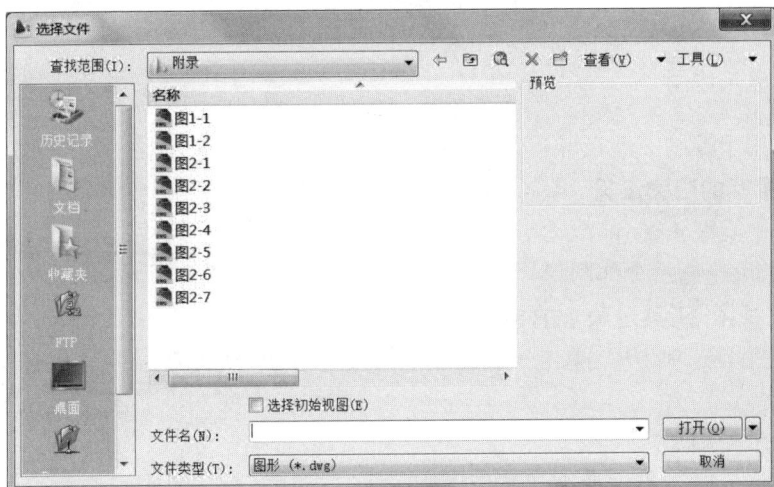

图 10.5　"选择文件"对话框

(3)保存文件

单击应用程序组▲中的"保存"菜单项,或单击快捷工具栏上的"保存"按钮▐,可以保存正在编辑的图形文件。如果当前文件没有命名,系统将弹出如图 10.6 所示的"图形另存为"对话框。

一般情况下,不需要指定文件类型,只需要输入文件名即可,如要存储为其他格式的文件,则须指定文件类型,可以保存的文件类型有:

①低版本的 AutoCAD 图形文件(∗.dwg);

②AutoCAD 图形样板文件(∗.dwt);

③AutoCAD 图形标准文件(∗.dws);

④AutoCAD 图形交换文件(∗.dxf)。

注意:AutoCAD 2010 的图形文件无法在较早版本的 AutoCAD 中打开,若要用较早版本的 AutoCAD 系统打开,保存时必须在文件类型中指定为较早版本的格式。

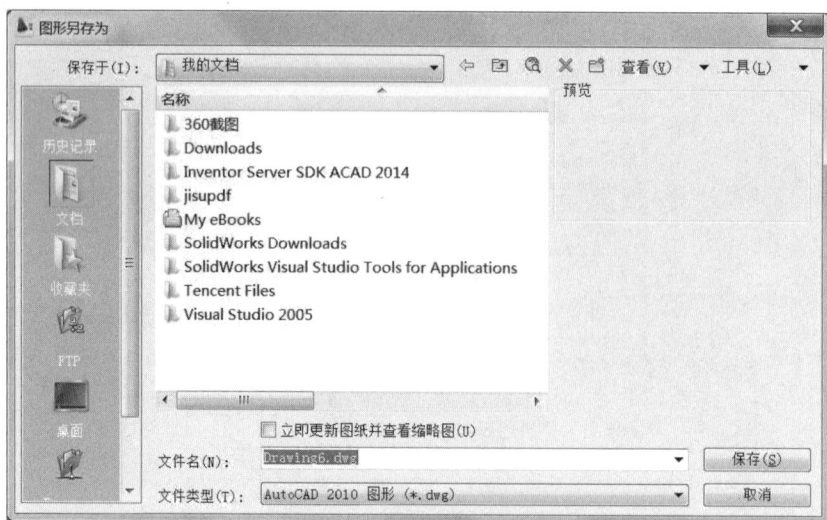

图 10.6 "图形另存为"对话框

10.1.3 显示控制

显示控制用于控制图形在屏幕上的显示范围,AutoCAD 提供的显示控制方式如下所述。

(1)利用鼠标的中键滚轮

拨动鼠标中间滚轮,向前滚动时图形放大,向后滚动时图形缩小;按下滚轮移动鼠标时,图形平移;双击滚轮显示全部图形。

(2)利用"视图"工具选项卡的导航面板

在"视图"工具选项卡中,单击导航面板中的相应按钮,即可对图形进行放大、缩小、平移和动态观察。

(3)利用缩放按钮

单击状态栏导航工具中的缩放按钮 执行 zoom 命令(默认是窗口缩放),指定窗口的两个角点,系统将两个角点拉出的矩形窗口所包围的图形放大至整个屏幕。

10.1.4 命令的输入

AutoCAD 的命令必须在命令行出现提示符"命令:"状态下输入,输入方式有多种。

(1)键盘输入

直接从键盘输入 AutoCAD 命令,然后按 Enter 键或空格键。输入的命令用大写或小写都可,也可以输入命令的别名,如 LINE 命令的别名 L,CIRCLE 命令的别名 C。

(2)菜单输入

单击菜单名,出现下拉式菜单,单击选择所需命令。

(3)面板工具栏按钮输入

鼠标左键单击面板工具栏上的相应命令按钮。

(4)重复输入

在命令行出现提示符"命令:"时,按 Enter 键或空格键,可重复上一个命令,也可单击鼠标右键,在弹出的快捷菜单中选择"重复××"命令。

（5）终止当前命令

按下 Esc 键可终止或退出当前命令,或者直接从下拉菜单或按钮选择其他新命令,即可终止当前命令,执行新命令。

（6）取消上一个命令

在命令行输入"U"或单击快捷工具栏上的 ⬅ 按钮,可取消上一次执行的命令。

（7）命令重做

在命令行输入"REDO"或单击快捷工具栏上的 ➡ 按钮,可重新执行被取消的命令。

10.1.5　数据的输入

当命令输入后,AutoCAD 通常会在命令行提示要求输入的数据信息,如点的坐标、距离、半径、角度等。

（1）点的坐标输入

1）用键盘输入点的坐标

①绝对直角坐标:输入格式为"x,y",其中 x 和 y 分别表示输入点相对于坐标原点的 X 和 Y 坐标值。缺省的坐标原点为屏幕的左下角点。

②相对直角坐标:输入格式为"@ dx,dy",其中 dx 和 dy 分别表示输入点相对于前一点的 X 和 Y 坐标增量。

③相对极坐标:输入格式为"@ 距离<角度",其中距离指输入点到前一点的距离,角度指输入点到前一点的连线与 X 轴正向之间的夹角,逆时针方向为正。

2）用鼠标输入点的坐标

将鼠标光标移到所需位置并单击左键,即输入了该点的坐标,其坐标值在状态栏中显示。

3）方向距离输入

当前一点的位置确定后,指定下一点位置时,如果将其方向锁定(往往通过辅助绘图工具中的正交、对象追踪或极轴追踪功能),直接用键盘输入两点之间的距离,即可确定该点的坐标。

（2）数值的输入

当提示要求输入距离、长度、半径、直径等数值时,可从键盘上直接输入相应的数值,也可用鼠标指定两点的方式输入。

（3）角度的输入

角度值是指与 X 轴正向的夹角大小,逆时针方向为正,顺时针方向为负。当提示要求输入角度值时,可以按以下两种方式输入:

①用键盘输入角度,如正 30°可输入"30",负 30°可输入"-30"。

②用鼠标指定两点输入角度,所输角度为指定的第一点到第二点的连线与 X 轴正向夹角的大小。

10.1.6　辅助绘图工具

AutoCAD 提供了光标捕捉、栅格显示、正交模式、极轴追踪、对象捕捉和对象捕捉追踪等辅助绘图工具,以帮助用户准确、便捷地绘图。其图标按钮位于状态栏,如图 10.2 所示。

（1）**光标捕捉**（Snap）**和栅格显示**（Grid）

在光标捕捉模式下，光标只能以设定的间距移动。

在栅格显示模式下，绘图区会显示出设定间距的栅格格点，给绘图提供参考点。栅格格点不会随图形输出。

单击辅助绘图工具中的▦按钮或 F9 键可打开/关闭光标捕捉功能，单击辅助绘图工具中的▦按钮或 F7 键可打开/关闭栅格显示功能。

（2）**正交模式**（Ortho）

在正交模式下，光标只能沿当前坐标系的坐标轴方向移动，利用这一功能可以方便地画出水平线和竖直线。单击辅助绘图工具中的⌐按钮或 F8 键可打开/关闭正交模式。

（3）**极轴追踪**（Polar Tracking）

使用极轴追踪，光标将按指定的角度进行移动。一旦光标移动到接近设定角度或其倍数角度时，就会出现临时极轴追踪线和工具栏提示，如图 10.7 所示。此时可以在该路径方向拾取一点，或直接输入该方向上的距离，即可画出指定角度的直线。当光标从该角度移开时，极轴追踪线和工具栏提示消失。

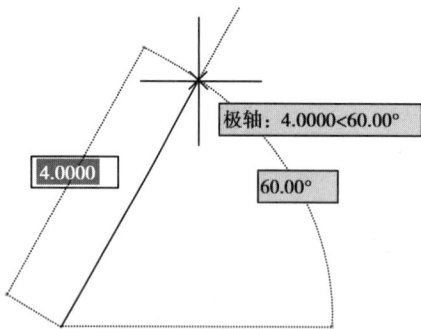

图 10.7　极轴追踪线和工具栏提示

图 10.8　草图设置对话框

单击辅助绘图工具中的◶按钮或 F10 键可打开/关闭极轴追踪。右键单击◶按钮，在弹出的菜单中选择"设置"菜单项，可打开"草图设置"对话框，对极轴追踪的角度进行设置，如图 10.8 所示。

（4）**对象捕捉**（Object Snap）

在绘图过程中，经常需要输入一些几何特征点，如圆心、交点、端点等，利用对象捕捉功能可以快速、准确地获取并输入图像上的特殊点。对象捕捉有两种操作方式：

1）临时对象捕捉方式

当系统提示"指定（…）点："时，按住 Ctrl 键，然后单击鼠标右键，会弹出如图 10.9 所示的对象捕捉快捷菜单，然后选择需要的捕捉方式。这种方式仅本次有效，下次还需再次选择。

2）自动对象捕捉模式

在自动捕捉模式下，系统会自动捕捉设定的几何特征点。单击辅助绘图工具中的▢按钮或 F3 键可打开/关闭极轴追踪。右键单击▢按钮，在弹出的菜单中选择"设置"菜单项，可打开"草图设置"对话框,对对象捕捉模式进行设置,如图 10.10 所示。

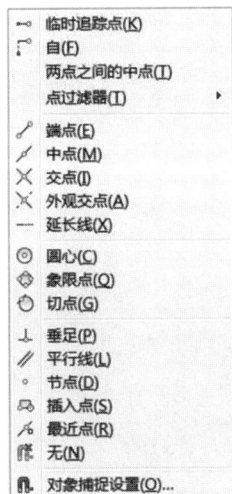

图 10.9　对象捕捉快捷菜单

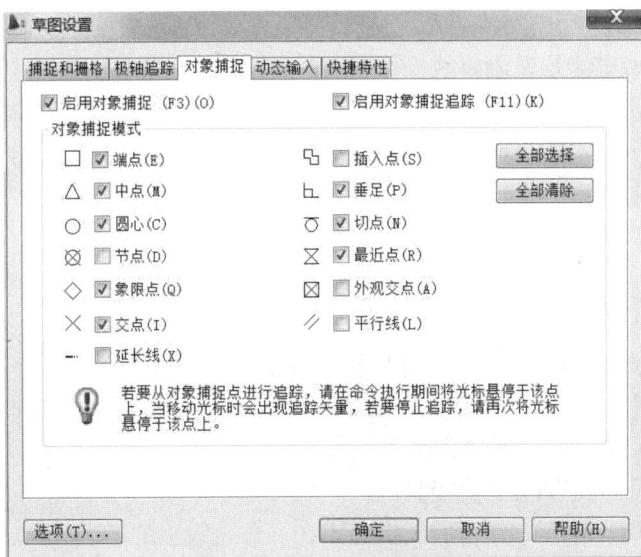

图 10.10　草图设置对话框

(5)对象捕捉追踪(Otrack)

使用对象捕捉追踪,光标可以沿着基于对象捕捉点的对齐路径进行追踪。对象捕捉追踪必须与对象捕捉模式同时使用。单击辅助绘图工具中的 按钮或 F11 键可打开/关闭对象捕捉追踪。

10.2　常用绘图命令

AutoCAD 提供的绘图命令可用于绘制各种基本图形,常用的绘图命令位于"常用"选项卡的"绘图"面板(图 10.1)。包括直线、多边形、圆、圆弧和多边形等绘图命令。单击"绘图"面板上的小三角按钮,还会扩展出其他常用绘图命令,如图 10.11 所示。以下只介绍常用的绘图命令。

(1)直线命令(Line)

命令别名:L,面板按钮:

【功能】绘制直线、折线及由多条线段组成的封闭图形。

【操作】

命令:Line

指定第一点:(输入直线的起点坐标)

指定下一点或［放弃(U)］:(输入直线的终点坐标)

指定下一点或［闭合(C)/放弃(U)］:

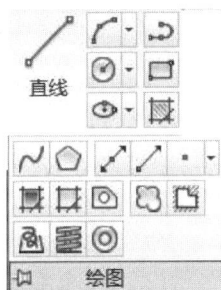

图 10.11　"绘图"面板

【说明】

①最初由两点决定一条直线,若继续输入点,则可连续画出直线。

②输入坐标时可用鼠标指点输入(此时若画水平线或垂直线,按 F8 进入正交模式),也可

从键盘直接输入点的绝对坐标或相对坐标。

③在"指定第一点:"处直接打回车表示:

a.若上次是画直线操作,则从所画直线的终点开始画线,要求输入直线的长度;

b.若上次画的是弧,则以其终点为起点,并沿其切线画线。

④在"指定下一点:"处除可输入坐标外,还可输入:

U(Undo)——回退一次,即消去最后画的一条线;

C(Close)——封闭图形,并结束画线操作;

回车——命令结束。

(2)画圆命令(Circle)

命令别名:C,面板按钮: ⊙·

【功能】画一个完整的圆,画圆命令提供了五种画圆方式:

①指定圆心和半径画圆,为缺省方式;

②指定圆心和直径画圆;

③"三点(3P)"画圆,指定不在一条直线上的三点画圆;

④"两点(2P)"画圆,指定直径的两个端点画圆;

⑤"切点、切点、半径(T)"画圆,选择与圆相切的两个对象和半径画圆。

【操作示例】

命令:Circle

指定圆的圆心或〔三点(3P)/两点(2P)/相切、相切、半径(T)〕:T(确定画圆方法)

指定对象与圆的第一个切点:(指定第一条切线,如Ⅰ线)

指定对象与圆的第二个切点:(指定第二条切线,如Ⅱ线)

指定圆的半径<>:40(输入画圆半径)

结果如图10.12所示。

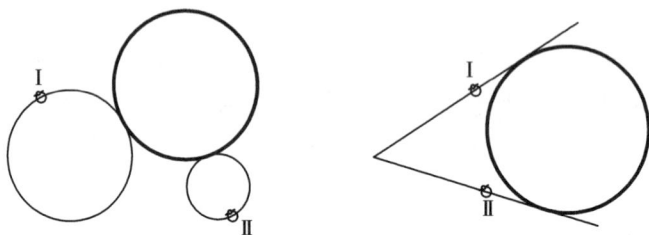

图10.12 "T"方式画圆应用示例

【说明】

半径或直径的大小可直接输入数据,也可指定两点,取两点间的距离。

(3)圆弧命令(Arc)

命令别名:A,面板按钮: ⌒·

【功能】圆弧命令提供了11种画圆弧方式,缺省方式为给定三点画圆弧。单击"圆弧"按钮旁的小三角,会弹出如图10.13所示的一组弹出型按钮,根据已知条件选用合适的画圆弧方式。

【操作】

命令:Arc

指定圆弧的起点或 [圆心(C)]:(输入画圆弧起点坐标或选取起点)

指定圆弧的第二个点或 [圆心(C)/端点(E)]:(输入第二点坐标或选取第二点)

指定圆弧的端点:(输入第三点坐标或选取第三点)

【说明】

①缺省状态时,AutoCAD 以逆时针方向画圆弧。

②如果用回车键回答第一个提问,则以上次所画直线或圆弧的终点及方向作为本次画弧的起点及起始方向。这种方法特别适用于画与上次所画直线或圆弧相切的圆弧情况。

(4)正多边形命令(Polygon)

命令别名:POL,面板按钮:

【功能】用于绘制 3 ~ 1024 边的正多边形。

Polygon 命令有三种画正多边形的方法:

①设定正多边形的边方式(E);

②内接于圆方式(I),即作圆的内接正多边形,是正多边形命令的缺省方式;

③外切于圆方式(C),即作圆的外切正多边形。

【操作示例】

①设定正多边形的边方式(E):

命令:Polygon

图 10.13   画圆弧的方式

输入边的数目 <4>:8(给出正多边形的边数)

指定正多边形的中心点或 [边(E)]:E(设定正多边形的边方式)

指定边的第一个端点:A 点(指定边的起点)

指定边的第二个端点:B 点(指定边的终点)

结果如图 10.14(a)所示。

②内接于圆方式(I):

命令:Polygon

输入边的数目 <4>:8(给出正多边形的边数)

指定正多边形的中心点或 [边(E)]:O 点(指定正多边形的中心)

输入选项 [内接于圆(I)/外切于圆(C)] <I>:[按 Enter 键确认以"I"(内接于圆)方式画多边形]

指定圆的半径:输入半径 r 或指定 A 点

结果如图 10.14(b)所示。

③外切于圆方式(C):

命令:Polygon

输入边的数目 <4>:8(给出正多边形的边数)

指定正多边形的中心点或 [边(E)]:O 点(指定正多边形的中心)

输入选项 [内接于圆(I)/外切于圆(C)] <I>:C[以"C"(外切于圆)方式画多边形]

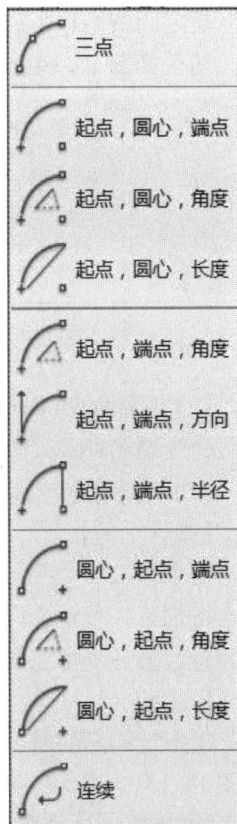

指定圆的半径:输入半径 r 或指定 A 点

结果如图 10.14(c)所示。

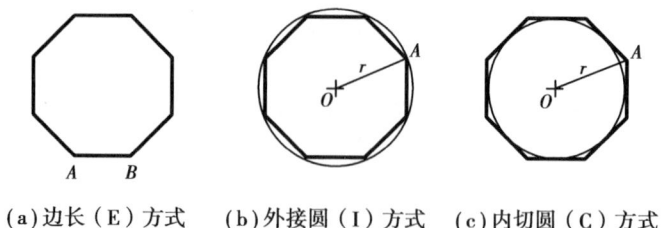

(a)边长（E）方式　　(b)外接圆（I）方式　　(c)内切圆（C）方式

图 10.14　多边形命令应用示例

(5)矩形命令(Rectang)

命令别名:REC,面板按钮:▢

【功能】用指定对角点的方式绘制不同形式的正方形。

【操作示例】

命令:Rectang

指定第一个角点或［倒角(C)/标高(E)/圆角(F)/厚度(T)/宽度(W)］:

指定另一个角点或［面积(A)/尺寸(D)/旋转(R)］:

【说明】

①指定矩形的两个对角点,按前一次设定的形式画出对应的矩形,是画矩形的缺省方式,如图 10.15(a)所示。

②先输入 C,再给定倒角距离 d_1、d_2,然后指定矩形的两个对角点,刻画出带倒角的矩形,如图 10.15(b)所示。

③先输入 F,再给定圆角半径 R,然后指定矩形的两个对角点,刻画出带圆角的矩形,如图 10.15(c)所示。

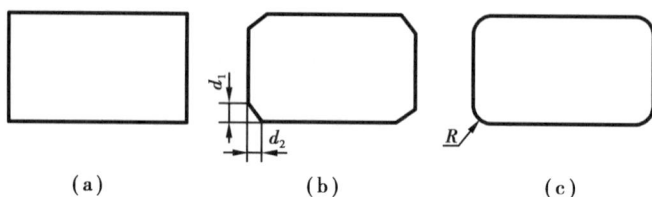

(a)　　　　　　(b)　　　　　　(c)

图 10.15　三种形式的矩形

(6)样条曲线命令(Spline)

命令别名:SPL,面板按钮:〜

【功能】用于绘制光滑曲线,该曲线通过一组指定点拟合和控制。

【操作】

命令:Spline

指定第一个点或［对象(O)］:(指定起始点)

指定下一点或［闭合(C)/拟合公差(F)］<起点切向>:(指定下一点)

指定下一点或［闭合(C)/拟合公差(F)］<起点切向>:(指定再下一点)

……

【说明】

①输入"C"可使最后一点与起点连接,构成封闭样条曲线。

②输入"F"可指定拟合公差。拟合公差表示样条曲线与指定点集的拟合精度,公差越小,样条曲线与拟合点越接近,公差为 0,样条曲线通过指定点。

(7)图案填充命令(BHatch)

命令别名:BH、H,面板按钮:▨

【功能】用某种图案或渐变色对封闭区域进行填充,在机械图样中可以用来绘制剖面符号。

【操作过程】

执行图案填充命令,即可打开如图 10.16 所示的"图案填充和渐变色"对话框。

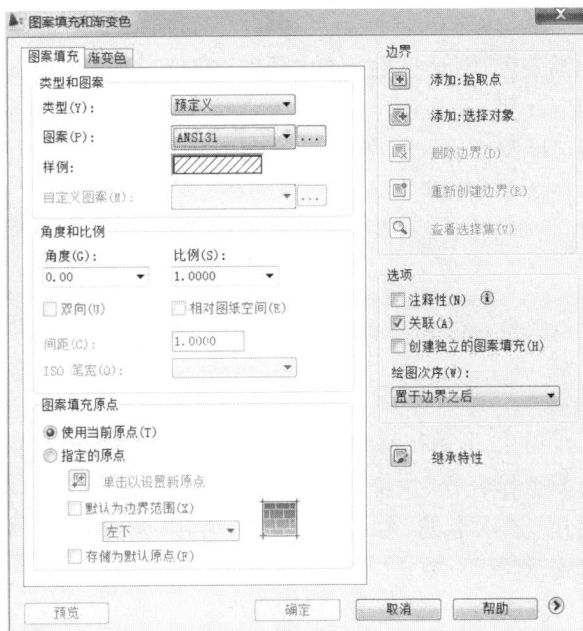

图 10.16 "图案填充和渐变色"对话框

1)选择填充图案

在"类型"下拉列表框中提供预定义、用户定义和自定义三种填充图案类型,一般情况下使用预定义图案。单击"图案"下拉列表框右侧的▢按钮或"样例"右边的图案,会弹出"填充图案选项板"对话框,如图 10.17 所示,通常选择"ANSI"标签中的"ANSI31"(一般用于金属材料)。

2)设置旋转角度和图案比例

①在"角度"文本框中输入角度值,可使图案旋转相应角度;

②在"比例"文本框中输入数值,可使放大或缩小选定图案中线条间的距离。

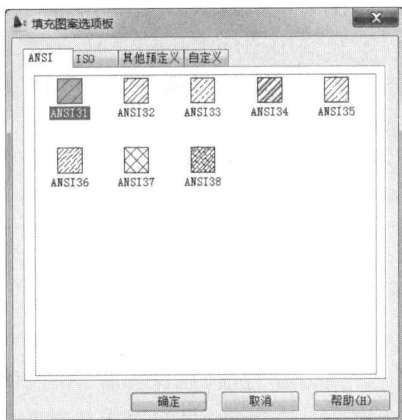

图 10.17 "填充图案选项板"对话框

3)选择填充区域

有以下两种方法可以在屏幕上确定剖面区域边界。

①拾取点：在"图案填充和渐变色"对话框的"边界"区，单击"添加：拾取点"按钮，对话框自动关闭，此时用户可用鼠标在要填充的封闭区域内任意拾取一点(注意不能拾取到边界线上)，系统自动搜索拾取点所在的封闭边界，如果成功则边界以虚线显示，否则报错。可以重复拾取点，确定其他填充区域的边界，然后按 Enter 键返回"图案填充和渐变色"对话框。

②选择边界：在"图案填充和渐变色"对话框的"边界"区，单击"添加：选择对象"按钮，对话框自动关闭，此时用户可用鼠标在屏幕上选择要填充的封闭区域边界实体，被选择的边界实体将以虚线显示，可以重复选择其他填充边界，然后按 Enter 键返回"图案填充和渐变色"对话框。

4)预览或确定

单击"图案填充和渐变色"对话框底部的"预览"按钮，可以查看填充的剖面符号是否满足要求。如果满意按 Enter 键，完成图案填充，否则按 Esc 键返回"图案填充和渐变色"对话框，重新进行图案类型选择及比例和角度调整，也可以添加或删除边界。

如不需预览，也可直接单击"图案填充和渐变色"对话框底部的"确定"按钮，完成图案填充。

10.3　常用图形编辑命令

图形编辑是对已绘制的图形进行移动、复制、擦除、修剪等操作，在绘图过程中灵活使用图形编辑命令，将使绘图工作轻松、快捷，达到事半功倍的效果。图形编辑命令位于"常用"选项卡的"修改"面板上，常用命令包括移动、复制、旋转、缩放、删除等，单击"修改"标签旁的小三角按钮，还会扩展出其他图形编辑命令，如图 10.18 所示。

图 10.18　修改面板及其扩展

10.3.1　构造选择集

在使用图形编辑命令时，一般会出现"选择对象："的提示，要求选择要编辑的对象。AutoCAD 提供了多种选择对象的方法，下面介绍几种常用的方法。

(1)选择对象的方法

1)点选(默认方式)

当出现"选择对象："提示时，光标变成小方框，移动光标至目标，单击鼠标左键，该目标对象即被选中。

2)Windows 窗口选择

当出现"选择对象："提示时，单击鼠标左键指定第一对角点，从左向右移动鼠标，在屏幕上拉出一个矩形窗口，再单击鼠标左键指定第二对角点，则完全被该窗口包围的实体对象均被选中。

3) Crossing 交叉窗口选择

当出现"选择对象:"提示时,单击鼠标左键指定第一对角点,从右向左移动鼠标,在屏幕上拉出一个矩形窗口,再单击鼠标左键指定第二对角点,则完全被该窗口包围和与窗口边界相交的实体对象均被选中。

4) 全选

当出现"选择对象:"提示时,键入"all"并按 Enter 键,当前图形中的所有实体对象均被选中。

(2) 取消已选择对象的方法

如果要取消已经选择的对象,只需在按下 Shift 键的同时选择该对象即可。

10.3.2　常用图形编辑命令

(1) 删除命令(Erase)

面板按钮: 🖊

【功能】删除图形中被选中的一个或多个对象。

【操作】选择要删除的对象,然后按 Enter 键或单击鼠标右键即可完成删除操作。

(2) 打断命令(Break)

面板按钮: 🗋 🗋

【功能】用于删除所选对象的一部分,或将对象分解为两个部分。

【操作示例】打断对象有以下三种情况。

①在第一个打断点选择对象,再指定第二个打断点,如图 10.19(b)所示。

执行打断命令🗋:

选择对象:A 点(点选)

指定第二个打断点或[第一点(F)]:B 点(点选)

②选择整个对象,然后指定两个打断点(使用"F"选项),如图 10.19(c)所示。

执行打断命令🗋:

选择对象:A 点(点选)

指定第二个打断点或[第一点(F)]:f

指定第一个打断点:C 点(点选)

指定第二个打断点:B 点(点选)

注:如果要删除线段的一端,只要在要删除的一端外部指定第二个打断点即可,如图10.19(d)所示。

③选择对象,然后将对象在指定点处断开,使对象分解为两个部分,如图 10.19(e)所示。

执行打断于点命令🗋:

选择对象:A 点(点选)

指定第二个打断点 或 [第一点(F)]:f

指定第一个打断点:A 点(点选)

指定第二个打断点:@

此时,线段在 C 点打断,分解成两段。

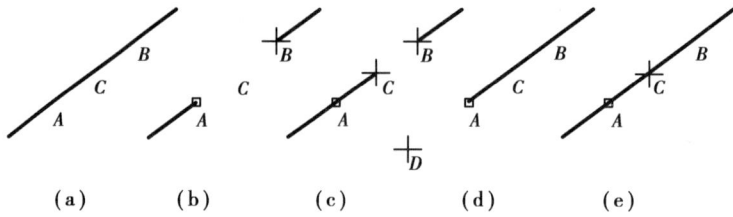

图 10.19　打断对象

(3)修剪命令(Trim)

面板按钮: ┼

【功能】用指定的剪切边裁剪所选的对象。剪切边和被裁剪对象可以是直线、圆弧、圆和样条曲线等,同一个对象既可以作为剪切边,同时也可以作为被裁剪对象。

【操作】

执行修剪命令,先选择作为剪切边的对象,选择结束后按 Enter 键(如果直接按 Enter 键,则所有对象均被选为剪切边),然后选择要修剪对象的某一侧,即可完成修剪操作。

图 10.20 所示为"修剪"命令示例。

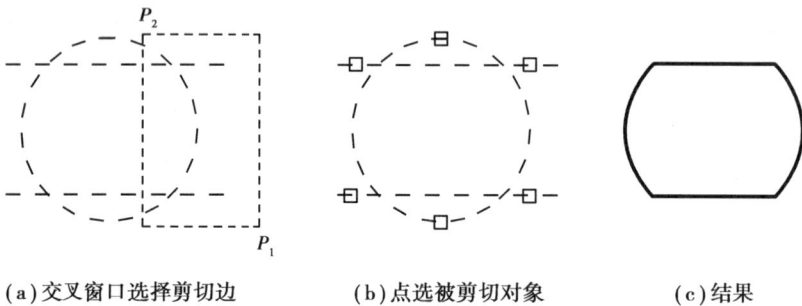

(a)交叉窗口选择剪切边　　　(b)点选被剪切对象　　　(c)结果

图 10.20　"修剪"命令示例

【说明】执行修剪操作时,可使用各种选择对象的方法选择剪切边界,但只能使用点选法选择被裁剪对象。

(4)偏移命令(Offset)

面板按钮: ⚏

【功能】用以创建与选定对象形状平行的新对象。偏移圆和圆弧可以创建比原对象大或小的圆和圆弧。

【操作示例】偏移对象有两种方式。

1)指定偏移距离

命令:Offset

当前设置:删除源=否　图层=源　OFFSETGAPTYPE=0

指定偏移距离或［通过(T)/删除(E)/图层(L)］<通过>:　10(设定偏移距离)

选择要偏移的对象,或［退出(E)/放弃(U)］<退出>:(选择直线Ⅰ)

指定要偏移的那一侧上的点,或［退出(E)/多个(M)/放弃(U)］<退出>:(在直线Ⅰ右侧指定一点)

选择要偏移的对象,或［退出(E)/放弃(U)］<退出>:(选择直线Ⅱ)

指定要偏移的那一侧上的点,或 [退出(E)/多个(M)/放弃(U)] <退出>:(在直线 Ⅱ 左侧指定一点)

结果如图 10.21(b)所示。

2)指定偏移距离

命令:Offset

当前设置:删除源＝否　　图层＝源　　OFFSETGAPTYPE＝0

指定偏移距离或 [通过(T)/删除(E)/图层(L)] <10.0000>:　T

选择要偏移的对象,或 [退出(E)/放弃(U)] <退出>(选择圆弧 Ⅲ)

指定通过点或 [退出(E)/多个(M)/放弃(U)] <退出>:(指定 A 点)

结果如图 10.21(c)所示。

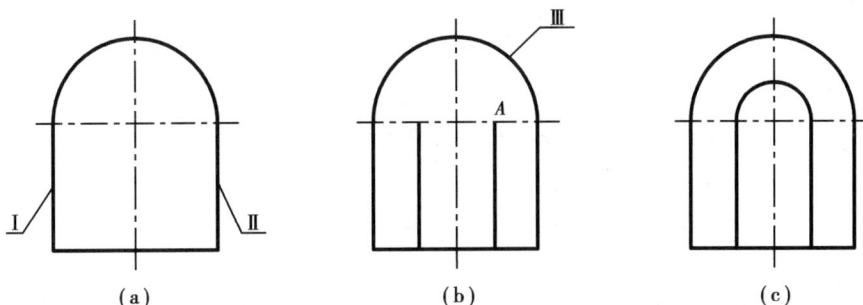

图 10.21　"偏移"命令示例

(5)**移动命令**(Move)

面板按钮:

【功能】用于将选定对象从当前位置平移到另一指定位置。

【操作】先选择要移动的目标对象,选择完成后按 Enter 键,然后指定基点,再指定目标位置点,完成移动操作。

(6)**复制命令**(Copy)

面板按钮:

【功能】将选定目标对象进行一次或多次复制。

【操作示例】

命令:Copy

选择对象:找到 4 个(选择原始图形)

选择对象:(Enter)

当前设置:复制模式＝多个

指定基点或 [位移(D)/模式(O)] <位移>:(指定 A 点)

指定第二个点或 <使用第一个点作为位移>:(指定 B 点)

指定第二个点或 [退出(E)/放弃(U)] <退出>:(指定 C 点)

指定第二个点或 [退出(E)/放弃(U)] <退出>:(Enter)

则将原图形由 A 点复制到 B 点和 C 点处,如图 10.22 所示。

【说明】基点和第二点指定了复制对象相对于目标对象的距离和方向。基点可以在对象上,也可以不在对象上。

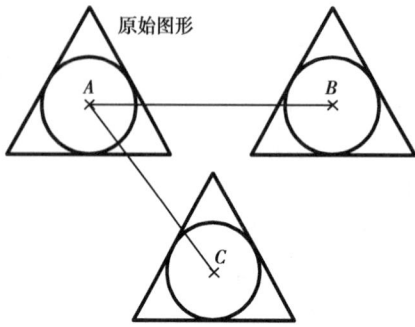

图 10.22 "复制"命令示例

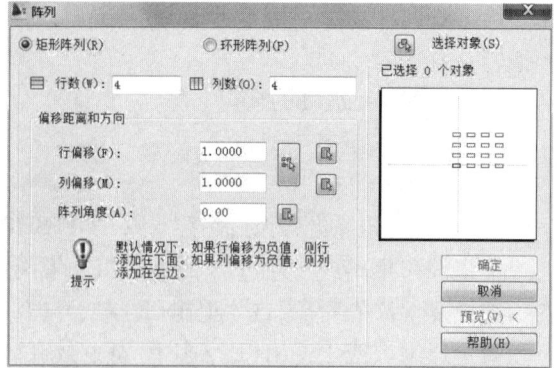

图 10.23 "阵列"对话框

(7)阵列命令(Array)

面板按钮:

【功能】将选定对象按矩形排列或环形排列作多重复制。

【操作过程】

执行阵列命令,首先弹出"阵列"对话框,如图 10.23 所示。

1)矩形阵列

①选择"矩形阵列"单选按钮,在"行数"和"列数"文本框中输入阵列的行数和列数。

②在"行偏移"和"列偏移"文本框中输入行间距和列间距,在"阵列角度"文本框中输入阵列旋转角度,如果阵列按水平和竖直排列,角度为 0°。注意,输入的行间距和列间距的正负决定阵列的方向,行间距为正值时,目标对象向上复制,列间距为正值时,目标对象向右复制;反之,则向相反方向复制。

③单击"选择对象"按钮,对话框暂时关闭,在绘图窗口选择要阵列的目标对象。

④返回"阵列"对话框,单击"预览"按钮,若阵列结果符合要求,则单击"确定"按钮完成矩形阵列操作,若不符合要求,按空格键返回"阵列"对话框修改相关参数。

如图 10.24 所示为矩形阵列示例。

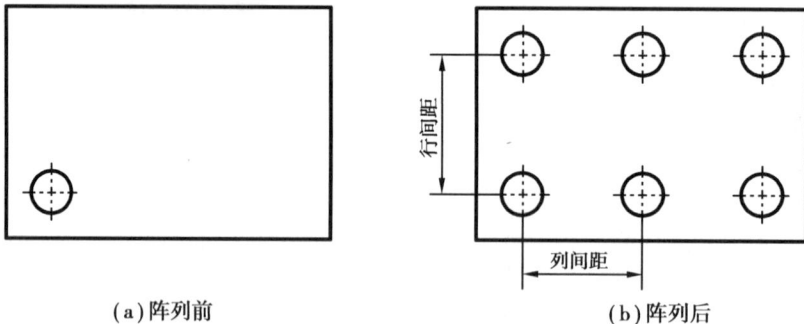

(a)阵列前

(b)阵列后

图 10.24 矩形阵列示例

2)环形阵列

选择"环形阵列"单选按钮,"阵列"对话框变为如图 10.25 所示形式。

①指定阵列中心点,可以直接输入中心点坐标,也可以单击右侧"拾取中心点"按钮 在图形中指定。

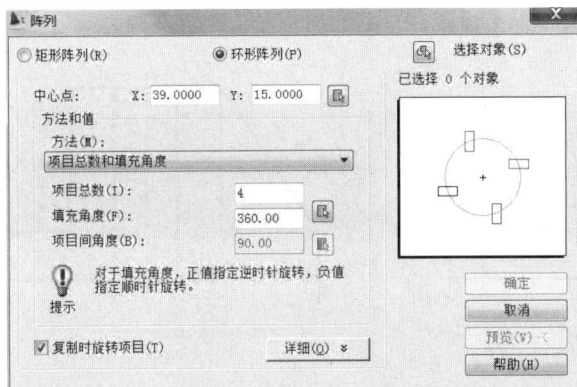

图 10.25　"阵列"对话框

②选择排列方法,输入相应参数。

排列方法有三种:项目总数和填充角度、项目总数和项目间的角度、填充角度和项目间的角度。其中,项目总数是指被选中的对象在环形阵列中的个数;填充角度是指整个环形阵列所包含的圆心角;项目间角度是指环形阵列中相邻对象的圆心角。

③单击"选择对象"按钮,对话框暂时关闭,在绘图窗口选择要阵列的目标对象。

④若要沿阵列方向旋转对象,则勾选"复制时旋转项目"复选框。

⑤返回"阵列"对话框,单击"预览"按钮,若阵列结果符合要求,则单击"确定"按钮完成环形阵列操作,若不符合要求,按空格键返回"阵列"对话框修改相关参数。

如图 10.26 所示为环形阵列示例。

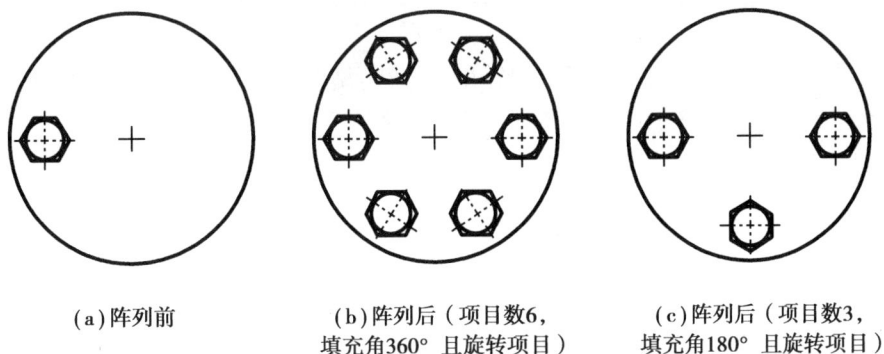

（a）阵列前　　　　　　　　　　（b）阵列后（项目数6,　　　　　　（c）阵列后（项目数3,
　　　　　　　　　　　　　　　　　填充角360° 且旋转项目）　　　　　填充角180° 且旋转项目）

图 10.26　环形阵列示例

(8) 镜像命令(Mirror)

面板按钮:

【功能】将选定目标对象作对称复制。目标对象可以保留,也可以删除。

【操作示例】如图 10.27 所示。

命令:Mirror

选择对象:[选择图 10.27(a)中图形]找到 7 个

选择对象:(Enter 键或空格键)

指定镜像线的第一点:(指定 A 点)

指定镜像线的第二点:(指定 B 点)

要删除源对象吗?[是(Y)/否(N)]<N>:(Enter键或空格键)

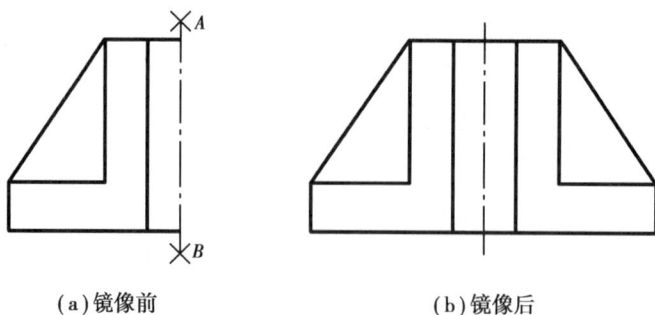

(a)镜像前　　　　　　　　　　　(b)镜像后

图10.27　"镜像"命令示例

(9)旋转命令(Rotate)

面板按钮:⟳

【功能】用于将选定对象绕一指定基点旋转指定角度。角度为正,逆时针旋转;为负,顺时针旋转。也可指定一点,则该点与基点的连线与 X 轴的夹角即为旋转角度。

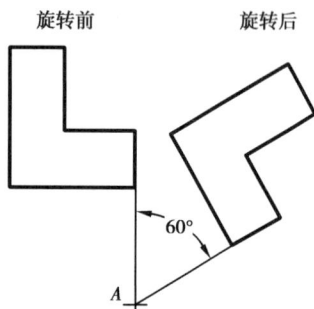

图10.28　"旋转"命令示例

【操作示例】如图10.28 所示。

命令:Rotate

UCS 当前的正角方向: ANGDIR=逆时针

ANGBASE=0.00

选择对象:(选择图形)找到6 个

选择对象:(Enter 键或空格键)

指定基点:(指定 A 点)

指定旋转角度,或[复制(C)/参照(R)]<0.00>: -60 (Enter 键)

(10)圆角命令(Fillet)

面板按钮:◻

【功能】用给定半径的圆弧将两条选定的对象(直线、圆弧或圆)光滑连接(相切)。

【操作示例】

命令:Fillet

当前设置:模式 = 修剪,半径 = 0.0000

选择第一个对象或[放弃(U)/多段线(P)/半径(R)/修剪(T)/多个(M)]:R(Enter)(设定圆角半径)

指定圆角半径<0.0000>:3(Enter)

选择第一个对象或[放弃(U)/多段线(P)/半径(R)/修剪(T)/多个(M)]:M(Enter)(设定为多次倒圆)

选择第一个对象或[放弃(U)/多段线(P)/半径(R)/修剪(T)/多个(M)]:(选择 A 线)

选择第二个对象,或按住 Shift 键选择要应用角点的对象:(选择 B 线)

选择第一个对象或[放弃(U)/多段线(P)/半径(R)/修剪(T)/多个(M)]:(选择 C 线)

选择第二个对象,或按住 Shift 键选择要应用角点的对象:(选择 B 线)

选择第一个对象或[放弃(U)/多段线(P)/半径(R)/修剪(T)/多个(M)]:(Enter)

结果如图 10.29(b)所示。

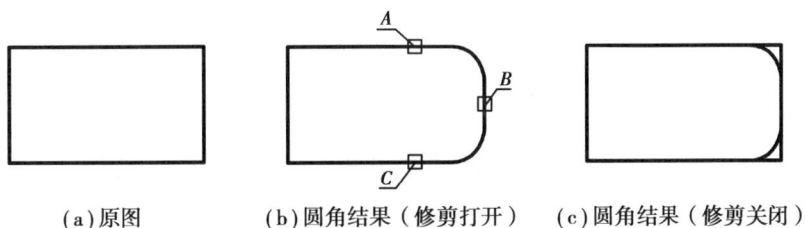

(a)原图　　　　(b)圆角结果（修剪打开）　　(c)圆角结果（修剪关闭）

图 10.29　"圆角"命令示例

【说明】

①多段线(P)选项,必须保证倒圆角对象是多段线,执行圆角命令对多段线各个顶点倒圆角。

②半径(R)选项,设置圆弧的半径,所设定的半径对后续的圆角命令有效,直到重新设置另一新值为止。

③修剪(T)选项,设定创建圆角时的剪切模式,缺省为修剪模式,如果更改为不修剪(N)模式,创建圆角结构如图 10.29(c)所示。

(11)倒角命令(Chamfer)

面板按钮:◿

【功能】用指定的距离或角度将两条选定的线段进行倒角。

【操作示例】

命令：　Chamfer

("修剪"模式)当前倒角距离 1 = 0.0000,距离 2 = 0.0000

选择第一条直线或［放弃(U)/多段线(P)/距离(D)/角度(A)/修剪(T)/方式(E)/多个(M)］:D(Enter)(设定倒角距离)

指定第一个倒角距离<0.0000>:3(Enter)

指定第二个倒角距离<3.0000>:(Enter)(第二距离等于第一距离)

选择第一条直线或［放弃(U)/多段线(P)/距离(D)/角度(A)/修剪(T)/方式(E)/多个(M)］:M(Enter)(设定为多次倒角)

选择第一条直线或［放弃(U)/多段线(P)/距离(D)/角度(A)/修剪(T)/方式(E)/多个(M)］:(选择 A 线)

选择第二条直线,或按住 Shift 键选择要应用角点的直线:(选择 B 线)

选择第一条直线或［放弃(U)/多段线(P)/距离(D)/角度(A)/修剪(T)/方式(E)/多个(M)］:(选择 C 线)

选择第二条直线,或按住 Shift 键选择要应用角点的直线:(选择 B 线)

选择第一条直线或［放弃(U)/多段线(P)/距离(D)/角度(A)/修剪(T)/方式(E)/多个(M)］:(Enter)

结果如图 10.30(b)所示。

【说明】

①多段线(P)选项,用于对多段线所有的顶点进行倒角。

②角度(A)选项,可通过设定倒角距离和角度进行倒角。

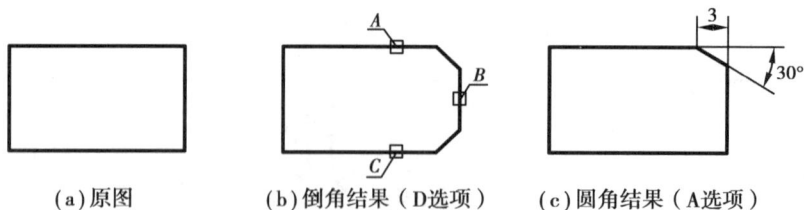

（a）原图　　　　　（b）倒角结果（D选项）　　　（c）圆角结果（A选项）

图 10.30　"倒角"命令示例

选择第一条直线或［放弃(U)/多段线(P)/距离(D)/角度(A)/修剪(T)/方式(E)/多个(M)］:A

指定第一条直线的倒角长度 <0.0000>:3(Enter)

指定第一条直线的倒角角度 <0.00>:30(Enter)

执行倒角操作后如图 10.30(c)所示。

③方式(M)选项和修剪(T)选项与圆角命令的功能相同。

(12)夹点编辑

在未执行命令时选择对象,对象上会出现若干蓝色小方块,称为夹点。图 10.31 所示为不同对象的夹点。

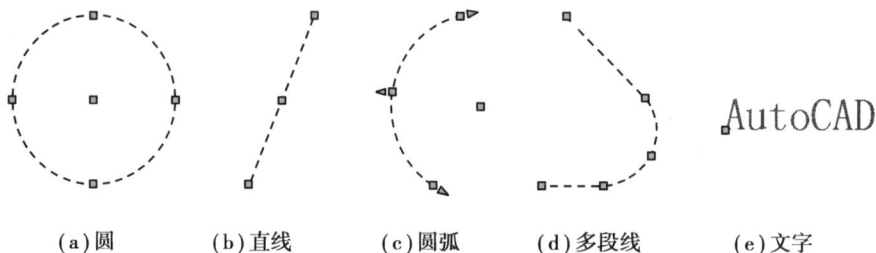

（a）圆　　　　（b）直线　　　（c）圆弧　　　（d）多段线　　　（e）文字

图 10.31　对象的夹点

选中某个夹点,该夹点即变为红色,这时按 Enter 或空格键可以使选中对象在拉伸、移动、旋转、缩放和镜像等编辑状态间循环,当处于某个编辑状态时,拖动选中夹点,可完成对选中对象的编辑操作。

【操作示例】利用夹点编辑将图 10.32(a)所示图形以 O 点为基点,旋转 180°并产生其副本(旋转复制)。

编辑过程如下:

①窗口选择对象,如图 10.32(b)所示。

②选择圆心夹点 O,然后反复按下 Enter 键或空格键,直到命令行出现"旋转"提示,也可以直接单击鼠标右键,从弹出菜单中选择"旋转"命令:

＊＊拉伸＊＊

指定拉伸点或［基点(B)/复制(C)/放弃(U)/退出(X)］:(Enter 键或空格键)

＊＊移动＊＊

指定移动点或［基点(B)/复制(C)/放弃(U)/退出(X)］:(Enter 键或空格键)

＊＊旋转＊＊

指定旋转角度或［基点(B)/复制(C)/放弃(U)/参照(R)/退出(X)］:C(旋转时复制)

＊＊旋转（多重）＊＊

指定旋转角度或［基点（B）/复制（C）/放弃（U）/参照（R）/退出（X）］:180（输入旋转角度）

＊＊旋转（多重）＊＊

指定旋转角度或［基点（B）/复制（C）/放弃（U）/参照（R）/退出（X）］:＊取消＊

结果如图 10.32(c)所示。

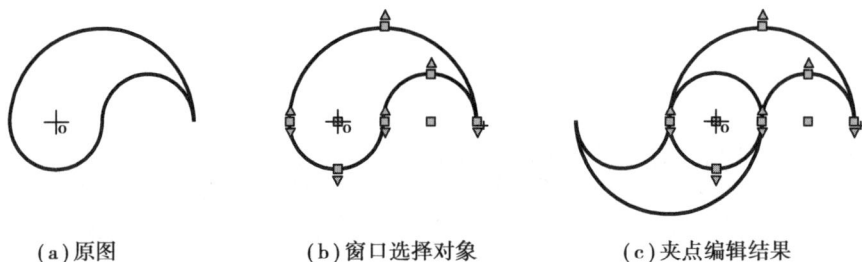

|（a）原图|（b）窗口选择对象|（c）夹点编辑结果|

图 10.32　夹点编辑—旋转复制

【说明】夹点编辑模式下的选项说明如下：

①基点（B）选项，进行夹点编辑时，选定夹点即为默认基点，通过该选项可以重新指定基点。

②复制（C）选项，在任何简单编辑状态均可以通过使用该选项或者在拖动时按下 Ctrl 键来创建对象的多个副本。

10.4　图形实体属性

AutoCAD 2010 提供有图层和对象特性面板，可以控制图样中图线的颜色、线宽、线型，以及是否显示、打印、编辑等属性。

10.4.1　图层

(1)图层的概念

每个图形实体都可以单独指定颜色、线型、线宽等实体属性。在绘制较为复杂的图形时，为了使图形的结构更加清楚，通常将图形分布在不同的层上。这些层可以看成厚度为 0，且具有共同坐标定位的透明纸，通常称为图层。绘图时将不同性质的图形内容绘制在不同的图层上，重叠显示出来就是我们所需的图形。每个图层都可以设置颜色、线型、线宽等特性，并且可以对这些图层进行打开、关闭、解冻、冻结等操作。

(2)图层的特性

1)图层名（Layer name）

图层名是指用户对层赋予的称呼，在创建新层时赋予，层名最多为 255 个字符，可由字母、数字、汉字及专用符号、连字符、下画线组合而成，但不能包含"<、>√、\、'、:、;、?、*、|"等字符。"0"层是 AutoCAD 自动生成的一个特殊图层，不能改名，不能删除。

2)线型(Line type)

图层可以赋予某种线型,如 Continuous(实线)、Center(中心线)、Dashed(虚线)等。Auto-CAD 图层缺省线型为 Continuous。

3)颜色(Color)

图层可以赋予某种颜色,AutoCAD 提供与操作系统相匹配的颜色种类。AutoCAD 图层缺省颜色为 White(白色)。

4)线宽(Line Width)

图层可以赋予某种线宽,如不做其他操作,通常在该图层生成的图形实体继承该层的线宽。

5)打开/关闭(ON/OFF)

用于控制图层的可见性。当设置为 ON 时,该层的图形可在绘图区显示,并可以打印输出;当设置为 OFF 时,则不能显示,不能打印输出,但被关闭图层上的图形依然存在。AutoCAD 图层的缺省可见性为 ON。

6)冻结/解冻(Freeze/Thaw)

用于控制图层的可操作性。当设置为 Thaw 时,该层的图形可显示、可打印、参与重新生成运算(如果执行重生成命令 Regen);当设置为 Freeze 时,则不可显示、不可打印、不参与重新生成运算。AutoCAD 图层缺省状态为解冻。

7)锁定/解锁(Lock/Unlock)

此开关项用于控制图层上的图形是否可编辑,并不影响其可见性。AutoCAD 图层缺省状态为解锁。

8)当前图层(Current Layer)

绘图和编辑操作只能在当前层进行。当前层只能有一个,且不能被冻结和关闭。

(3)图层管理

单击"图层"面板上的"图层特性"按钮 ，弹出如图 10.33 所示的"图层特性管理器",通过此管理器可以进行图层的各种基本操作,如新建图层、更改图层名、指定当前层、设定和修改图层特性等。

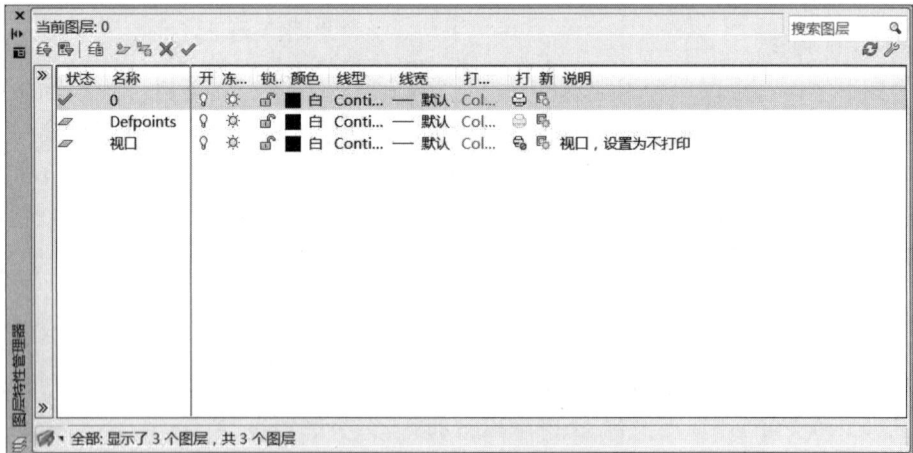

图 10.33　图层特性管理器

1）新建图层

在"图层特性管理器"中单击"新建图层"按钮 ，AutoCAD 会新建一个图层，自动命名为"图层 1"并添加到图层列表中，用户可在亮显的图层名上输入自己定义的图层名。

新建图层会继承当前选中图层的特性。

2）图层特性修改

①单击图层列表中某图层的"关闭/打开、冻结/解冻""锁定/解锁"等特性图标，可改变其特性状态。

②单击图层列表中某图层的颜色图标，可打开如图 10.34 所示的"选择颜色"对话框，设定图层颜色。

③单击图层列表中某图层的线宽图标，可打开如图 10.35 所示的"线宽"对话框，设定图层线宽。

④单击图层列表中某图层的线型图标，可打开如图 10.36 所示的"选择线型"对话框，设定图层线型。如果该对话框中没有所需要的线型，则单击"加载…"按钮，即可打开如图 10.37 所示的"加载和重载线型"对话框，从中选择需要加载的线型。

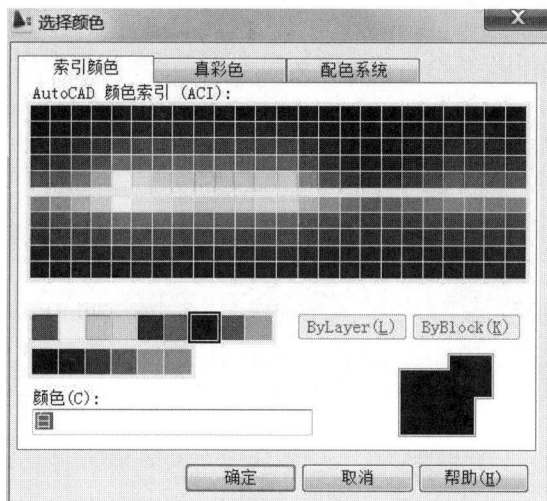

图 10.34　"选择颜色"对话框

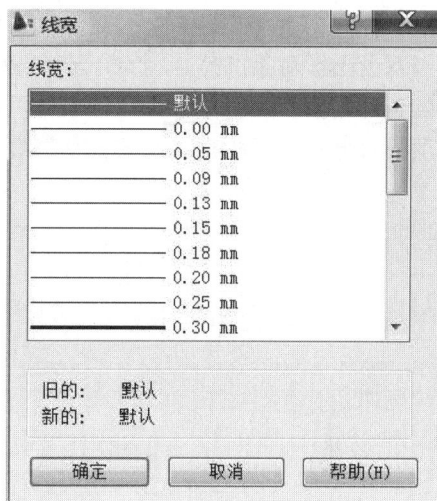

图 10.35　"线宽"对话框

图 10.36　"选择线型"对话框

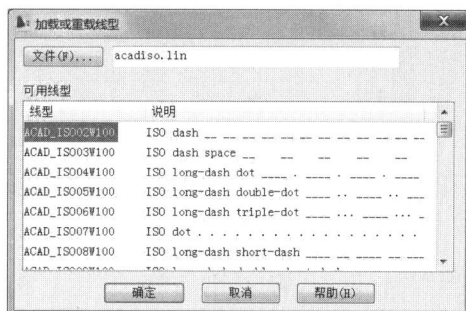

图 10.37　"加载或重载线型"对话框

10.4.2　修改对象属性

AutoCAD 除了通过图层工具来统一管理图形对象的颜色、线型、线型比例、线宽等属性外,也可以单独进行设定和修改。

(1)使用"图层"和"特性"面板上的"图层""颜色""线宽"和"线型"控制列表框

如果要单独指定或改变已有图形对象的图层、颜色、线型和线宽,先选择要指定或改变的对象,然后在"图层""颜色""线宽"和"线型"控制列表框中选择要赋予的值,最后按 Esc 键即可。如果线型比例设置不合适,屏幕上就不能正确显示线型,可通过线型比例命令"Ltscale"改变线型比例因子。至于线宽的显示,默认是隐藏状态,可通过激活状态栏上的"隐藏/显示线宽"按钮██来显示图线的宽度信息。

(2)使用"快捷特性"选项板

当状态栏上的"快捷特性"状态按钮处于打开状态时,选定图形对象后就会显示"快捷特性"选项板,如图 10.38 所示。单击相应特性即可修改对象的特性。须注意,选择多个对象时,"快捷特性"选项板只显示选择所有对象的公共特性。

(3)使用"特性"选项板

双击图形对象可打开"特性"选项板,如图 10.39 所示。其中列出了选定对象或对象选择集的各种当前设置。单击相应特性即可修改对象的特性。须注意,选择多个对象时,"特性"选项板只显示选择所有对象的公共特性。

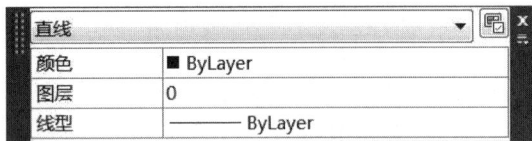

图 10.38　"快捷特性"选项板

图 10.39　"特性"选项板

(4)使用"特性匹配"

"特性匹配"通过"剪切"面板上的"特性匹配"按钮██启动,可以将某个选定对象的某些特性或所有特性(如图层、颜色、线型、线型比例、线宽等)复制到其他对象上。

10.5　创建文本和尺寸标注

工程图样中除了图形,还应该具备尺寸标注和必要的文字说明,以完整、清楚地表达出设计意图。

AutoCAD 2010 通过"常用"选项卡上"注释"面板中的相关按钮(图 10.40),可以在图样中创建文本和尺寸标注。

图 10.40　"注释"面板

10.5.1　创建文本

(1)文字样式命令(Style)

面板按钮:

文字样式命令(Style)用来设定文字样式。执行该命令后将启动如图 10.41 所示的"文字样式"对话框。缺省情况下,系统会自动建立"Annotative""Standard""标题"和"说明"四个文字样式,用户可以根据需要修改某一样式的相关参数,也可以自己建立新的文字样式,下面就以自己建立和定义"标注"文字样式为例来说明具体过程。

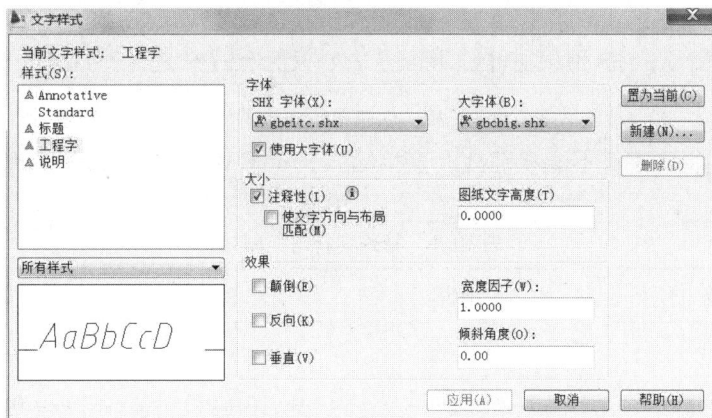

图 10.41　"文字样式"对话框

①单击"新建"按钮,在弹出的窗口中输入新字体名"工程字",然后单击确定按钮关闭窗口,此时"样式"列表框中即新增文字样式"工程字",并设置默认为当前文字样式。

②单击"字体名"下拉列表框,从中选择"gbeitc. shx"西文字形。

③勾选"使用大字体"复选框,确认使用 AutoCAD 大字体字库。

④单击"大字体"下拉列表框,从中选择"gbcbig. shx"中文单线长仿宋体字形。

⑤在"高度"文本框内输入文字高度。一旦指定文字高度,凡采用此文字样式的文本均为指定高度。

⑥单击"应用"按钮完成对文字样式的定义,然后单击"关闭"按钮退出"文字样式"对话框。

（2）**创建单行文本**（Dtext）

面板按钮：**A** 单行文字

【功能】用来创建一行或多行文本，且每行文本都是独立的对象。书写文本时必须首先指定采用的文字样式。

【操作示例】

命令：Dtext

当前文字样式："工程字" 文字高度： 3.5000 注释性： 否

指定文字的起点或［对正(J)/样式(S)］：J（设定文字对齐方式）

输入选项

［对齐（A）/布满（F）/居中（C）/中间（M）/右对齐（R）/左上（TL）/中上（TC）/右上（TR）/左中（ML）/正中（MC）/右中（MR）/左下（BL）/中下（BC）/右下（BR）］：C（设定为中间对齐）

指定文字的中心点：

指定文字高度<3.50>（Enter）

指定文字的旋转角度 <0.00>：（Enter）

输入文字：计算机绘图 AutoCAD2010

输入文字：（Enter）

结果如图 10.42 所示。

计算机绘图AutoCAD2010

图 10.42 创建单行文本示例

【说明】一些特殊字符不能在键盘上直接输入，AutoCAD 用控制码来实现，常用的控制码见表 10.1。

表 10.1 特殊字符与控制码

符 号	控制码	示 例	文 本
°	%%d	60%%d	60°
±	%%p	%%p 0.01	±0.01
ϕ	%%c	%%c 50	ϕ50

（3）**创建多行文本**（Mtext）

面板按钮：**A** 多行文字

【功能】用来创建一行或多行文本，系统将其作为一个对象处理。

【操作】启动命令，首先指定两个对角点形成一个矩形框，该矩形框的宽度即为多行文本段落的宽度，然后在弹出的多行文字编辑器中输入和编辑文本。文字的输入和编辑类似 Word 等文字处理软件。

10.5.2　尺寸标注

AutoCAD 提供了标注尺寸、尺寸公差和形位公差等功能。由于不同国家、不同类型的工程图样所规定的标注样式不同,系统样板文件中给出了符合 ISO、ANSI、DIN 等制图标准的尺寸样式供选用。我国各类工程图样所采用的尺寸标注样式与 ISO 标准基本相同,但仍有区别,因此在标注尺寸前首先要创建符合我国制图标准的尺寸标注样式。

(1)创建尺寸标注样式(Dimstyle)

面板按钮:

【功能】创建或修改尺寸标注样式。

【操作】执行标注样式命令后,即打开如图 10.43 所示的"标注样式管理器"对话框。

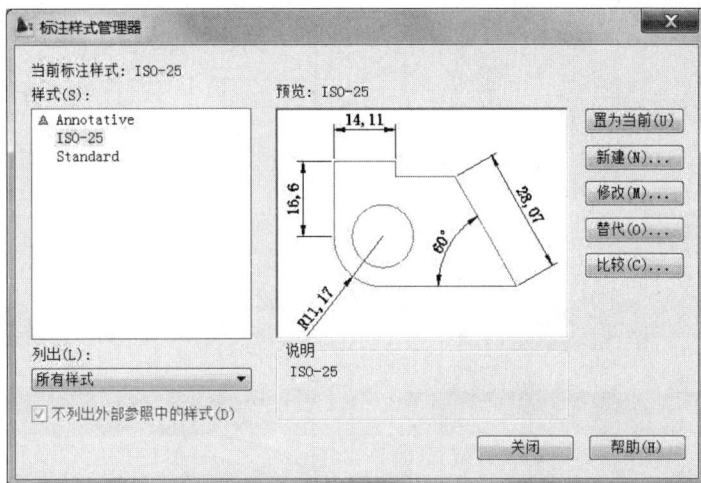

图 10.43　"标注样式管理器"对话框

1)新建标注样式

单击"新建"按钮,打开"创建新标注样式"对话框,如图 10.44 所示。

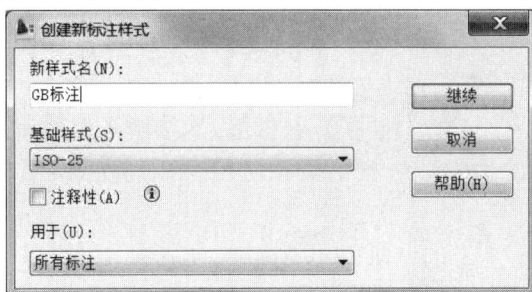

图 10.44　"创建新标注样式"对话框

①在"新样式名"编辑框中输入新的尺寸标注样式名,如"GB 标注"。

②在"基础样式"下拉列表框中选择已有的某尺寸标注样式,作为新创建尺寸标注样式的基础。在此以缺省的 ISO-25 作为新建尺寸标注样式的基础。

③在"用于"下拉列表框中有以下选项:

● "所有标注",用于建立全局尺寸标注样式。

- "线性标注",用于建立线性尺寸标注子样式。
- "角度标注",用于建立角度尺寸标注子样式。
- "半径标注",用于建立半径尺寸标注子样式。
- "直径标注",用于建立直径尺寸标注子样式。

……

其中全局尺寸标注样式的参数作用于每一个子样式,而子样式所设置的参数在执行时又优先于全局尺寸标注样式。

单击"继续"按钮,打开如图 10.45 所示的"新建标注样式:GB 标注"对话框。

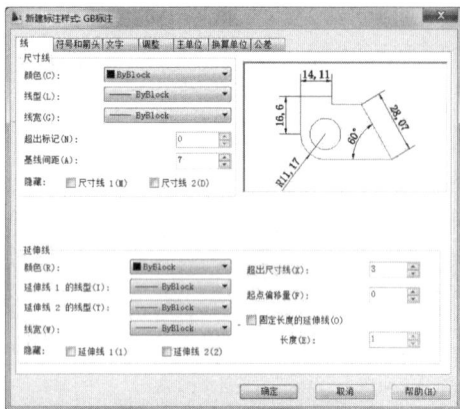

（a）

（b）

（c）

（d）

图 10.45　"新建标注样式:GB 标注"对话框

2)设置新标注样式的各项参数

①单击"线"标签,打开"线"选项卡,如图 10.45(a)所示。修改如下参数:

a.基线间距:设置基线尺寸线间距,一般取 7~10;

b.超出尺寸线:设置尺寸界线超出尺寸线距离,一般取 1~3;

c.起点偏移量:设置尺寸界线起点偏移量,机械图样取 0,建筑图样取 2。

②单击"符号和箭头"标签,打开"符号和箭头"选项卡,如图 10.45(b)所示。修改如下选项:

a.箭头:设置箭头类型,机械图样为"实心闭合",建筑图样为"建筑标记";

b. 箭头大小:设置箭头大小,一般取 2.5 ~ 4。

③单击"文字"标签,打开"文字"选项卡,如图 10.45(c)所示。修改如下选项:

a. 文字样式:打开"文字样式"下拉列表,选择前面已经创建符合"国标"的文字样式,如"工程字"文字样式。

b. 文字高度:设置字高,一般取 2.5 ~ 5。(需注意,如果在"文字样式"中设置的字高为非零值,此处的设置值无效)。

c. 文字位置:设置尺寸文字相对于尺寸线的位置。默认设置符合我国国标规定,一般不需要修改。

d. 文字对齐:设置尺寸文字相对于尺寸线的方向。

● 水平:尺寸文字均水平放置。"角度型尺寸标注子样式"需选用该项。

● 与尺寸线对齐:尺寸文字平行与尺寸线放置,为缺省选项。该选项符合我国国家标准对线性尺寸标注的规定。

● ISO 标准:尺寸文字按照国家标准规定的方向放置,即尺寸界线内的尺寸文字平行于尺寸线,尺寸界线外的尺寸文字水平放置。"径向行尺寸标注子样式"需选用该项。

④单击"主单位"标签,打开"主单位"选项卡,如图 10.45(d)所示。将"小数分隔符"设置为"'.'(句点)"。

其他选项卡中内容可以不作修改。

(2)常用尺寸标注命令

尺寸标注命令一般可以通过"常用"选项卡"注释"面板中的"标注"按钮组[如图 10.46(a)所示]或"注释"选项卡中"标注"面板[如图 10.46(b)所示]上的"标注"按钮组启动。

进行尺寸标注前,一般先将"对象捕捉"打开,并捕捉端点、交点和圆心等。

1)线性(水平/垂直型)尺寸命令(Linear)

面板按钮:▦

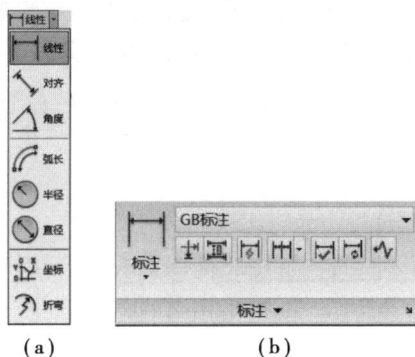

图 10.46　尺寸标注命令按钮

【功能】标注水平或垂直方向的线性尺寸。

【操作】先选择要标注对象的两个端点或选择对象,然后指定尺寸线的放置位置。

【说明】

①在指定标注起点时,若按 Enter 键,则选择要标注的对象,系统会测量此对象的长度。

②在需要尺寸线位置时,系统会根据光标移动的路径自动选择标注水平型还是垂直型尺寸,若要强制标注水平尺寸或垂直尺寸,应输入"H"或"V"。

③如要改变系统默认的尺寸数值,可输入"M"或"T"后回车,然后在弹出的编辑框中手动输入要标的尺寸数值。

2)对齐尺寸命令(Aligned)

面板按钮:◥

【功能】用于标注尺寸线与两条尺寸界线起点连线(或所选对象)平行的长度尺寸,即倾斜尺寸。

【操作】同线性(水平/垂直型)尺寸命令(Linear)。

3）直径尺寸命令（Diameter）

面板按钮：

【功能】用于标注圆或圆弧的直径尺寸，其尺寸数字前会自动加上直径符号"ϕ"。

【操作】先选择圆周上的任意一点，然后选择尺寸线放置的位置。

4）半径尺寸命令（Dimradius）

面板按钮：

【功能】用于标注圆或圆弧的半径尺寸，其尺寸数字前会自动加上半径符号"R"。

【操作】同直径尺寸命令（Diameter）。

5）角度尺寸命令（Angle）

面板按钮：

【功能】用于标注两条直线之间的夹角，或者三点构成的角度，其尺寸数字后会自动加上角度单位（°）。

【操作】先选择要标注对象（角度的两条角边），或者指定顶点、起始点和结束点，然后指定尺寸线的放置位置。

【说明】

①若选择直线，则通过指定的两条直线来标注其夹角。

②若选择圆或圆弧，则以圆或圆弧的圆心作为角度的顶点，以圆弧的两个端点作为角度的两个端点来标注圆弧的中心角。

10.6　定制样板图

对每一次绘图操作来说，设置图层、创建文字样式和尺寸标注样式，以及绘制图框和标题栏等操作一般都是相同的，为了提高绘图效率，可以预先建立一个图形文件，在该文件中对上述内容进行统一设置，然后保存为 AutoCAD 图形样板文件，在进行新绘图时，在这个样板文件基础上建立，可以省去大量的重复设置和绘图操作。下面就以建立符合国家标准的 A3 幅面用户样板文件为例来说明样板图的定制过程。

（1）新建图形文件

单击"应用程序"，从打开的"应用程序"主菜单中选择"新建"菜单，打开"选择样板"对话框（图 10.4），再单击"打开"按钮右侧的图标，选择"无样板打开-公制（M）"，即可建立一个新图形文件。

（2）设置图层

应用图层特性管理器按表 10.2 所示设定图层，并赋予图层颜色、线型、线宽及其他需要设定的参数。

表 10.2　图层设置

图层名	线　　型	颜色	线宽	描　　述
01 粗实线	Continuous	白色	0.5	绘制粗实线、剖切面的剖切符号

续表

图层名	线　型	颜色	线宽	描　述
02 细实线	Continuous	绿色	0.25	绘制细实线、波浪线、折断线
03 虚线	ACAD-ISO02W100	黄色	0.25	绘制虚线
04 点画线	ACAD-ISO04W100	红色	0.25	绘制中心线、对称线、剖切面的剖切线
05 双点画线	ACAD-ISO05W100	紫色	0.25	绘制双点画线
06 剖面线	Continuous	绿色	0.25	绘制剖面符号
07 尺寸标注	Continuous	绿色	0.25	进行尺寸标注
08 文本	Continuous	绿色	0.25	注写技术要求、表面粗糙度、图样说明等

(3)绘制图线框和标题栏

绘制 A3 图纸的图框线和标题栏,并填写相关内容。

(4)其他设置

按 10.5 节所述方法创建文字样式和尺寸标注样式,还可以应用 AutoCAD 的块功能来定义表面粗糙度图块(本书未涉及,有兴趣者可参阅相关资料)。

(5)保存样板图

单击"应用程序"按钮 ,从打开的"应用程序"主菜单中选择"另存为"菜单,在"另存为"对话框中将文件类型设为"AutoCAD 图形样板",图名可自行给定,即可完成用户样板文件的定制。

10.7　绘制工程图实例

应用 AutoCAD 绘制工程图样要充分利用软件提供的各种绘图、编辑工具,特别是辅助绘图工具(如对象捕捉、对象捕捉追踪和极轴追踪)来快速、准确地绘制图形。下面通过绘制图 10.47 所示的轴承盖零件图,来说明 AutoCAD 绘制工程图的一般方法和过程。

(1)新建图形文件

单击单击"应用程序"按钮 ,从打开的"应用程序"主菜单中选择"新建"菜单,打开"选择样板"对话框 ,在样板文件列表中选择 10.6 节所建立的用户样板文件,即可新建一个图形文件,该文件继承了用户样板文件的各项设置。

(2)绘制图形

绘制轴承盖零件图的步骤及所用命令见表 10.3。

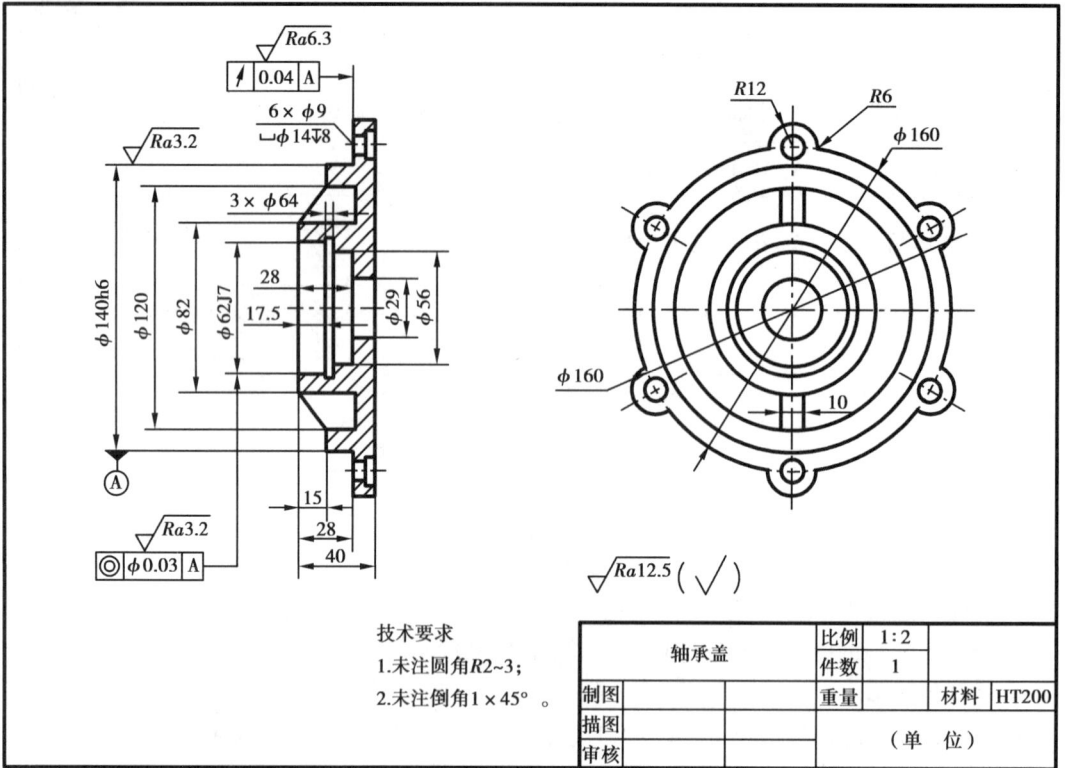

图 10.47 轴承盖零件图

表 10.3 轴承盖零件图的画图步骤及所用命令

画图步骤	说 明
	打开 极轴追踪 、对象捕捉 和 对象追踪 按钮，在 0 层绘图。 （1）画基准线 ①用 直线 命令画主视图基准线； ②用 直线 命令画左视图基准线（中心线）。

画图步骤	说　明
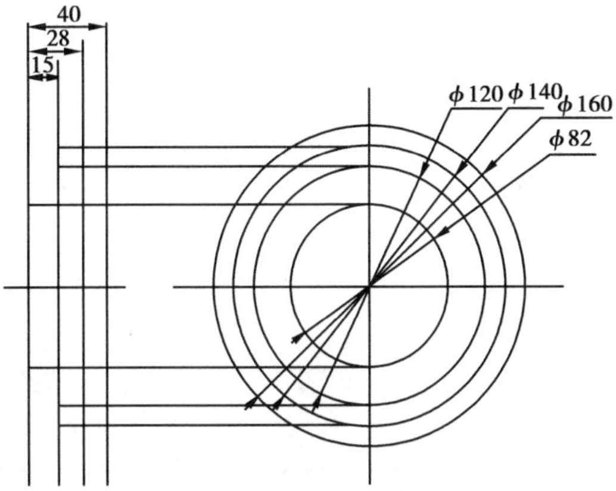	（2）画主视图 　　用 偏移 命令将基准线 1 向左偏移 40，再将偏移后的直线向右偏移 15 和 28。 　　（3）画左视图 　　用 圆 命令并捕捉左视图基准线 3 的交点，分别画出 φ160、φ140、φ120、φ82 四个同心圆。 　　（4）画投影连线 　　用 直线 命令从左视图画出的 φ140、φ120、φ82 三个同心圆向主视图画投影连线。
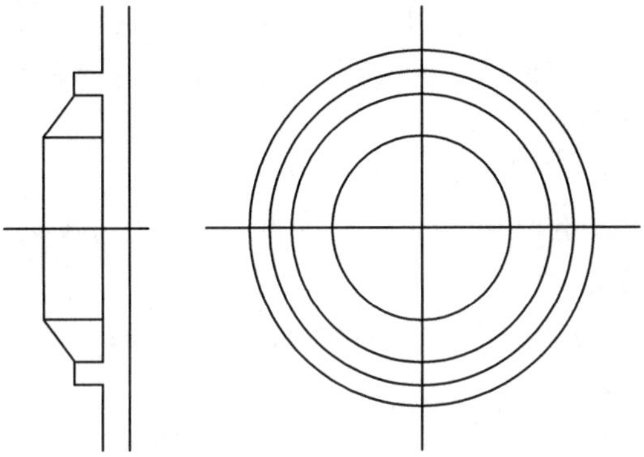	（5）编辑主视图 　　用 直线 命令绘制两条斜线，并用 修剪 命令将主视图修剪成左图所示。
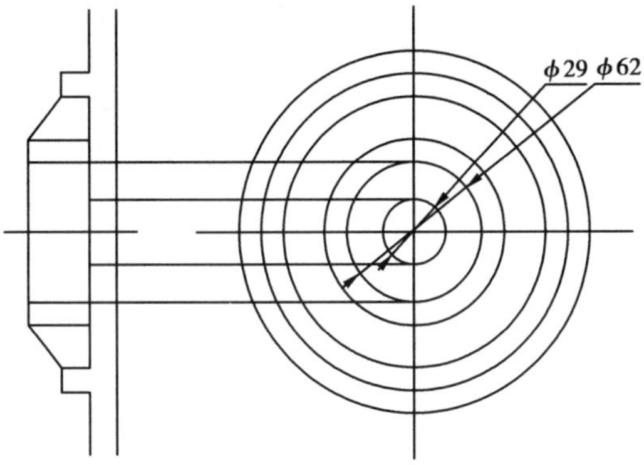	（6）画内孔 　　①用 圆 命令并捕捉左视图基准线 3 的交点，分别画出 φ62 和 φ29 两个同心圆。 　　②用 直线 命令从左视图画出的 φ62、φ29 两个圆向主视图画投影连线。

续表

画图步骤	说 明
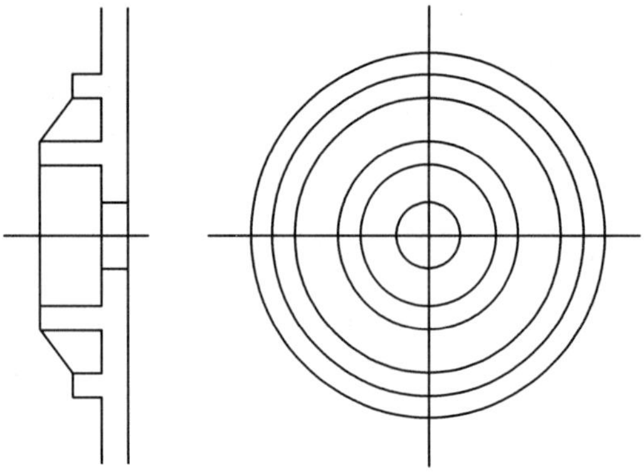	（7）编辑主视图 用 修剪 命令将主视图修剪成左图所示。
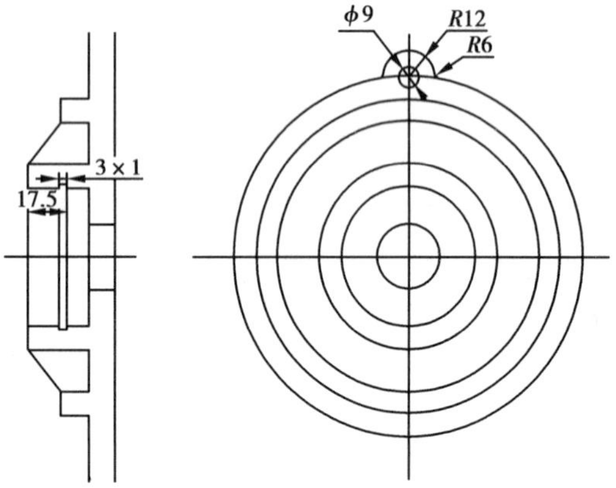	（8）画主视图上的越程槽 用 偏移 命令和 修剪 命令相配合，绘制砂轮越程槽。 （9）画左视图上的安装螺栓孔结构 ①用 圆 命令并捕捉 φ160 圆的上象限点，画 φ12 和 φ9 两个同心圆； ②用 修剪 命令将 φ12 修剪成左图所示； ③用 圆角 命令画 R6 的两个圆角。
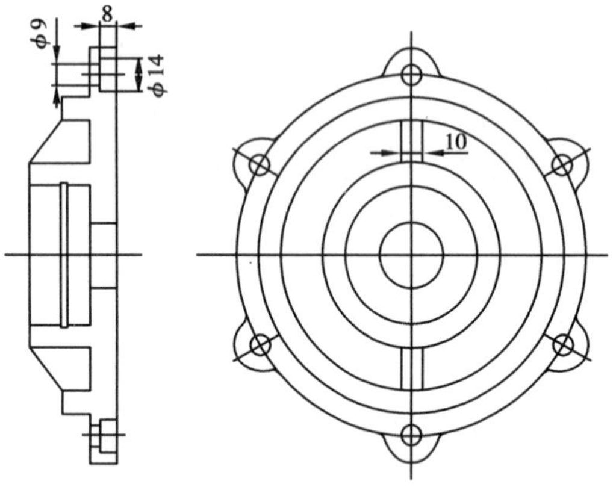	（10）完成安装螺栓孔结构的左视图 用 环形阵列 命令将已经画好的安装螺栓孔结构阵列复制 6 个。 （11）画主视图上的安装螺栓孔 用 直线 命令或 偏移 命令，并配合 修剪 命令，在主视图上画出安装螺栓孔。 （12）画左视图上的肋板 用 偏移 命令并配合 修剪 命令，画出左视图上厚度为 10 mm 的肋板。

画图步骤	说　明
	（13）主视图画剖面线 用 图案填充 命令画出主视图上的剖面线,图案名为 ANSI31。
	（14）修改线型 单击一条中心线,然后打开"当前图层控制"下拉列表,单击"点画线"图层,该中心线即从"0"层更改到"点画线"层上,其他中心线可用 特性匹配 功能将其更改到"点画线"图层。其他线型同理进行操作即可。 （15）完成零件图绘制 最后,用 尺寸标注 命令对图形进行尺寸标注,用 文本 命令注写技术要求、填写标题栏,再注写表面粗糙度和形位公差,即可完成轴承盖的零件图绘制。

附　录

附录1　螺　纹

附表 1.1　普通螺纹的基本牙型和基本尺寸（摘自 GB/T 193—2003，GB/T 196—2003）

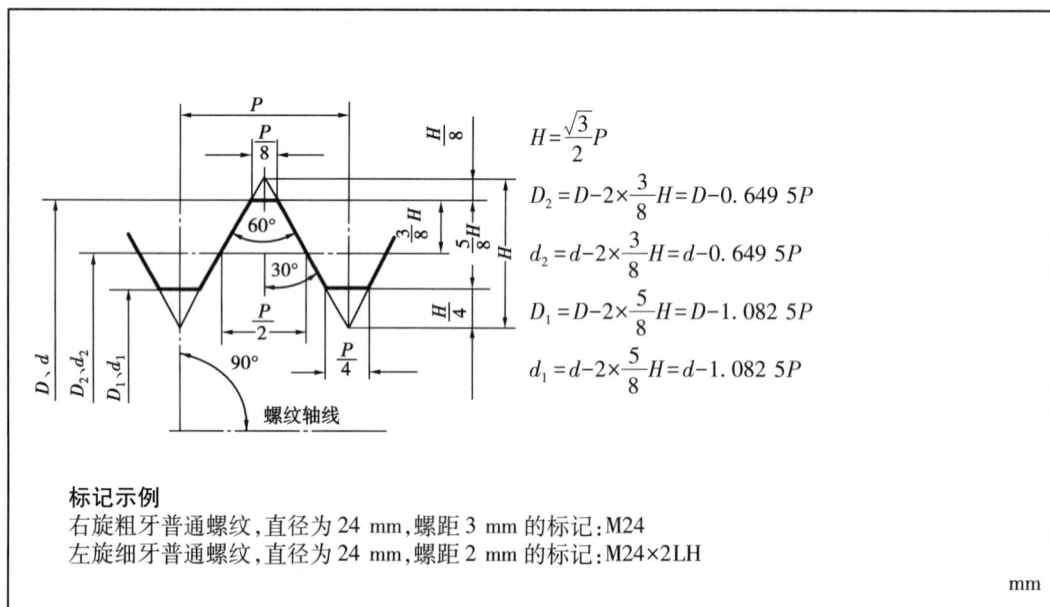

$$H=\frac{\sqrt{3}}{2}P$$

$$D_2=D-2\times\frac{3}{8}H=D-0.649\ 5P$$

$$d_2=d-2\times\frac{3}{8}H=d-0.649\ 5P$$

$$D_1=D-2\times\frac{5}{8}H=D-1.082\ 5P$$

$$d_1=d-2\times\frac{5}{8}H=d-1.082\ 5P$$

标记示例

右旋粗牙普通螺纹，直径为 24 mm，螺距 3 mm 的标记：M24

左旋细牙普通螺纹，直径为 24 mm，螺距 2 mm 的标记：M24×2LH

mm

公称直径 D 或 d		螺　距	中　径	小　径	公称直径 D 或 d		螺　距	中　径	小　径
第一系列	第二系列	P	D_2 或 d_2	D_1 或 d_1	第一系列	第二系列	P	D_2 或 d_2	D_1 或 d_1
4		(0.7)	3.545	3.242		18	(2.5)	16.376	15.294
4		0.5	3.675	3.459		18	2	16.701	15.835
	4.5	(0.75)	4.175	3.959		18	1.5	17.026	16.376
						18	1	17.350	16.917
5		(0.8)	4.480	4.134	20		(2.5)	18.376	17.294
5		0.5	4.675	4.459	20		2	18.701	17.835
6		(1)	5.350	4.917	20		1.5	19.026	18.376
6		0.75	5.513	5.188	20		1	19.350	18.917
8		(1.25)	7.188	6.647		22	(2.5)	20.376	19.294
8		1	7.350	6.917		22	2	20.701	19.835
8		0.75	7.513	7.188		22	1.5	21.026	20.376
						22	1	21.350	20.917
10		(1.5)	9.026	8.376	24		(3)	22.051	20.752
10		1.25	9.188	8.647	24		2	22.701	21.835
10		1	9.350	8.917	24		1.5	23.026	22.376
10		0.75	9.513	9.188	24		1	23.350	22.917
12		(1.75)	10.863	10.106		27	(3)	25.051	23.752
12		1.5	11.026	10.376		27	2	25.701	24.835
12		1.25	11.188	10.647		27	1.5	26.026	25.376
12		1	11.350	10.917		27	1	26.350	25.917
	14	(2)	12.701	11.835	30		(3.5)	27.727	26.211
	14	1.5	13.026	12.376	30		2	28.701	27.835
	14	1	13.350	12.917	30		1.5	29.026	28.376
					30		1	29.350	28.917
16		(2)	14.701	13.835		33	(3.5)	30.727	29.211
16		1.5	15.026	14.376		33	2	31.701	30.835
16		1	15.350	14.917		33	1.5	32.026	31.376

注:表中有括号的螺距数值为粗牙螺距。

附表 1.2　梯形螺纹（摘自 GB/T 5796.2—2022、GB/T 5796.3—2022）

标记示例

1. 公称直径 $d=40$ mm、螺距 $P=7$ mm、中径公差带为 7H 的左旋梯形螺纹：
   Tr40×7LH-7H
2. 公称直径 $d=40$ mm、螺距 $P=7$ mm、中径公差带为 7e 的右旋双线梯形螺纹：Tr40×14(P7)-7e

mm

公称直径 d（外螺纹大径） 第一系列	第二系列	螺距 P	外螺纹小径 d_3	外、内螺纹中径 d_2、D_2	内螺纹大径 D_4	内螺纹小径 D_1
10		1.5	8.2	9.25	10.3	8.5
10		2	7.5	9.00	10.5	8.0
	11	2	8.5	10.0	11.5	9.0
	11	3	7.5	9.5	11.5	8.0
12		2	9.5	11.0	12.5	10.0
12		3	8.5	10.5	12.5	9.0
	14	2	11.5	13.0	14.5	12.0
	14	3	10.5	12.5	14.5	11.0
16		2	13.5	15.0	16.5	14.0
16		4	11.5	14.0	16.5	12.0
	18	2	15.5	17.0	18.5	16.0
	18	4	13.5	16.0	18.5	14.0
20		2	17.5	19.0	20.5	18.0
20		4	15.5	18.0	20.5	16.0
	22	3	18.5	20.5	22.5	19.0
	22	5	16.5	19.5	22.5	17.0
	22	8	13.0	18.0	23.0	14.0
24		3	20.5	22.5	24.5	21.0
24		5	18.5	21.5	24.5	19.0
24		8	15.0	20.0	25.0	16.0
	26	3	22.5	24.5	26.5	23.0
	26	5	20.5	23.5	26.5	21.0
	26	8	17.0	22.0	27.0	18.0
28		3	24.5	26.5	28.5	25.0
28		5	22.5	25.5	28.5	23.0
28		8	19.0	24.0	29.0	20.0
	30	3	26.5	28.5	30.5	27.0
	30	6	23.0	27.0	31.0	24.0
	30	10	19.0	25.0	31.0	20.0
32		3	28.5	30.5	32.5	29.0
32		6	25.0	29.0	33.0	26.0
32		10	21.0	27.0	33.0	22.0
	34	3	30.5	32.5	34.5	31.0
	34	6	27.0	31.0	35.0	28.0
	34	10	23.0	29.0	35.0	24.0
36		3	32.5	34.5	36.5	33.0
36		6	29.0	33.0	37.0	30.0
36		10	25.0	31.0	37.0	26.0
	38	3	34.5	36.5	38.5	35.0
	38	7	30.0	34.5	39.0	31.0
	38	10	27.0	33.0	39.0	28.0
40		3	36.5	38.5	40.5	37.0
40		7	32.0	36.5	41.0	33.0
40		10	29.0	35.0	41.0	30.0
	42	3	38.5	40.5	42.5	39.0
	42	7	34.0	38.5	43.0	35.0
	42	10	31.0	37.0	43.0	32.0
44		3	40.5	42.5	44.5	41.0
44		7	36.0	40.5	45.0	37.0
44		12	31.0	38.0	45.0	32.0
	46	3	42.5	44.5	46.5	43.0
	46	8	37.0	42.0	47.0	38.0
	46	12	33.0	40.0	47.0	34.0
48		3	44.5	46.5	48.5	45.0
48		8	39.0	44.0	49.0	40.0
48		12	35.0	42.0	49.0	36.0

附表 1.3　55°密封管螺纹（摘自 GB/T 7306.2—2000）

标记示例

1. 尺寸代号为 $1\frac{1}{2}$ 的右旋圆锥内螺纹：

$$R_{c}1\frac{1}{2}$$

2. 尺寸代号为 $1\frac{1}{2}$ 的左旋圆锥外螺纹：

$$R1\frac{1}{2}\text{-LH}$$

3. 尺寸代号为 $1\frac{1}{2}$ 的右旋圆柱内螺纹：

$$R_{p}1\frac{1}{2}$$

mm

尺寸代号	每25.4mm内的牙数 n	螺距 P	牙高 h	圆弧半径 $r \approx$	基面上的直径			基准距离	有效螺纹长度
					大径 $d=D$	中径 $d_2=D_2$	小径 $d_1=D_1$		
1/16	28	0.907	0.581	0.125	7.723	7.142	6.561	4.0	6.5
1/8					9.728	9.147	8.566		
1/4	19	1.337	0.856	0.184	13.157	12.301	11.445	6.0	9.7
3/8					16.662	15.806	14.950	6.4	10.1
1/2	14	1.814	1.162	0.249	20.955	19.793	18.631	8.2	13.2
3/4					26.441	25.279	24.117	9.5	14.5
1	11	2.309	1.479	0.317	33.249	31.770	30.291	10.4	16.8
$1\frac{1}{4}$					41.910	40.431	38.952	12.7	19.1
$1\frac{1}{2}$					47.803	46.324	44.845		
2					59.614	58.135	56.656	15.9	23.4
$2\frac{1}{2}$					75.184	73.705	72.226	17.5	26.7
3					87.884	86.405	84.926	20.6	29.8
$3\frac{1}{2}$					100.330	98.851	97.372	22.2	31.4

注：①本标准包括圆锥内螺纹与圆锥外螺纹和圆柱内螺纹与圆锥外螺纹两种连接形式，适用于管子、管接头、旋塞、阀门和其他螺纹连接的附件；

②尺寸代号为 $3\frac{1}{2}$ 的螺纹，限用于蒸汽机车。

231

附表 1.4　55°非密封管螺纹（摘自 GB/T 7307—2001）

标记示例

1. 尺寸代号为 $1\frac{1}{2}$ 的右旋内螺纹：

$$G1\frac{1}{2}$$

2. 尺寸代号为 $1\frac{1}{2}$ 的用于低压管路的右旋内螺纹：

$$G1\frac{1}{2}D$$

3. 尺寸代号为 $1\frac{1}{2}$ 的右旋 A 级外螺纹：

$$G1\frac{1}{2}A$$

4. 尺寸代号为 $1\frac{1}{2}$ 的左旋 B 级外螺纹：

$$G1\frac{1}{2}B\text{-}LH$$

mm

尺寸代号	每25.4 mm 内的牙数 n	螺距 P	牙高 h	圆弧半径 r ≈	大径 $d=D$	中径 $d_2=D_2$	小径 $d_1=D_1$
1/16	28	0.907	0.581	0.125	7.723	7.142	6.561
1/8					9.728	9.147	8.566
1/4	19	1.337	0.856	0.184	13.157	12.301	11.445
3/8					16.662	15.806	14.950
1/2	14	1.814	1.162	0.249	20.955	19.793	18.631
5/8					22.911	21.749	20.587
3/4					26.441	25.279	24.117
7/8					30.201	29.039	27.877
1	11	2.309	1.479	0.317	33.249	31.770	30.291
$1\frac{1}{8}$					37.897	36.418	34.939
$1\frac{1}{4}$					41.910	40.431	38.952
$1\frac{1}{2}$					47.807	46.324	44.845
$1\frac{3}{4}$					53.746	52.267	50.788
2					59.614	58.135	56.656
$2\frac{1}{4}$					65.710	64.231	62.752
$2\frac{1}{2}$					75.184	73.705	72.226
$2\frac{3}{4}$					81.534	80.055	78.576
3					87.884	86.405	84.926
$3\frac{1}{2}$					100.330	98.851	97.372
4					113.030	111.551	110.072

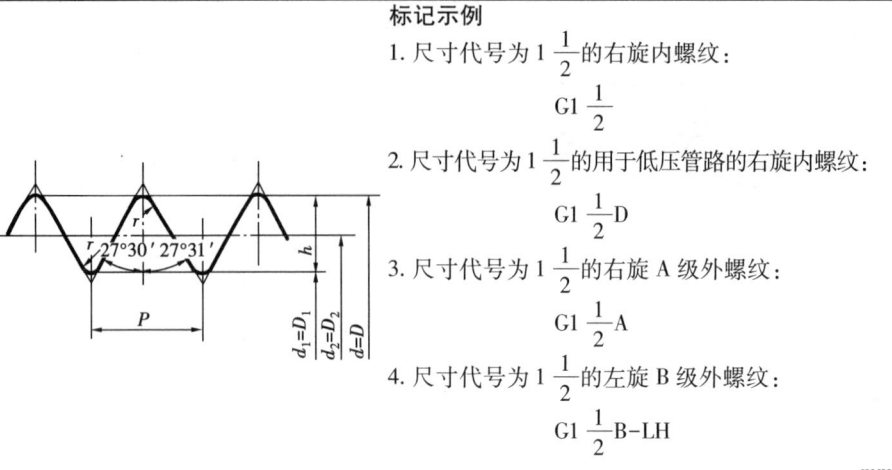

注：①本标准的圆柱管螺纹适用于管接头、旋塞、阀门及其他附件；
②内螺纹中径只规定一种公差带，不用代号表示。推荐用于低压水、煤气等管路的内螺纹，中径公差等级代号用 D；
③外螺纹中径公差分 A 和 B 两个等级。

附录 2　螺纹连接件

附表 2.1　六角头螺栓—C 级(摘自 GB/T 5780—2016)、六角头螺栓—A 和 B 级(摘自 GB/T 5782—2016)

六角头螺栓—C 级　　　　　　　　　　　六角头螺栓—A 和 B 级

标记示例

螺纹规格 d=M12、公称长度 l=80、性能等级为 8.8 级,表面氧化、A 级的六角头螺栓:

螺栓　GB/T 5782—2000 M12×80

mm

螺纹规格 d		M3	M4	M5	M6	M8	M10	M12	M16	M20	M24	M30	M36	M42
b 参考	$l \leqslant 125$	12	14	16	18	22	26	30	38	46	54	66	—	—
	$125 < l \leqslant 200$	18	20	22	24	28	32	36	44	52	60	72	84	96
	$l > 200$	31	33	35	37	41	45	49	57	65	73	85	97	109
c		0.4	0.4	0.5	0.5	0.6	0.6	0.6	0.8	0.8	0.8	0.8	0.8	1
d_w 产品等级	A	4.57	5.88	6.88	8.88	11.63	14.63	16.63	22.49	28.19	33.61	—	—	—
	B、C	4.45	5.74	6.74	8.74	11.47	14.47	16.47	22	27.7	33.25	42.75	51.11	59.95
e 产品等级	A	6.01	7.66	8.79	11.05	14.38	17.77	20.03	26.75	33.53	39.98	—	—	—
	B、C	5.88	7.50	8.63	10.89	14.20	17.59	19.85	26.17	32.95	39.55	50.85	60.79	72.02
k 公称		2	2.8	3.5	4	5.3	6.4	7.5	10	12.5	15	18.7	22.5	26
r		0.1	0.2	0.2	0.25	0.4	0.4	0.6	0.6	0.8	0.8	1	1	1.2
s 公称		5.5	7	8	10	13	16	18	24	30	36	46	55	65
l(商品规格范围)		20~30	25~40	25~50	30~60	40~80	45~100	50~120	65~160	80~200	90~240	110~300	140~360	160~440
l 系列		12,16,20,25,30,35,40,45,50,55,60,65,70,80,90,100,110,120,130 140,150,160,180,200,220,240,260,280,300,320,340,360,380,400,420,440,460,480,500												

注:①A 级用于 $d \leqslant 24$ 和 $l \leqslant 10d$ 或 $\leqslant 150$ 的螺栓;

　　B 级用于 $d > 24$ 和 $l > 10d$ 或 > 150 的螺栓。

②螺纹规格 d 范围:GB/T 5780 为 M5 ~ M64;GB/T 5782 为 M1.6 ~ M64。

③公称长度范围:GB/T 5780 为 25 ~ 500;GB/T 5782 为 12 ~ 500。

附表 2.2　双头螺柱(摘自 GB 897—1988、GB 898—1988、GB 899—1988、GB 900—1988)

A 型　　　　　　　　　　　B 型

辗制末端

末端按 GB2 规定;$d_s \approx$ 螺纹中径(仅适用于 B 型);$x_{max} = 1.5P($螺距$)$

标记示例

两端均为粗牙普通螺纹,$d = 10$ mm,$l = 50$ mm,性能等级为 4.8 级,不经表面处理,B 型,$b_m = 1.25 d$ 的双头螺柱:　　　　　　螺柱　GB 898—1988　M10×1×50

旋入机体一端为粗牙普通螺纹、旋螺母一端为螺距 $P = 1$ mm 的细牙普通螺纹,$d = 10$ mm,$l = 50$ mm,性能等级为 4.8 级、不经表面处理,A 型,$b_m = 1.25 d$ 的双头螺柱:

螺柱　GB 898—1988　AM10—M10×1×50

螺纹规格	b_m				L/b
	GB 897—1988 $b_m = 1d$	GB 898—1988 $b_m = 1.25d$	GB 899—1988 $b_m = 1.5d$	GB 900—1988 $b_m = 2d$	
M5	5	6	8	10	16～22/10,25～50/16
M6	6	8	10	12	20～22/10,25～30/14,32～75/18
M8	8	10	12	16	20～22/12,25～30/16,32～90/22
M10	10	12	15	20	25～28/14,30～38/16,40～120/26,130/32
M12	12	15	18	24	25～30/16,32～40/20,45～120/30,130～180/36
(M14)	14	18	21	28	30～35/18,38～50/25,55～120/34,130～180/40
M16	16	20	24	32	30～35/20,40～55/30,60～120/38,130～200/44
(M18)	18	22	27	36	35～40/22,45～60/35,65～120/42,130～200/48
M20	20	25	30	40	35～40/25,45～65/35,70～120/46,130～200/52
(M22)	22	28	33	44	40～55/30,50～70/40,75～120/50,130～200/56
M24	24	30	36	48	45～50/30,55～75/45,80～120/54,130～200/60
(M27)	27	35	40	54	50～60/35,65～85/50,90～120/60,130～200/66
M30	30	38	45	60	65～65/40,70～90/50,95～120/66,130～200/72
(M33)	33	41	49	66	65～70/45,75～95/60,100～120/72,130～200/78
M36	36	45	54	72	65～75/45,80～110/60,130～200/84,210～300/97
(M39)	39	49	58	78	70～80/50,85～120/65,120/90,210～300/103
M42	42	52	64	84	70～80/50,85～120/70,130～200/96,210～300/109
M48	48	60	72	96	80～90/60,95～110/80,130～200/108,210～300/121
l(系列)	16,(18),20,(22),25,(28),30,(32),35,(38),40,45,50,(55),60,(65),70,(75),80,(85),90,(95),100,110,120,130,140,150,160,170,180,190,200,210,220,230,240,250,260,270,280,290,300				

注:①尽可能不采用括号内的规格;

②P—粗牙螺纹的螺距。

附表 2.3　开槽沉头螺钉(摘自 GB/T 68—2016)、内六角圆柱头螺钉(摘自 GB/T 70.1—2008)

(1)开槽沉头螺钉(GB/T 68—2016)

标记示例

螺纹规格 d = M5、公称长度 l = 20、性能等级为 4.8 级,不经表面处理的 A 级开槽沉头螺钉;

螺钉　GB/T 68—2016　M5×20

mm

螺纹规格 d	M1.6	M2	M2.5	M3	M4	M5	M6	M8	M10
P(螺距)	0.35	0.4	0.45	0.5	0.7	0.8	1	1.25	1.5
b	25	25	25	25	38	38	38	38	38
d_k	3.6	4.4	5.5	6.3	9.4	10.4	12.6	17.3	20
k	1	1.2	1.5	1.65	2.7	2.7	3.3	4.65	5
n	0.4	0.5	0.6	0.8	1.2	1.2	1.6	2	2.5
r	0.4	0.5	0.6	0.8	1	1.3	1.5	2	2.5
t	0.5	0.6	0.75	0.85	1.3	1.4	1.6	2.3	2.6
公称长度 l	2.5~16	3~20	4~25	5~30	6~40	8~50	8~60	10~80	12~80
l 系列	2.5,3,4,5,6,8,10,12,(14),16,20,25,30,35,40,45,50,(55),60,(65),70,(75),80								

注:①括号内的规格尽可能不采用。

②M1.6 ~ M3 的螺钉、公称长度 l≤30 的,制出全螺纹;

M4 ~ M10 的螺钉、公称长度 l≤45 的,制出全螺纹。

(2)内六角圆柱头螺钉摘自(GB/T 70.1—2008)

标记标例

螺纹规格 d = M5、公称长度 l = 20、性能等级为 8.8 级、表面氧化的内六角圆柱头螺钉:

螺钉　GB/T 70.1—2008　M5×20

mm

螺纹规格 d	M3	M4	M5	M6	M8	M10	M12	M14	M16	M20
P(螺距)	0.5	0.7	0.8	1	1.25	1.5	1.75	2	2	2.5
b 参考	18	20	22	24	28	32	36	40	44	52
d_k	5.5	7	8.5	10	13	16	18	21	24	30
k	3	4	5	6	8	10	12	14	16	20
t	1.3	2	2.5	3	4	5	6	7	8	10
s	2.5	3	4	5	6	8	10	12	14	17
e	2.87	3.44	4.58	5.72	6.86	9.15	11.43	13.72	16.00	19.44
r	0.1	0.2	0.2	0.25	0.4	0.4	0.6	0.6	0.6	0.8
公称长度 l	5~30	6~40	8~50	10~60	12~80	16~100	20~120	25~140	25~160	30~200
l≤表中数值时,制出全螺纹	20	25	25	30	35	40	45	55	55	65
l 系列	2.5,3,4,5,6,8,10,12,16,20,25,30,35,40,45,50,55,60,65,70,80,90,100,110,120,130,140,150,160,180,200,220,240,260,280,300									

注:螺纹规格 d = M1.6 ~ M64。

235

附表 2.4　六角螺母—C 级　1 型六角螺母—A 和 B 级　　六角薄螺母

（GB/T 41—2016）　　（GB/T 6170—2015）　　（GB/T 6172.1—2016）

标记示例

螺纹规格 D=M12、性能等级为 5 级、不经表面处理、C 级的六角螺母：

螺母 GB/T 41—2016　M12

螺纹规格 D=M12、性能等级为 8 级、不经表面处理、A 级的 1 型六角螺母：

螺母 GB/T 6170—2015　M12

mm

螺纹规格 D		M3	M4	M5	M6	M8	M10	M12	M16	M20	M24	M30	M36	M42
e	GB/T 41			8.63	10.89	14.20	17.59	19.85	26.17	32.95	39.55	50.85	60.79	72.02
	GB/T 6170	6.01	7.66	8.79	11.05	14.38	17.77	20.03	26.75	32.95	39.55	50.85	60.79	72.02
	GB/T 6172.1	6.01	7.66	8.79	11.05	14.38	17.77	20.03	26.75	32.95	39.55	50.85	60.79	72.02
s	GB/T 41			8	10	13	16	18	24	30	36	46	55	65
	GB/T 6170	5.5	7	8	10	13	16	18	24	30	36	46	55	65
	GB/T 6172.1	5.5	7	8	10	13	16	18	24	30	36	46	55	65
m	GB/T 41			5.6	6.1	7.9	9.5	12.2	15.9	18.7	22.3	26.4	31.5	34.9
	GB/T 6170	2.4	3.2	4.7	5.2	6.8	8.4	10.8	14.8	18	21.5	25.6	31	34
	GB/T 6172.1	1.8	2.2	2.7	3.2	4	5	6	8	10	12	15	18	21

注：A 级用于 D≤16；B 级用于 D>16。

附表 2.5　小垫圈—A 级（摘自 GB/T 848—2002）、平垫圈—A 级（摘自 GB/T 97.1—2002）、平垫圈（倒圆型）—A 级（摘自 GB/T 97.2—2002）、大垫圈—A 级和 C 级（摘自 GB/T 96—2002）

标记示例

标准系列,公称尺寸 $d = 8$ mm,性能等级为 140HV 级,不经表面处理的平垫圈:

垫圈　GB/T 97.1—2002　8—140HV

mm

		公称尺寸（螺纹规格）d	1.6	2	2.5	3	4	5	6	8	10	12	14	16	20	24	30	36
内径 d_1	max	GB848—2002	1.84	2.34	2.84	3.38	4.48	5.48	6.62	8.62	10.77	13.27	15.27	17.27	21.33	25.33	31.33	
		GB97.1—2002	1.84	2.34	2.84	3.38	4.48	5.48	6.62	8.62	10.77	13.27	15.27	17.27	21.33	25.33	31.39	37.62
		GB97.2—2002	—	—	—	—	—											
		GB96—2002	—	—	—	3.38	3.48								22.52	26.84	34	40
	公称 (min)	GB848—2002	1.7	2.2	2.7	3.2	4.3	5.3	6.4	8.4	10.5	13	15	17	21	25	31	37
		GB97.1—2002	1.7	2.2	2.7	3.2	4.3	5.3	6.4	8.4	10.5	13	15	17	21	25	31	37
		GB97.2—2002	—	—	—	—	—											
		GB96—2002	—	—	—	3.2	4.3								22	26	33	39
外径 d_2	公称 (max)	GB848—2002	3.5	4.5	5	6	8	9	11	15	18	20	24	28	34	39	50	60
		GB97.1—2002	4	5	6	7	9	10	12	16	20	24	28	30	37	44	56	66
		GB97.2—2002	—	—	—	—	—	10	12	16	20	24	28	30	37	44	56	66
		GB96—2002	—	—	—	9	12	15	18	24	30	37	44	50	60	72	92	110
	min	GB848—2002	3.2	4.2	4.7	5.7	7.64	8.64	10.57	14.57	17.57	19.48	23.48	27.48	33.38	33.38	49.38	58.8
		GB97.1—2002	3.7	4.7	5.7	6.64	8.64	9.64	11.57	15.57	19.48	23.48	27.48	29.48	36.38	43.38	56.26	64.8
		GB97.2—2002	—	—	—	—	—	9.64	11.57	15.57	19.48	23.48	27.48	29.48	36.38	43.38	56.26	64.8
		GB96—2002	—	—	—	8.64	11.57	14.57	17.57	23.48	29.48	36.38	43.48	49.38	58.1	70.1	89.8	107.8
厚度 h	公称	GB848—2002	0.3	0.3	0.5	0.5	0.5	1	1.6	1.6	1.6	2	2.5	2.5	3	4	4	5
		GB97.1—2002	0.3	0.3	0.5	0.5	0.8	1	1.6	1.6	2	2.5	2.5	3	3	4	4	5
		GB97.2—2002	—	—	—	—	—											
		GB96—2002	—	—	—	0.8	1	1.2	1.6	2	2.5	3	3	3	4	5	6	8
	max	GB848—2002	0.35	0.35	0.55	0.55	0.55	1.1	1.8	1.8	1.8	2.2	2.7	2.7	3.3	4.3	4.3	5.6
		GB97.1—2002	0.35	0.35	0.55	0.55	0.9	1.1	1.8	1.8	2.2	2.7	2.7	3.3	3.3	4.3	4.3	5.6
		GB97.2—2002	—	—	—	—	—											
		GB96—2002	—	—	—	0.9	1.1	1.4	1.8	2.2	2.7	3.3	3.3	3.3	4.6	6	7	9.2
	min	GB848—2002	0.25	0.25	0.45	0.45	0.45	0.9	1.4	1.4	1.4	1.8	2.3	2.3	2.7	3.7	3.7	4.4
		GB97.1—2002	0.25	0.25	0.45	0.45	0.7	0.9	1.4	1.4	1.8	2.3	2.3	2.7	2.7	3.7	3.7	4.4
		GB97.2—2002	—	—	—	—	—											
		GB96—2002	—	—	—	0.7	0.9	1.0	1.4	1.8	2.3	2.7	2.7	2.7	3.4	4	5	6.8

附录 3 键、销、滚动轴承

附表 3.1 普通平键的形式及尺寸（GB/T 1096—2003）

标记示例

圆头普通平键 A 型：$b=18$ mm，$h=11$ mm，$L=100$ mm： 键 18×100 GB 1096—1979

方头普通平键 B 型：$b=18$ mm，$h=11$ mm，$L=100$ mm： 键 B18×100 GB 1096—1979

单圆头普通平键 C 型：$b=18$ mm，$h=11$ mm，$L=100$ mm： 键 C18×100 GB 1096—1979

mm

b	2	3	4	5	6	8	10	12	14	16	18	20	22	25
h	2	3	4	5	6	7	8	8	9	10	11	12	14	14
C 或 r	0.16 ~ 0.25			0.25 ~ 0.4			0.40 ~ 0.60					0.60 ~ 0.80		
L	6 ~ 20	6 ~ 36	8 ~ 45	10 ~ 56	14 ~ 70	18 ~ 90	22 ~ 110	28 ~ 140	36 ~ 160	45 ~ 180	50 ~ 200	56 ~ 220	63 ~ 250	70 ~ 280
L 系列	6、8、10、12、14、18、20、22、25、28、32、36、40、45、50、56、63、70、80、90、100、110、125、140、160、180、200、220、250、280													

附表 3.2　平键、键和键槽的剖面尺寸（GB/T 1095—2003）

mm

轴	键	键　槽											
		宽度 b						深　度				半径 r	
		公称尺寸 b	极限偏差					轴 t		毂 t_1			
			较松键连接		一般键连接		较紧键连接	公称尺寸	极限偏差	公称尺寸	极限偏差		
公称直径 d	公称尺寸 b×h		轴 H9	毂 D10	轴 N9	毂 JS9	轴和毂 P6					最小	最大
自 6~8	2×2	2	−0.025 0	+0.060 +0.020	−0.004 −0.029	±0.012 5	−0.006 −0.031	1.2	+0.1 0	1	+0.1 0	0.08	0.16
>8~10	3×3	3						1.8		1.4			
>10~12	4×4	4	+0.030 0	+0.078 +0.030	0 −0.030	±0.015	−0.012 −0.042	2.5		1.8		0.16	0.25
>12~17	5×5	5						3.0		2.3			
>17~22	6×6	6						3.5		2.8			
>22~30	8×7	8	+0.036 0	+0.098 +0.040	0 −0.036	±0.018	−0.015 −0.051	4.0		3.3		0.25	0.40
>30~38	10×8	10						5.0		3.3			
>38~44	12×8	12	+0.043 0	+0.120 +0.050	0 −0.043	±0.021 5	−0.018 −0.061	5.0	+0.2 0	3.3	+0.2 0	0.25	0.40
>44~50	14×9	14						5.5		3.8			
>50~58	16×10	16						6.0		4.3			
>58~65	18×11	18						7.0		4.4			
>65~75	20×12	20	+0.052 0	+0.149 +0.065	0 −0.052	±0.026	−0.022 −0.074	7.5		4.9		0.40	0.60
>75~85	22×14	22						9.0		5.4			
>85~95	25×14	25						9.0		5.4			
>95~110	28×16	28						10.0		6.4			

注：(d−t) 和 (d+t_1) 两组合尺寸的极限偏差按相应的 t 和 t_1 的极限偏差选取，但 (d−t) 极限偏差值应取负号 (−)。

附表3.3 半圆键和键槽的剖面尺寸(摘自 GB/T 1098—2003)

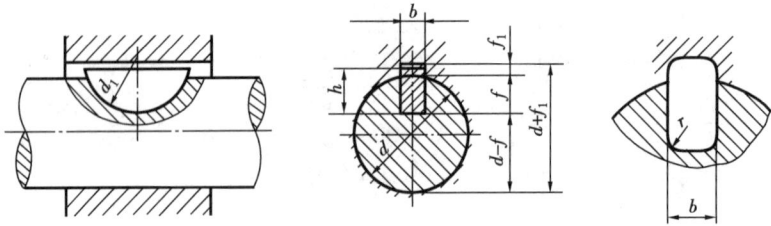

注:在工作图中,轴槽深用 t 或$(d-t)$标注,轮毂槽深用$(d+t_1)$标注。

mm

轴径 d		键	键 槽									
			宽度 b				深 度				半径 r	
				极限偏差			轴 t		毂 t_1			
键传递扭矩	键定位用	公称尺寸 $b×h×d_1$	公称尺寸	一般键连接		较紧键连接						
				轴 N9	毂 JS9	轴和毂 P9	公称尺寸	极限偏差	公称尺寸	极限偏差	最小	最大
自3~4	自3~4	1.0×1.4×4	1.0				1.0		0.6			
>4~5	>4~6	1.5×2.6×7	1.5				2.0	+0.1 0	0.8			
>5~6	>6~8	2.0×2.6×7	2.0	-0.004 -0.029	±0.012	-0.006 -0.031	1.8		1.0		0.08	0.16
>6~7	>8~10	2.0×3.7×10	2.0				2.9		1.0			
>7~8	>10~12	2.5×3.7×10	2.5				2.7		1.2			
>8~10	>12~15	3.0×5.0×13	3.0				3.8		1.4	+0.1 0		
>10~12	>15~18	3.0×6.5×16	3.0				5.3		1.4			
>12~14	>18~20	4.0×6.5×16	4.0				5.0	+0.2 0	1.8			
>14~16	>20~22	4.0×7.5×19	4.0				6.0		1.8			
>16~18	>22~25	5.0×6.5×16	5.0	0 -0.030	±0.015	-0.012 -0.042	4.5		2.3		0.16	0.25
>18~20	>25~28	5.0×7.5×19	5.0				5.5		2.3			
>20~22	>28~32	5.0×9.0×22	5.0				7.0		2.3			
>22~25	>32~36	6.0×9.0×22	6.0				6.5		2.8			
>25~28	>36~40	6.0×10.0×25	6.0				7.5	+0.3 0	2.8	+0.2 0		
>28~32	40	8.0×11.0×28	8.0	0 -0.036	±0.018	-0.015 -0.051	8.0		3.3		0.25	0.40
>32~38	—	10.0×13.0×32	10.0				10.0		3.3			

注:$(d-t)$和$(d+t_1)$两个组合尺寸的极限偏差按相应的 t 和 t_1 的极限偏差选取,但$(d-t)$极限偏差值应取负号$(-)$。

附表 3.4　圆锥销（摘自 GB/T 117—2000）

A 型（磨削）　　　　　　　B 型（切削或冷镦）

$\sqrt{R_a0.8}$　1:50　其余$\sqrt{R_a6.3}$　$r_1=d$　$r_2=\dfrac{a}{2}+d+\dfrac{(0.021)^2}{8a}$

$\sqrt{R_a3.2}$

标记示例

公称直径 $d=10$、长度 $l=60$、材料为 35 钢、热处理硬度 28～38HRC、表面氧化处理的 A 型圆锥销：

销　GB/T 117—2000　10×60

mm

d(公称)	0.6	0.8	1	1.2	1.5	2	2.5	3	4	5
$a\approx$	0.08	0.1	0.12	0.16	0.2	0.25	0.3	0.4	0.5	0.63
l(商品规格范围 公称长度)	4～8	5～12	6～16	6～20	8～24	10～35	10～35	12～45	14～55	18～60
d(公称)	6	8	10	12	16	20	25	30	40	50
$a\approx$	0.8	1	1.2	1.6	2	2.5	3	4	5	6.3
l(商品规格范围 公称长度)	22～90	22～120	26～160	32～180	40～200	45～200	50～200	55～200	60～200	65～200
l 系列	2,3,4,5,6,8,10,12,14,16,18,20,22,24,26,28,30,32,35,40,45,50,55,60,65,70, 75,80,85,90,95,100,120,140,160,180,200									

附表 3.5　圆柱销（摘自 GB/T 119.1—2000）——不淬硬钢和奥氏体不锈钢

≈15°　末端形状,由制造者确定　允许倒角或凹穴

标记示例

公称直径 $d=6$、公差为 m6、公称长度 $l=30$、材料为钢、不经淬火、不经表面处理的圆柱销的标记：

销　GB/T 119.1—2000　6m6×30

mm

公称直径 d(m6/h8)	0.6	0.8	1	1.2	1.5	2	2.5	3	4	5
$c\approx$	0.12	0.16	0.20	0.25	0.30	0.35	0.40	0.50	0.63	0.80
l(商品规格范围 公称长度)	2～6	2～8	4～10	4～12	4～16	6～20	6～24	8～30	8～40	10～50
公称直径 d(m6/h8)	6	8	10	12	16	20	25	30	40	50
$c\approx$	1.2	1.6	2.0	2.5	3.0	3.5	4.0	5.0	6.3	8.0
l(商品规格范围 公称长度)	12～60	14～80	18～95	22～140	26～180	35～200	50～200	60～200	80～200	95～200
l 系列	2,3,4,5,6,8,10,12,14,16,18,20,22,24,26,28,30,32,35,40,45,50,55,60,65,70, 75,80,85,90,95,100,120,140,160,180,200									

注：①材料用钢时硬度要求为 125～245HV30,用奥氏体不锈钢 A1（GB/T 3098.6）时硬度要求为 210～280HV30。

②公差 m6：$R_a\leqslant0.8\ \mu m$；

公差 h8：$R_a\leqslant1.6\ \mu m$。

附表 3.6　深沟球轴承（GB/T 276—2013）

外形尺寸

规定画法

标记示例

滚动轴承　6012　GB/T 276—2013

轴承型号		外形尺寸/mm			轴承型号		外形尺寸/mm		
		d	D	B			d	D	B
(0)1尺寸系列	6004	20	42	12	(0)3尺寸系列	6304	20	52	15
	6005	25	47	12		6305	25	62	17
	6006	30	55	13		6306	30	72	19
	6007	35	62	14		6307	35	80	21
	6008	40	68	15		6308	40	90	23
	6009	45	75	16		6309	45	100	25
	6010	50	80	16		6310	50	110	27
	6011	55	90	18		6311	55	120	29
	6012	60	95	18		6312	60	130	31
	6013	65	100	18		6313	65	140	33
	6014	70	110	20		6314	70	150	35
	6015	75	115	20		6315	75	160	37
	6016	80	125	22		6316	80	170	39
	6017	85	130	22		6317	85	180	41
	6018	90	140	24		6318	90	190	43
	6019	95	145	24		6319	95	200	45
	6020	100	150	24		6320	100	215	47
(0)2尺寸系列	6204	20	47	14	(0)4尺寸系列	6404	20	72	19
	6205	25	52	15		6405	25	80	21
	6206	30	62	16		6406	30	90	23
	6207	35	72	17		6407	35	100	25
	6208	40	80	18		6408	40	110	27
	6209	45	85	19		6409	45	120	29
	6210	50	90	20		6410	50	130	31
	6211	55	100	21		6411	55	140	33
	6212	60	110	22		6412	60	150	35
	6213	65	120	23		6413	65	160	37
	6214	70	125	24		6414	70	180	42
	6215	75	130	25		6415	75	190	45
	6216	80	140	26		6416	80	200	48
	6217	85	150	28		6417	85	210	52
	6218	90	160	30		6418	90	225	54
	6219	95	170	32		6419	95	240	55
	6220	100	180	34		6420	100	250	58

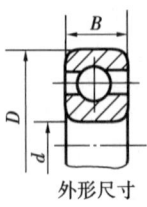

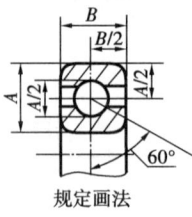

附表 3.7　圆锥滚子轴承（GB/T 297—2015）

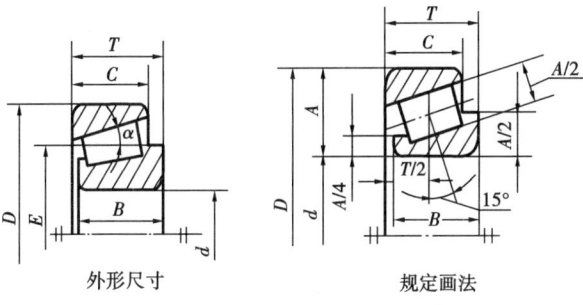

外形尺寸　　　　规定画法

标记示例

滚动轴承　30205　GB/T 297—2015

轴承类型	外形尺寸/mm					轴承类型	外形尺寸/mm				
	d	D	T	B	C		d	D	T	B	C
30204	20	47	15.25	14	12	32204	20	47	19.25	28	15
30205	25	52	16.25	15	13	32205	25	52	19.25	18	16
30206	30	62	17.25	16	14	32206	30	62	21.25	20	17
30207	35	72	18.25	17	15	32207	35	72	24.25	23	19
30208	40	80	19.75	17	16	32208	40	80	24.75	23	19
30209	45	85	20.75	19	16	32209	45	85	24.75	23	19
30210	50	90	21.75	21	17	32210	50	90	24.75	23	19
30211	55	100	22.75	21	18	32211	55	100	26.75	25	21
30212	60	110	23.75	22	19	32212	60	110	29.75	28	24
30213	65	120	24.75	23	20	32213	65	120	32.75	31	27
30214	70	125	26.25	24	21	32214	70	125	33.25	31	27
30215	75	130	27.25	25	22	32215	75	130	33.25	31	27
30216	80	140	28.25	26	22	32216	80	140	35.25	33	28
30217	85	150	30.50	28	24	32217	85	150	38.50	36	30
30218	90	160	32.50	30	26	32218	90	160	42.50	40	34
30219	95	170	34.50	32	27	32219	95	170	45.50	43	37
30220	100	180	37	34	29	32220	100	180	49	46	39
30304	20	52	16.25	15	13	32304	20	52	22.25	21	18
30305	25	62	18.25	17	15	32305	25	62	25.25	24	20
30306	30	72	20.75	19	16	32306	30	72	28.75	27	23
30307	35	80	22.75	21	18	32307	35	80	32.75	31	25
30308	40	90	25.25	23	20	32308	40	90	35.25	33	27
30309	45	100	27.25	25	22	32309	45	100	38.25	36	30
30310	50	110	29.25	27	23	32310	50	110	42.25	40	33
30311	55	120	31.50	29	25	32311	55	120	45.50	43	35
30312	60	130	33.50	31	26	32312	60	130	48.50	46	37
30313	65	140	36	33	28	32313	65	140	51	48	39
30314	70	150	38	35	30	32314	70	150	54	51	42
30315	75	160	40	37	31	32315	75	160	58	55	45
30316	80	170	42.50	39	33	32316	80	170	61.50	58	48
30317	85	180	44.60	41	34	32317	85	180	63.50	60	49
30318	90	190	46.50	43	36	32318	90	190	67.50	64	53
30319	95	200	49.50	45	38	32319	95	200	71.50	67	55
30320	100	215	51.50	47	39	32320	100	215	77.50	73	60

左侧系列标注：02 尺寸系列（上半部）、03 尺寸系列（下半部）；右侧系列标注：22 尺寸系列（上半部）、23 尺寸系列（下半部）。

附表 3.8　推力球轴承(GB/T 301—2015)

外形尺寸　　　　规定画法

标记示例

滚动轴承　51210　GB/T 301—2015

轴承类型	外形尺寸/mm				
	d	D	T	d_1	D_1
51104	20	35	10	21	35
51105	25	42	11	26	42
51106	30	47	11	32	47
51107	35	52	12	37	52
51108	40	60	13	42	60
51109	45	65	14	47	65
51110	50	70	14	52	70
51111	55	78	16	57	78
51112	60	85	17	62	85
51113	65	90	18	67	90
51114	70	95	18	72	95
51115	75	100	19	77	100
51116	80	105	19	82	105
51117	85	110	19	87	110
51118	90	120	22	92	120
51120	100	135	25	102	135

11 尺寸系列 (51000 型)

轴承类型	外形尺寸/mm				
	d	D	T	d_1	D_1
51304	20	47	18	22	47
51305	25	52	18	27	52
51306	30	60	21	32	60
51307	35	68	24	37	68
51308	40	78	26	42	78
51309	45	85	28	47	85
51310	50	95	31	52	95
51311	55	105	35	57	105
51312	60	110	35	62	110
51313	65	115	36	67	115
51314	70	125	40	72	125
51315	75	135	44	77	135
51316	80	140	44	82	140
51317	85	150	49	88	150
51318	90	155	50	93	155
51320	100	170	55	103	170

13 尺寸系列 (51000 型)

轴承类型	外形尺寸/mm				
	d	D	T	d_1	D_1
51204	20	40	14	22	40
51205	25	47	15	27	47
51206	30	52	16	32	52
51207	35	62	18	37	62
51208	40	68	19	42	73
51209	45	73	20	47	73
51210	50	78	22	52	78
51211	55	90	25	57	90
51212	60	95	26	62	95
51213	65	100	27	67	100
51214	70	105	27	72	105
51215	75	110	27	77	110
51216	80	115	28	82	115
51217	85	125	31	88	125
51218	90	135	35	93	135
51220	100	150	38	103	150

12 尺寸系列 (51000 型)

轴承类型	外形尺寸/mm				
	d	D	T	d_1	D_1
51405	25	60	24	27	60
51406	30	70	28	32	80
51407	35	80	32	37	80
51408	40	90	36	42	90
51409	45	100	39	47	100
51410	50	110	43	52	110
51411	55	120	48	57	120
51412	60	130	51	62	130
51413	65	140	56	68	140
51414	70	150	60	73	150
51415	75	160	65	78	160
51416	80	170	68	83	170
51417	85	180	72	88	177
51418	90	190	77	93	187
51420	100	210	85	105	205
51422	110	230	95	113	225

14 尺寸系列 (51000 型)

注:表中轴承类型已按 GB/T 272—1993 "滚动轴承代号方法" 编号,其中 51100、51200、51300 和 51400 型分别相当于 GB 301—1984 中的 8100、8200、8300 和 8400 型。

附录4　弹　簧

附表4.1　普通圆柱螺旋压缩弹簧(两端并紧磨平)尺寸和参数(GB/T 2089—2009)

标记示例

材料直径 $d=3$ mm;弹簧中径 $D_2=20$ mm;自由高度 $H_0=50$ mm;负荷,内径、自由高度及轴心线与两端圈垂直度精度为3级,材料为碳素弹簧钢丝Ⅱ组,表面氧化处理的右旋弹簧:

YA　3×20×50　GB/T 2089—2009

mm

材料直径 d	弹簧中径 D_2	节距 ≈ t	最大极限负荷 P_j N	最大心轴直径 D_{xmax}	最小套筒直径 D_{rmax}	自由高度 H_0	有效圈数 n	弹簧刚度 P' N/mm	工作极限负荷下变形量 F_i	展开长度 L
1	8	3.44	42.5	6	10	25	6.5	3.01	14.1	214
	10	4.94	35.2	8	12	30	5.5	1.82	19.3	236
1.6	10	3.65	120	7.4	12.6	25	5.5	11.9	10.1	236
	14	5.87	91.1	10.4	17.6	42	6.5	3.67	24.8	374
2	16	6.28	149	12	20	32	4.5	8.68	17.2	327
						45	6.5	6.01	24.8	427
	20	8.92	123	15	25	55	5.5	3.64	34.0	471
						70	7.5	2.67	46.3	597
2.5	16	5.51	256	11.5	20.5	35	5.5	17.3	14.8	377
						45	7.5	12.7	20.1	478
	25	10.4	177	19.5	30.5	52	4.5	5.56	31.8	511
						85	7.5	3.33	53.1	746
3	20	6.95	357	14	26	38	4.5	22.5	15.9	408
						50	6.5	15.6	22.9	534
	30	12.5	255	24	36	75	5.5	5.46	46.7	707
						100	7.5	4.00	63.7	895
3.5	20	6.58	515	13.5	26.5	42	5.5	34.1	15.1	471
						55	7.5	25.0	20.6	597
	30	11	327	23.5	36.5	55	4.5	12.4	30.1	613
						100	8.5	6.54	56.8	990
4	25	8.15	607	18	32	45	4.5	36.4	16.7	511
						70	7.5	21.8	27.8	746
	35	12.3	461	27	43	65	4.5	13.3	34.8	715
						105	7.5	7.96	58.0	1 045
4.5	30	9.52	682	22.5	37.5	60	5.5	27.6	24.7	707
						90	8.5	17.9	38.2	990
	40	13.9	538	41.5	48.5	70	4.5	14.2	37.8	917
						115	7.5	8.54	63.0	1 138
5	30	9.42	914	22	38	60	5.5	42.1	21.7	707
						80	7.5	30.9	29.6	895
	35	11.2	809	26	44	60	4.5	32.4	25.0	715
						95	7.5	19.4	41.6	1 045
	40	13.3	726	31	49	85	5.5	17.8	40.9	942
						110	7.5	13.0	55.7	1 194
	50	18.5	600	41	50	130	6.5	7.69	78.0	1 335
						220	10.5	4.76	126	1 964

附录5 标准结构

(1)零件倒圆与倒角(摘自 GB/T 6403.4—2008)

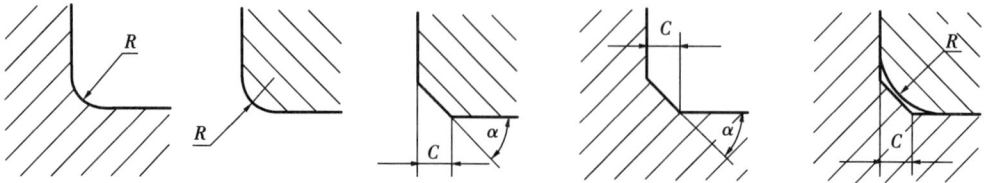

α 一般为45°,也可采用30°或60°

附表5.1　与直径 Φ 相应的倒角 C 和倒圆 R　　　　　mm

Φ	~ 3	>3 ~ 6	>6 ~ 10	>10 ~ 18	>18 ~ 30	>30 ~ 50
C/R	0.2	0.4	0.6	0.8	1.0	1.6
Φ	>50 ~ 80	>80 ~ 120	>120 ~ 180	>180 ~ 250	>250 ~ 320	>320 ~ 400
C/R	2.0	2.5	3.0	4.0	5.0	6.0
Φ	>400 ~ 500	>500 ~ 630	>630 ~ 800	>800 ~ 1 000	>1 000 ~ 1 250	>1 250 ~ 1 600
C/R	8.0	10	12	16	20	25

注:C、R 尺寸系列:0.1,0.2,0.3,0.4,0.5,0.6,0.8,1.0,1.2,1.6,2.0,2.5,3.0,4.0,6.0,8.0,10,12,16,20,25,
32,40,50。

(2)砂轮越程槽(摘自 GB/T 6403.5—2008)

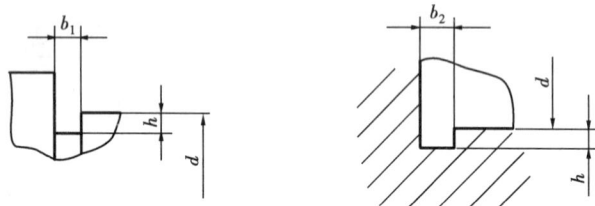

磨外圆　　　　　　　　　　磨内圆

附表5.2　砂轮越程槽尺寸　　　　　mm

d	~ 10			10 ~ 50		50 ~ 100		>100	
b_1	0.6	1.0	1.6	2.0	3.0	4.0	5.0	8.0	10
b_2	2.0	3.0		4.0		5.0		8.0	10
h	0.1	0.2		0.3		0.4	0.6	0.8	1.2

附录6　极限与配合

附表6.1　标准公差数值(摘自 GB/T 1800.1—2020)

基本尺寸 /mm		标准公差等级																	
		IT1	IT2	IT3	IT4	IT5	IT6	IT7	IT8	IT9	IT10	IT11	IT12	IT13	IT14	IT15	IT16	IT17	IT18
大于	至	μm											mm						
—	3	0.8	1.2	2	3	4	6	10	14	25	40	60	0.1	0.14	0.25	0.4	0.6	1	1.4
3	6	1	1.5	2.5	4	5	8	12	18	30	48	75	0.12	0.18	0.3	0.48	0.75	1.2	1.8
6	10	1	1.5	4	5	6	9	15	22	36	58	90	0.15	0.22	0.36	0.58	0.9	1.5	2.2
10	18	1.2	2	3	5	8	11	18	27	43	70	110	0.18	0.27	0.43	0.7	1.1	1.8	2.7
18	30	1.5	2.5	4	6	9	13	21	33	52	84	130	0.21	0.33	0.52	0.84	1.3	2.1	3.3
30	50	1.5	2.5	4	7	11	16	25	39	62	100	160	0.25	0.39	0.62	1	1.6	2.5	3.9
50	80	2	3	5	8	13	19	30	46	74	120	190	0.3	0.46	0.74	1.2	1.9	3	4.6
80	120	2.5	4	6	10	15	22	35	54	87	140	220	0.35	0.54	0.87	1.4	2.2	3.5	5.4
120	180	3.5	5	8	12	18	25	40	63	100	160	250	0.4	0.63	1	1.6	2.5	4	6.3
180	250	4.5	7	10	14	20	29	46	72	115	185	290	0.46	0.72	1.15	1.85	2.9	4.6	7.2
250	315	6	8	12	16	23	32	52	81	130	210	320	0.52	0.81	1.3	2.1	3.2	5.2	8.1
315	400	7	9	13	18	25	36	57	89	140	230	360	0.57	0.89	1.4	2.3	3.6	5.7	8.9
400	500	8	10	15	20	27	40	63	97	155	250	400	0.63	0.97	1.55	2.5	4	6.3	9.7

附表6.2　孔的极限偏差数值(摘自 GB/T 1800.2—2020)　　　　　μm

公差带代号 基本尺寸/mm	D	F		G	H					J	Js	K	M	N		P	
	10	7	8	7	6	7	8	9	11	8	9	7	8	8	9	7	9
>0 ~ 3	+60 +20	+16 +6	+20 +6	+12 +2	+6 0	+10 0	+14 0	+25 0	+60 0	+6 −8	±12	0 −10	−2 −16	−4 −18	−4 −29	−6 −16	−6 −31
>3 ~ 6	+78 +30	+22 +10	+28 +10	+16 +4	+8 0	+12 0	+18 0	+30 0	+75 0	+10 −8	±15	+3 −9	+2 −16	−2 −20	0 −30	−8 −20	−12 −42
>6 ~ 10	+98 +40	+28 +13	+35 +13	+20 +5	+9 0	+15 0	+22 0	+36 0	+90 0	+12 −10	±18	+5 −10	+1 −21	−3 −25	0 −36	−9 −24	−15 −51
>10 ~ 18	+120 +50	+34 +16	+43 +16	+24 +6	+11 0	+18 0	+27 0	+43 0	+110 0	+15 −12	±21	+6 −12	+2 −25	−3 −30	0 −43	−11 −29	−18 −61
>18 ~ 30	+149 +65	+41 +20	+53 +20	+28 +7	+13 0	+21 0	+33 0	+52 0	+130 0	+20 −13	±26	+6 −15	+4 −29	−3 −36	0 −52	−14 −35	−22 −74
>30 ~ 50	+180 +80	+50 +25	+64 +25	+34 +9	+16 0	+25 0	+39 0	+62 0	160 0	+24 −15	±31	+7 −18	+5 −34	−3 −42	0 −62	−17 −42	−26 −88
>50 ~ 80	+220 +100	+60 +30	+76 +30	+40 +10	+19 0	+30 0	+46 0	+74 0	+190 0	+28 −18	±37	+9 −21	+5 −41	−4 −50	0 −74	−21 −51	−32 −106
>80 ~ 120	+260 +120	+71 +36	+90 +36	+47 +12	+22 0	+35 0	+54 0	+87 0	+220 0	+34 −20	±43	+10 −25	+6 −48	−4 −58	0 −87	−24 −59	−37 −124
>120 ~ 180	+305 +145	+83 +43	+106 +43	+54 +14	+25 0	+40 0	+63 0	+100 0	+250 0	+41 −22	±50	+12 −28	+8 −55	−4 −67	0 −100	−28 −68	−43 −143
>180 ~ 250	+355 +170	+96 +50	+122 +50	+61 +15	+29 0	+46 0	+72 0	+115 0	+290 0	+47 −25	±57	+13 −33	+9 −63	−5 −77	0 −115	−33 −79	−50 −165
>250 ~ 315	+400 +190	+108 +56	+137 +56	+69 +17	+32 0	+52 0	+81 0	+130 0	+320 0	+55 −26	±65	+16 −36	+9 −72	−5 −86	0 −130	−36 −88	−56 −186
>315 ~ 400	+440 +210	+119 +62	+151 +62	+75 +18	+36 0	+57 0	+89 0	+140 0	+360 0	+60 −29	±70	+17 −40	+11 −78	−5 −94	0 −140	−41 −98	−62 −202

附表6.3　轴的极限偏差数值(摘自 GB/T 1800.2—2020)　　　　　　μm

公差带代号　基本尺寸/mm	d 9	d 11	f 7	f 8	f 9	g 6	h 6	h 7	h 8	h 11	j 7	js 7	k 6	k 7	m 6	n 6	p 6
>0~3	-20/-45	-20/-80	-6/-16	-6/-20	-6/-31	-2/-8	0/-6	0/-10	0/-14	0/-60	+6/-4	±5	+6/0	+10/0	+8/+2	+10/+4	+12/+6
>3~6	-30/-60	-30/-105	-10/-22	-10/-28	-10/-40	-4/-12	0/-8	0/-12	0/-18	0/-75	+8/-4	±6	+9/+1	+13/+1	+12/+4	+16/+8	+20/+12
>6~10	-40/-76	-40/-130	-13/-28	-13/-35	-13/-49	-5/-14	0/-9	0/-15	0/-22	0/-90	+10/-5	±7	+10/+1	+16/+1	+15/+6	+19/+10	+24/+15
>10~18	-50/-93	-50/-160	-16/-34	-16/-43	-16/-59	-6/-17	0/-11	0/-18	0/-27	0/-110	+12/-6	±9	+12/+1	+19/+1	+18/+7	+23/+12	+29/+18
>18~30	-65/-117	-65/-195	-20/-41	-20/-53	-20/-72	-7/-20	0/-13	0/-21	0/-33	0/-130	+13/-8	±10	+15/+2	+23/+2	+21/+8	+28/+15	+35/+22
>30~50	-80/-142	-80/-240	-25/-50	-25/-64	-25/-87	-9/-25	0/-16	0/-25	0/-39	0/-160	+15/-10	±12	+18/+2	+27/+2	+25/+9	+33/+17	+42/+26
>50~80	-100/-174	-100/-290	-30/-60	-30/-76	-30/-104	-10/-29	0/-19	0/-30	0/-46	0/-190	+18/-12	±15	+21/+2	+32/+2	+30/+11	+39/+20	+51/+32
>80~120	-120/-207	-120/-340	-36/-71	-36/-90	-36/-123	-12/-34	0/-22	0/-35	0/-54	0/-220	+20/-15	±17	+25/+3	+38/+3	+35/+13	+45/+23	+59/+37
>120~180	-145/-245	-145/-395	-43/-83	-43/-106	-43/-143	-14/-39	0/-25	0/-40	0/-63	0/-250	+22/-18	±20	+28/+3	+43/+3	+40/+15	+52/+27	+68/+43
>180~250	-170/-285	-170/-460	-50/-96	-50/-122	-50/-165	-15/-44	0/-29	0/-46	0/-72	0/-296	+25/-21	±23	+33/+4	+50/+4	+46/+17	+60/+31	+79/+50
>250~315	-190/-320	-190/-510	-56/-108	-56/-137	-56/-186	-17/-49	0/-32	0/-52	0/-81	0/-320	+26/-26	±26	+36/+4	+56/+4	+52/+20	+66/+34	+88/+56
>315~400	-210/-350	-210/-570	-62/-119	-62/-151	-62/-202	-18/-54	0/-36	0/-57	0/-89	0/-360	+29/-28	±28	+40/+4	+61/+4	+57/+21	+73/+37	+98/+62

附录7　材　料

附表7.1　铸铁

牌　号	应　用	说　明
1. 灰铸铁(摘自 GB/T 9439—2023)		
HT100	机床中受轻负荷、磨损无关紧要的铸件,如托盘、盖、罩、手轮、把手、重锤等形状简单且要求不高的零件	
HT150	承受中等弯曲应力,摩擦面间压强高于 500 kPa 的铸件,如多数机床的底座;有相对运动和磨损的零件,如溜板、工作台、汽车中的变速箱、排气管进气管等	
HT200	承受较大弯曲应力,要求保持气密性的铸件,如机床立柱、刀架、齿轮箱体、多数机床床身滑板、箱体、液压缸、泵体、阀体、刹车毂、飞轮、汽缸盖、带轮、轴承盖、叶轮等	"HT"表示灰铸铁,后面的数字表示最小抗拉强度(MPa)
HT250	连缸钢用道板、汽缸套、齿轮、机床立柱、机床床身、磨床转体、液压缸、泵体、阀体等	
HT300	承受高弯曲应力、拉应力,要求保持高度气密性的铸件,如重型机床床身、多轴机床主轴箱、卡盘齿轮、高压液压缸、泵体、阀体等	
HT350	轧钢滑板、辊子、炼焦柱塞、齿轮、支承轮座等	

牌　　号	应　　用	说　　明
2. 球墨铸铁（摘自 GB/T 1348—2019）		
QT400—18 QT400—15	韧性高，低温性能较好，具有一定的耐腐蚀性。用于制作汽车拖拉机中的驱动桥壳体、离合器壳体、差速器壳体、减速器壳体，16～64 个大气压阀门的阀体、阀盖等	"QT"表示球墨铸铁，后面的两组数字分别表示最低抗拉强度和最低延伸率
QT450—10 QT500—7	具有中等的强度和韧性，用于制作内燃机中液压泵齿轮、汽轮机的中温汽缸隔板、水轮机阀门体、机车车辆轴瓦等	
QT600—3 QT700—2 QT800—2	具有较高的强度、耐磨性及一定的韧性。用于制作部分机床的主轴，内燃机、空压机、冷冻机、制氧机和泵的曲轴、缸体、缸套等	
QT900—2	具有高的强度、耐磨性，较高的弯曲疲劳强度。用于制作内燃机中的凸轮轴，拖拉机的减速齿轮，汽车中的螺旋锥齿轮等	
3. 可锻铸铁（摘自 GB/T 9440—2010）		
KTH300—06 KTH350—10	黑心可锻铸铁比灰铸铁强度高，塑性和韧性更好，可承受冲击和扭转负荷，具有良好的耐腐蚀性，切削性能好。用于制作薄壁铸件，多用于机床零件、运输机械零件、升降机械零件、管道配件和低压阀门等	"KT"表示可锻铸铁，"H"表示黑心的铁素体基体，"Z"表示珠光体基体，后面两组数字分别表示最低抗拉强度和延伸率
KTZ450—06 KTZ550—04 KTZ650—02 KTZ700—02	珠光体可锻铸铁的塑性、韧性比黑心可锻铸铁稍差，但其强度高、耐磨性好，低温性能优于球墨铸铁，加工性能良好。可替代有色合金和低合金钢以及低、中碳钢制作较高强度与耐磨性的零件	
KTB400—05 KTB450—07	白心可锻铸铁由于工艺复杂，生产周期长，性能差，国内在机械工业中较少应用，一般仅限于薄壁件的制造	

附表7.2　碳素结构钢

牌　　号	应　　用	说　　明
1. 铸造碳钢（摘自 GB/T 11352—2009）		
ZG200—400 ZG230—450	低碳铸钢韧性及塑性均好，但强度和硬度较低，低温冲击韧性大，脆性转变温度低，磁导、电导性能良好，焊接性能好，但铸造性差。主要用于受力不大，但要求韧性的零件，ZG200—400 用于机座、电磁吸盘、变速箱体等；ZG230—450 用于轴承盖、底板、阀体、机座、侧架、轧钢机架、铁道车辆摇枕、箱体、犁柱、砧座等	"ZG"表示铸钢，第一组数字表示屈服强度（MPa）最低值，第二组数字表示抗拉强度（MPa）最低值
ZG270—500 ZG310—570	中碳铸钢有一定的韧性，强度和硬度较高，切削性能良好，焊接性尚可，铸造性能比低碳铸钢好。ZG270—500 应用广泛，如飞轮、车辆车钩、水压机工作缸、机架、蒸汽锤汽缸、轴承座、连杆、箱体、曲拐等；ZG310—570 用于重负荷零件，如联轴器、大齿轮、缸体、汽缸、机架、制动轮、轴及辊子等	
ZG340—640	高碳铸钢具有高强度、高硬度及高耐磨性，塑性、韧性低，铸造性和焊接性均差，裂纹敏感性较大。用于起重运输机齿轮、联轴器、齿轮、车轮、棘轮、叉头等	

续表

牌　号	应　用	说　明
2. 碳素结构钢（摘自 GB/T 700—2006）		
Q195	有较高的延伸率,具有良好的焊接性和韧性,常用于制造地脚螺栓、铆钉、犁板、烟筒、炉撑、钢丝网屋面板、低碳钢丝、薄板、焊管、拉杆、短轴、心轴、凸轮(轻载)、吊钩、垫圈、支架及焊接件等	"Q"表示钢的屈服点,数字为屈服点数值(MPa)同一钢号下分质量等级,用 A,B,C,D 表示依次下降,例如 Q235—A
Q215		
Q235	有一定的延伸率和强度,韧性和铸造性均良好,且易于冲压及焊接。广泛用于制造一般机械零件,如连杆、拉杆、销轴、螺丝、钩子、套圈盖、螺母、螺栓、汽缸、齿轮、支架、机架横撑、机架、焊接件、建筑结构桥梁等用的角钢、工字钢、槽钢、垫板、钢筋等	
Q255	焊接性能尚好,可用于制造强度不高的机械零件,如螺栓、键、楔、摇杆、拉杆心轴、转轴、钢结构用各种型钢、条钢、钢板等	
Q275	有较高的强度,一定的焊接性,切削加工性及塑性均好,可用于制造较高强度要求的零件,如齿轮心轴、转轴、销轴、链轮、键、螺母、螺栓、垫圈、刹车杆、鱼尾板、农机用型钢、异型钢、机架、耙齿等	
3. 优质碳素结构钢（摘自 GB/T 699—2015）		
35	用于制造负载较大,但截面尺寸较小的各种机械零件,如轴销、轴、曲轴、横梁、连杆、杠杆、星轮、轮圈、垫圈、圆盘、钩环、螺栓、螺钉、螺母等	数字表示钢中平均含碳量的万分数,如"45"表示平均含碳量为 0.45%,数字依次增大,表示抗拉强度、硬度依次增加,延伸率依次降低。当含锰量在 0.7% ~ 1.2% 时需注出"Mn"
40	用于制造机器中的运动件,心部强度要求不高、表面耐磨性好的淬火零件及截面尺寸较小、负载较大的调质零件,应力不大的大型正火件,如传动轴心轴、曲轴、曲柄销、辊子、拉杆、连杆、活塞杆、齿轮、圆盘、链轮等	
45	用于制造较高强度的运动零件,如空压机、泵的活塞、蒸汽机的叶轮、重型及通用机械中的轧制轴、连杆、蜗杆、齿条、齿轮、销子等	
50	主要用于制造动负荷、冲击载荷不大以及要求耐磨性好的机械零件,如锻造齿轮、轴、摩擦盘、机床主轴、发动机曲轴、轧辊、拉杆、弹簧垫圈、不重要的弹簧等	
50Mn	一般用于制造高耐磨性,高应力的零件,如直径小于 80 mm 的心轴、齿轮轴、齿轮摩擦盘、板弹簧等,高频淬火后还可制造火车轴、蜗杆、连杆及汽车曲轴等	
65Mn	用于制造中等负荷的板弹簧、螺旋弹簧、弹簧垫圈、弹簧卡环、弹簧发条、轻型汽车的离合器弹簧、制动弹簧、气门弹簧,以及受摩擦、高弹性、高强度的机械零件,如收割机的铲、犁、切碎机的切刀、翻土板、整地机械圆盘、机车主轴、机车丝杠、弹簧卡头、钢韧轨等	

附表7.3　合金结构钢

牌　号	应　用	说　明
1. 低合金结构钢（摘自 GB/T 1591—2018）		普通碳素钢中加入少量合金元素（总量低于3%），其机械性能较碳素钢高，焊接性、耐腐蚀性、耐磨性较碳素钢好，但经济指标与碳素钢相近
12Mn	具有良好的焊接性、塑性和低温性能，冶炼工艺简单、成本低。用于制造低压锅炉、船舶、容器、车辆以及金属结构等	
15MnV	用于制作高、中压石油化工容器、锅炉汽包、桥梁、船舶、起重机，较重负荷的焊接件、锅炉钢管以及载荷较大的连接构件等	
15MnTi	可用于制作动负荷的焊接结构件，如水轮机蜗壳、压力容器、船舶、桥梁、汽轮机、发电机弹簧板等	
15MnVN	强度高，塑性和韧性好，焊接性能和冷热加工性能良好。适用于制作大型船舶、机车车辆、中高压锅炉、容器、桥梁以及其他大型的焊接结构件	
16Mn	综合力学性能好，低温冲击韧性、冷冲压和切削加工性、焊接性都好。广泛用于桥梁、船舶、管道、锅炉、大型容器、油罐、重型机械设备、矿山机器、电站、厂房结构等	
16MnNb	具有良好的焊接性、冷热加工性及低温冲击韧性，其性能优于16Mn。适用于制作大型船舶、机车车辆、中高压锅炉、容器、桥梁以及其他大型焊接结构件等	
2. 合金结构钢（摘自 GB/T 3077—2015）		钢中加合金元素以增强机械性能，合金元素符号前数字表示含碳量的万分数，符号后数字表示合金元素含碳的百分数，当含量小于1.5%时，仅注出元素符号
20Mn2	用于制造渗碳的小齿轮、小轴、力学性能要求不高的十字头销、活塞销、柴油机套筒、气门顶杆、变速齿轮操纵杆、钢套等	
20Cr	用于制作小截面、形状简单、较高转速、载荷较小、表面耐磨、心部强度较高的各种渗碳或氰化零件，如小齿轮、小轴、阀、活塞销、托盘、凸轮、蜗杆等	
20CrNi	用于制造重载大型重要的渗碳零件，如花键轴、轴、键、齿轮、活塞销，也可用于制造高冲击韧性的调质零件	
20MnTi	用于制造汽车拖拉机中截面尺寸小于30 mm的中载或重载、冲击、耐磨且高速的各种重要零件，如齿轮轴、齿圈、齿轮、十字轴、滑动轴承支撑的轴、蜗杆等	
38CrMoAl	用于制造高疲劳强度、高耐磨性、较高强度的小尺寸氮化零件，如汽缸套、座套、底盖、活塞螺栓、检验规、精密磨床主轴、车床主轴、镗杆、精密丝杆和齿轮、蜗杆等	
40Cr	制造中速、中载的调质零件，如机床齿轮、轴、蜗杆、花键轴、顶针套；制造表面高硬度耐磨的调质表面淬火零件，如主轴、曲轴、心轴、套筒、销子、连杆以及淬火回火重载零件等	
40CrNi	用于制造锻造和冷冲压且截面尺寸较大的重要调质零件，如连杆、圆盘、曲轴、齿轮、轴、螺钉等	
40MnB	用于制造拖拉机、汽车及其他通用机器的设备中的中小重要调质零件，如汽车半轴、转向轴、花键轴、蜗杆和机床主轴、齿轮轴等	
3. 合金弹簧钢（摘自 GB/T 1222—2016）		
60Si2Mn	制造截面较大的弹簧，如车厢板簧、机车板簧、缓冲卷簧等	
50CrVA	主要用于制造截面大、受载大和工作温度较高的螺旋弹簧、阀门弹簧、小型汽车与载重车板簧、扭杆簧、低于350 ℃的耐热弹簧等	

续表

牌　号	应　用	说　明
4. 不锈钢（摘自 GB/T 1220—2007）		
1Cr13	制作能抗弱腐蚀性介质、能承受冲击载荷的零件,如汽轮机叶片、水压机阀体、结构架、螺栓、螺母等	
1Cr18Ni9Ti	用于制造耐酸容器及设备衬里、输送管道等设备和零件,如抗磁仪表、医疗器械等	
5. 滚动轴承钢		
GCr15	制造中小型滚动轴承元件（壁厚小于 20 mm 的套圈,直径小于 50 mm 的钢球）及其他各种耐磨零件,如柴油机油泵、油嘴偶件等	
GCr15SiMn	制造大型、重载滚动轴承元件,如壁厚大于 30 mm 的套圈,直径 50 ~ 100 mm 的钢球等	

附表7.4　铸造合金钢

牌　号	应　用	说　明
1. 铸造铜合金（摘自 GB/T 1176—2013）		
ZCuSn5Pb5Zn5	在较高负荷、中等滑动速度下工作的耐磨、耐腐蚀零件,如轴瓦、衬套、缸套、活塞、离合器、泵件压盖以及蜗轮等	"ZCu"表示铸造铜合金,合金中的其他主要元素用化学符号表示,符号后数字表示该元素平均百分数
ZCuSn10Pb1	用于高负荷（20 MPa 以下）和高滑动速度（8 m/s）下工作的耐磨零件,如连杆、衬套、轴瓦、齿轮、蜗轮等	
ZCuPb10Sn10	表面压力高,又存在侧压力的滑动轴承,如轧辊、车辆用轴承、内燃机双金属轴瓦以及活塞销套、摩擦片等	
ZCuPb20Sn5	高滑动速度的轴承及破碎机、水泵、冷轧机轴承等	
ZCuAl9Mn2	耐腐蚀、耐磨零件,形状简单的大型铸件,如衬套、齿轮、蜗轮	
ZCuAl10Fe3	要求强度高、耐磨、耐腐蚀的重型零件,如轴套、螺母、蜗轮以及在 150 ℃ 以下工作的管配件等	
ZCuZn25Al6 -Fe3Mn3	适用于高强度、耐磨零件,如桥梁支承板、螺母、螺杆、耐磨板、滑块和蜗轮	
2. 铸造铝合金（摘自 GB/T 1173—2013）		
ZAlSi7Mg （ZL101）	用于制造承受中等负荷、形状复杂的零件,也可用于要求高气密性、耐腐蚀和焊接性能良好、工作温度不超过 200 ℃ 的零件,如水泵、仪表、传动装置壳体、汽缸体、汽化器等	"ZAl"表示铸造铝合金,合金中的其他主要元素用化学符号表示,符号后数字表示该元素平均百分数。代号中的数字表示合金系列代号和顺序号
ZAlSi5Cu1Mg （ZL105）	用于制造形状复杂、高静载荷的零件以及要求焊接性能良好、气密性高或工作温度在 225 ℃ 以下的零件,如发电机的汽缸体、汽缸头、汽缸盖和曲轴箱等	
ZAlCu5Mn （ZL201）	用于制造工作温度为 175 ~ 300 ℃ 或室温下受高负荷。形状简单的零件,如支臂、挂架梁	
ZAlCu4 （ZL203）	用于制造形状简单、承受中等载荷、冲击负荷工作温度不超过 200 ℃,切削性能良好的小型零件,如曲轴箱、支架、飞轮盖等	
ZAlMg10 （ZL301）	制造工作温度不高于 200 ℃ 的海轮配件、机器壳和航空配件等	
ZAlZn11Si7 （ZL401）	制造工作温度不高于 200 ℃ 的汽车配件、医疗器械和仪器零件等	

牌 号	应 用	说 明
3. 铸造轴承合金(摘自 GB/T 1174—2022)		
ZSnSb12 Pb10Cu4	制作工作温度不高的一般机器的主轴承衬	
ZSnSb8Cu4	制作大型机器轴承及轴衬,高速重负荷汽车发动机薄壁双金属轴承	
ZPbSb15Sn10	制作中等负荷的机器轴承,还可作高温轴承之用	
ZPbSb10Sn6	制造耐磨、耐腐蚀、重载荷的轴承	
4. 铝及铝合金(摘自 GB/T 3190—2020)		
1060	适于制作贮水槽、塔、热交换器、防止污染及深冷设备	第一位数字表示铝及铝合金的组别,1×××表示纯铝(铝含量不小于99.00%,其最后两位数字表示最低铝含量中小数点后面的两位;2×××表示以铜为主要合金元素的铝合金,其最后两位数字无特殊意义。第二位字母表示原始纯铝或铝合金的改型情况
1050A	适用于制作中等强度、焊接性能好的零件	
2A12	砂型铸造,工作温度在 175~300 ℃ 的零件,如内燃机缸头、活塞等	
2A13		

附录8 热 处 理

附表 8.1 热处理名词解释

热处理方法	解 释	应 用
退 火	退火是将钢件(或钢坯)加热到适当温度,保温一段时间,然后再缓慢地冷却下来(一般用炉冷)	用来消除铸锻件的内应力和组织不均匀及晶粒粗大等现象。消除冷轧坯件的冷硬现象和内应力,降低硬度以便切削
正 火	正火是将坯件加热到相变点以上 30~50 ℃,保温一段时间,然后用空气冷却,冷却速度比退火快	用来处理低碳和中碳结构钢件及渗碳机件,使其组织细化,增强强度和韧性,减少内应力,改善低碳钢的切削性能
淬 火	淬火是将钢件加热到相变点以上某一温度,保温一段时间,然后在水、盐水或油中(个别材料在空气中)急冷下来,使其得到高硬度	用来提高钢的硬度和强度,但淬火时会引起内应力使钢变脆,所以淬火后必须回火

续表

热处理方法	解　释	应　用
表面淬火 高　频 表面淬火	表面淬火是使零件表面获得高硬度和耐磨性,而心部则保持塑性和韧性 利用高频感应电流使钢件表面迅速加热,并立即喷水冷却,淬火表面具有高的机械性能,淬火时不易氧化及脱碳,变形小,淬火操作及淬火层易实现精确的电控制与自动化,生产效率高	对于各种在动负荷及摩擦条件下工作的齿轮、凸轮轴、曲轴及销子等,都要经过这种处理 表面淬火必须采用含碳量大于0.35%的钢,因为含碳量低淬火后增加硬度不大,一般都是些淬透性较低的碳钢及合金钢(如45、40Cr、40Mn2、9CrSi等)
回　火	回火是将淬硬的钢件加热到相变点以下的某一种温度后,保温一段时间,然后在空气中或油中冷却下来	用来消除淬火后的脆性和内应力,提高钢的冲击韧性
调　质	淬火后高温回火,称为调质	用来使钢获得高的韧性和足够的强度,很多重要零件都要经过调质处理
渗　碳	渗碳是向钢表面层渗碳,一般渗碳温度900~930℃,使低碳钢或低碳合金钢的表面含碳量增高到0.8%~1.2%,经过适当热处理,表面层得到高的硬度和耐磨性,提高疲劳强度	为了保证心部的高塑性和韧性,通常采用含碳量为0.08%~0.25%的低碳钢和低碳合金钢,如齿轮、凸轮及活塞销等
氮　化	氮化是向钢的表面层渗氮,目前常用气体氮化法,即利用氨气加热时分解的活性氮原子渗入钢中	氮化后不再进行热处理,用于某种含铬、钼或铝的特种钢,以提高硬度和耐磨性,提高疲劳强度和抗腐蚀能力
氰　化	氰化是同时向钢的表面渗碳和渗氮,常用液体碳化法处理,不仅比渗碳处理有较高的硬度和耐磨性,而且兼有一定耐腐蚀和较高的抗疲劳能力。在工艺上比渗碳或渗氮时间短	增加表面硬度、耐磨性、疲劳强度和耐腐蚀性。用于要求硬度高、耐磨的中小型及薄片零件和刀具等
发　黑 发　蓝	使钢的表面形成氧化膜的方法叫"发黑、发蓝"	钢铁的氧化处理(发黑、发蓝)可用来提高其表面抗腐蚀能力和使外表美观,但其抗腐蚀能力并不理想,一般只用于空气干燥及密闭的场所

参考文献

［1］谭建荣,张树有.图学基础教程［M］.3 版.北京:高等教育出版社,2019.

［2］何铭新,钱可强,徐祖茂.机械制图［M］.7 版.北京:高等教育出版社,2016.

［3］王魏.机械制图［M］.2 版.北京:高等教育出版社,2009.

［4］虞洪述.机械制图［M］.西安:西安交通大学出版社,1993.

［5］王清涛,员开举.画法几何及机械制图［M］.西安:陕西科学技术出版社,1988.

［6］周鹏翔,刘振魁.工程制图［M］.北京:高等教育出版社,2000.

［7］杨惠英,王玉坤.机械制图［M］.2 版.北京:清华大学出版社,2008.

［8］王志忠,陈杰峰.工程图学基础［M］.北京:科学出版社,2011.

［9］王志忠,雷淑存.现代机械工程制图［M］.北京:科学出版社,2012.